移动开发人才培养系列丛书

微信
公众平台开发 | 标准教程

WeChat
Public Platform
Application Developing

王甲临 编著

人民邮电出版社

北 京

图书在版编目（ＣＩＰ）数据

微信公众平台开发标准教程 / 王甲临编著. -- 北京：
人民邮电出版社，2017.3（2021.2重印）
（移动开发人才培养系列丛书）
ISBN 978-7-115-44700-5

Ⅰ．①微… Ⅱ．①王… Ⅲ．①移动终端－应用程序－
程序设计－教材 Ⅳ．①TN929.53

中国版本图书馆CIP数据核字（2017）第008315号

内 容 提 要

本书以微信公众平台开发为主线，通过各种实际操作，详细介绍了微信公众平台申请使用、开发配置、接口使用、消息处理、常见应用等各方面的内容。

本书共 14 章，分为 3 个部分。第一部分介绍微信公众平台的申请和使用，以及如何开启开发者模式和接入开发者服务器。第二部分介绍微信网页开发样式库、JS-SDK、用户网页授权和微信支付等常用接口的使用方法。第三部分介绍微信公众平台高级接口在实际应用中的使用，以及一些常见的开发使用技巧。

本书内容丰富，实用性强，适合从事微信开发和 PHP 开发的初级人员阅读，也可用作各类院校相关课程的教材。

◆ 编　　著　王甲临
责任编辑　刘　博
责任印制　杨林杰

◆ 人民邮电出版社出版发行　　北京市丰台区成寿寺路 11 号
邮编　100164　　电子邮件　315@ptpress.com.cn
网址　http://www.ptpress.com.cn
固安县铭成印刷有限公司印刷

◆ 开本：787×1092　1/16
印张：20.25　　　　　　　　2017 年 3 月第 1 版
字数：534 千字　　　　　　2021 年 2 月河北第 4 次印刷

定价：59.80 元

读者服务热线：(010)81055256　印装质量热线：(010)81055316
反盗版热线：(010)81055315
广告经营许可证：京东市监广登字20170147号

前　言

随着移动互联网的迅速发展，国内微信的用户量已经超过 6 亿。如今，用户已经可以在微信上完成便捷的用户交流服务、购物、第三方支付和使用各类生活服务应用。微信公众平台的推出更是丰富了微信的应用类型，为广大第三方开发者提供了施展自己开发能力的平台。要想成为微信公众平台的开发者，不仅需要熟练掌握前后端开发语言、HTML5 技术等，还需要掌握微信公众平台提供的各类开放接口的使用方法，这样才可以熟练地使用开发者工具开发微信公众平台应用。

如今越来越多的应用开发微信公众平台版本，因此本书以实用为主旨，通过具体的应用，让读者全面、深入、透彻地理解微信公众平台各种接口的使用方法。

❏ 本书特色

1. 涵盖微信公众平台各类接口和开发技术

本书内容不仅涵盖了对微信公众平台的各类常用接口的讲解，还涵盖了对主流的开发技术如HTML5、PHP 内容开发框架等的介绍。

2. 案例典型，实用性强

本书提供了许多实用案例，图文并茂，实现步骤详细，读者很快就能上手。

3. 入门简单，一看就会

本书针对的读者是入门级开发人员，所以很多内容的讲解浅显易懂，代码全、案例小，让读者看完就能上手操作。

❏ 本书内容

第 1 部分　第 1~3 章

这 3 章介绍了微信公众平台的基础知识和开发准备工作，内容包括微信公众平台的申请和使用方法，如何开启开发者模式，如何搭建在线的开发测试服务器，以及如何接入微信公众平台。另外，这 3 章也介绍了微信公众平台中基础接口的使用方式，为后面高级接口的使用打下基础。

第 2 部分　第 4~10 章

这 7 章介绍了微信公众平台的常用接口使用方式，内容包括微信公众平台的网页设计样式库、网页授权、消息管理、自定义菜单、JS-SDK 和微信支付等。这些接口的使用基本涵盖了微信公众平台开发的方方面面。另外，这 7 章也介绍了 PHP 内容管理框架的使用，可以帮助开发者快速开发内容管理应用。

第 3 部分　第 11~14 章

这 4 章主要讲解微信公众平台高级接口和实战应用，两个经典案例包含了微信公众平台基于地理位置的应用和一个完整的购物网站前后台应用。同时，这 4 章也介绍了在开发中的一些常见技术，如网页布局开发中的伸缩式布局，以及微信公众平台开发中的一些常见技巧。

适合阅读本书的读者

❑ 需要全面学习微信公众平台接口的开发人员

❑ PHP 开发人员

❑ HTML5 开发人员

❑ 微信公众平台维护人员

❑ Web 开发人员

本书由王甲临编著，其他参与撰稿的还有梁静、黄艳娇、任耀庚、刘海琛、刘涛、蒲玉平、李晓朦、张鑫卿、李阳、陈诺、张宇微、李光明、庞国威、史帅、何志朋、贾倩楠、曾源、胡萍凤、杨罡、郝召远。

编　者

2016 年 12 月

目　录

第 1 部分
微信公众平台的申请

第 1 章
微信公众号概述

微信公众号是微信应用中的一个功能，不论是在安卓版微信中抑或在 iOS 版微信中都支持这个功能。微信公众号是不同于一般个人用户的微信账号。微信公众号是提供给企业、组织和个人使用的，同时也提供了内容发布功能，如自定义菜单、自定义消息、微信客服、微信支付等高级功能。

本章主要涉及的内容有：

- ❑ 什么是微信公众号：理解一般账号和微信公众号的根本差异。
- ❑ 微信公众号的几种类型：理解不同类型微信公众号的用途。
- ❑ 如何获取微信公众号：掌握不同类型微信公众号的注册流程。
- ❑ 使用微信公众号：本章以使用率最高的微信服务号为例，讲解微信公众号后台中一些常规操作和高级技巧。

本章内容不包括代码级别的内容。

1.1 微信公众号简述

本节不包含代码级别的讲解，重点针对微信公众号的常识性内容进行讲解和说明。首先，我们要了解什么是微信公众号。这个问题在本章开始的时候，已经简明地阐述过。下面我们继续深入对比"微信公众号"和"微信个人账号"的差异，通过两者的差异来感受它们的区别，同时了解微信公众号强大的功能。简单说明如表 1.1 所示。

表 1.1 微信公众号和微信个人账号的差异

差异内容	账号类型	
	微信公众号	微信个人账号
注册主体不同	企业、组织、个人	个人
注册资质不同	需提供主体身份信息	手机号、QQ 号都可以注册
用途不同	营销推广，应用开发	通信、社交、娱乐
功能不同	支付、菜单、消息等	IM、朋友圈、群发、群组
添加方式不同	需要通过关注	直接添加微信账号
关注人数不同	上限在百万级别	上限 5000 人

通过上面的表格可以感受到，微信公众号是一种重功能型账号，主体是以企业、组织、个人为主的，可以对微信用户提供一些应用型的功能和消息推送。

微信用户可以通过关注的方式来添加"微信公众号"。

微信官方提供了 3 种账号类型，我们可以根据实际用途来选择使用不同类型的账号，下面将详细介绍。

1.1.1 微信公众号类型

微信官方提供了 3 种类型的微信公众号：

❑ 订阅号：主要用于为用户传达信息（类似报纸杂志），认证前后都是每天只可以群发一条消息。

❑ 服务号：主要用于服务交互（类似银行、114、提供服务查询），认证前后都是每个月可群发 4 条消息。

❑ 企业号：主要用于公司内部通信使用，需要先有成员的通信信息验证才可以成功关注企业号。

下面用一张图来比较 3 种类型公众号，如图 1.1 所示。

图 1.1 3 种类型公众号的比较

如何选择合适的微信公众号？下面就这个问题提出 3 点建议：

❑ 如果想简单地发送消息，达到宣传效果，建议选择订阅号。

❑ 如果想进行商品销售，进行商品交易，建议申请服务号。

❑ 如果想用来管理企业内部员工、团队，对内使用，可申请企业号。

订阅号无法升级为服务号。若需要服务号，需注册服务号使用。

下面我们将对 3 种类型的微信公众号从使用主体、主要功能、用途偏好等 3 个方面进行说明。

1.1.2 微信订阅号

根据微信官方定义，微信订阅号是：为媒体和个人提供一种新的信息传播方式，主要功能是在微信上给用户传达信息（功能类似报纸杂志，提供新闻信息或娱乐趣事）。

从上面的官方定义中，我们弄清了以下两点：

❑ 使用主体：媒体（企业或者组织）和个人。

❑ 主要功能：给微信用户推送消息（功能类似报纸杂志，可以提供一些文字、图片、视频类内容）。

在这里需要清楚一个概念：只有关注了某个微信订阅号的微信用户才能接收到该微信订阅号推送的信息，反之则不能接收信息。

微信官方对于订阅号消息推送也有相应的机制：每天只允许推送一条消息。换言之，关注了该微信公众号的用户每天也只能收到该微信订阅号的一条消息。

微信公众号的实际用途就是"每天能推送一条消息"。根据这一特性，企业可以使用订阅号做一些宣传、推广、新闻信息类的事情。譬如，传统报刊是通过"纸媒"进行宣传和推广的，现在使用了订阅号，不仅仅可以通过文字，而且可以使用图片和视频进行宣传推广。

1.1.3 微信服务号

根据微信官方定义，微信服务号是：为企业和组织提供更强大的业务服务与用户管理能力，主要偏向服务类交互。

从上面的官方定义中，我们可以清楚以下 3 点内容：

❑ 使用主体：企业和组织。

❑ 主要功能：提供业务服务和用户管理的能力。

❑ 用途偏好：服务类交互。

除了上面提到的 3 点，微信服务号同微信订阅号一样，也支持消息推送。但是微信服务号的"推送权限"没有微信订阅号的宽松。

微信服务号推送权限为：一个月只允许推送 4 次。

换言之，凡是关注了微信服务号的微信用户每月都会收到该服务号推送的 4 次消息。

因为服务号提供了一些订阅号没有的高级功能，所以在实际应用中，企业或者组织都会使用高级功能开发一些有关的业务功能。下面举几个简单例子方便读者理解。

1.1.4 案例：银行行业微信网厅

在微信公众号普及的当下，很多传统企业，譬如银行，使用微信服务号提供的一些高级功能开发了如下一些功能：

- ❑ 在线办理信用卡。
- ❑ 在线查询信用卡额度。
- ❑ 信用卡消费提现。
- ❑ 信用卡还款日提醒。

参考案例：微信服务号在银行行业的应用如图 1.2 所示。

图 1.2 微信服务号在银行行业的应用

1.1.5 案例：电信行业微信网厅

微信服务号的应用场景很广泛，在电信行业中也有很多的应用。原来，手机卡用户办理一些业务需要去营业厅排队办理，现在将线下办理的业务搬到微信服务号中，在线就可以实现业务办理。

某网上营业厅，使用微信服务号提供的高级功能，开发了如下功能：

- ❑ 使用微信支付充话费。
- ❑ 手机账户余额不足提醒。
- ❑ 账户余额查询操作。
- ❑ 账户冻结操作。

参考案例：微信服务号在电信行业的应用如图 1.3 所示。

图 1.3　微信服务号在电信行业的应用

以上面两个简单的例子抛砖引玉，还可以联想到更多的应用场景。例如，图书馆、会员卡、电信营业厅和政务管理等都可以通过微信服务号来实现线下业务，将费时费力的事情通过微信服务号来解决，可以提高各个使用场景的效率。

1.1.6　微信企业号

根据微信官方定义：微信企业号能帮助企业、政府机关、学校、医院等事业单位和非政府组织建立与员工、上下游供应链及内部 IT 系统间的连接，并能有效地简化管理流程，提高信息的沟通和协同效率，提升对一线员工的服务及管理能力。

从上面的官方定义中，我们可以清楚以下 4 点内容：

- ❑　使用主体：企业、政府机关、学校、医院等事业单位和非政府组织。
- ❑　主要功能：为企业号使用主体提供了内部员工的服务及管理能力；可以简化使用主体的管理流程；可以提高业务流程中信息的沟通和协同效率。
- ❑　用途偏好：服务类交互。
- ❑　受众范围：企业号不可以随意添加或者关注，只有企业号的"通讯录"中允许的微信用户才可以进入。

通讯录类似白名单的作用，只有在白名单中允许的微信用户才可以关注该企业号。

企业号作为微信继订阅号和服务号之后推出的第三种类型的公众号，它的应用场景主要为以下场景，但不限于以下场景：

- ❑　企业内部的微信端的移动办公系统。
- ❑　企业内部的员工交流平台。
- ❑　企业 CRM（客户关系管理）系统。
- ❑　企业内部的团队协作系统。

在实际应用中，企业号被广泛应用于企业办公自动化（Office Automation,OA）系统，通过微信端进行一些公司事务的处理。例如：

- ❑ 请假。
- ❑ 外勤。
- ❑ 流程审批。
- ❑ 微信考勤。
- ❑ 报销。

参考案例：微信企业号在移动 OA 系统中的应用如图 1.4 所示。

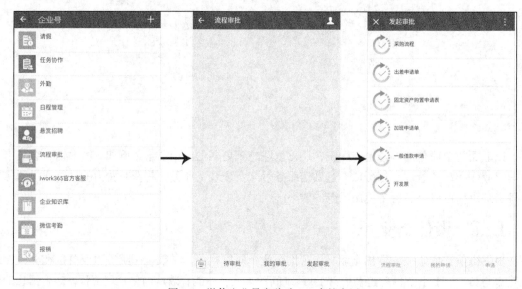

图 1.4　微信企业号在移动 OA 中的应用

以上我们分别介绍了微信订阅号、微信服务号、微信企业号，从不同的角度分析了它们的实际用途。在实际开发工作中，服务号使用量居多，我们掌握了微信服务号的开发细节和开发技巧，同样能胜任订阅号的开发。

 　　微信服务号相对于订阅号而言，只是推送消息的数量比较少，功能拓展方面则比微信订阅号丰富不少。

1.2　微信公众号的注册与登录

在实际应用中，微信公众号主要以服务号为主，所以本节以服务号为例进行说明。其他类型的公众号和服务号的注册和登录流程大同小异。

 　　微信服务号是微信公众号的一种，本书在有微信公众号的地方特指微信服务号。

微信官方提供了微信公众平台来管理和维护微信公众号，访问地址是：https://mp.weixin.qq.com/，登录界面如图 1.5 所示。

图 1.5　微信公众平台登录界面

1.2.1　注册流程

注册微信服务号一般要通过如下 6 个步骤，才能完整使用。

（1）填写公众号，注册基本信息。

（2）激活邮箱。

（3）选择公众号类型。

（4）信息登记。

（5）公众号信息设置。

（6）注册成功。

（7）自动打款验证码。

在注册流程开始之前，要在微信公众平台首页找到注册入口。如图 1.6 所示，单击"立即注册"，可进入公众号注册首页。

图 1.6　注册入口界面

1. 填写公众号，注册基本信息

进入公众号注册首页后，需要填写一些注册信息，如邮箱、密码、确认密码和验证码等。该页面如图 1.7 所示。

图 1.7　填写公众号注册信息

使用未绑定微信的邮箱进行注册。

2. 激活邮箱

在完成填写基本信息的步骤后，提交数据，会进入激活邮箱的步骤。这一步骤的详细操作如图 1.8 所示。

看到图 1.8 所示界面就说明微信公众平台已经向注册邮箱发送了一份邮件。现在只需要登录注册邮箱，从中查找图 1.9 所示的邮件。

在邮箱验证时有两点需要注意：

❑　如果链接地址无法单击或跳转，请将链接地址复制到其他浏览器（如 IE）的地址栏以进入微信公众平台。

❑　链接地址 48 小时内有效，48 小时后需要重新注册。

若在一些特殊情况下可能没有收到激活邮件，此时可以进行如下操作：

● 检查邮箱地址是否正确，若不正确，返回重新填写。

● 检查邮箱设置是否设置了邮件过滤，或查看邮箱的垃圾邮件。

若仍未收到确认，尝试重新发送（单击图 1.8 所示页面中的"重新发送"）。

图 1.8　激活邮箱

图 1.9 邮件激活

3. 选择公众号类型

邮箱激活后，会进入选择公众号类型的操作页面，这个页面中有 3 种类型的公众号可以选择。本书以微信服务号为例，其他类型的公众号的操作流程与此大同小异，所以我们选择"服务号"，如图 1.10 所示。

图 1.10 选择"服务号"

4. 信息登记

在选择公众号类型为服务号后，我们需要填写一些相关信息，我们选择"企业"主体类型，界面如图 1.11 所示。

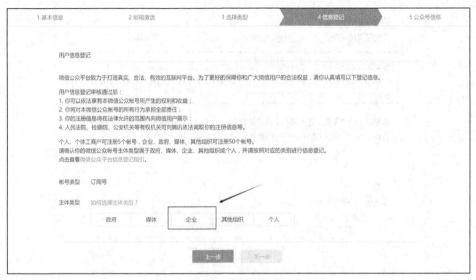

图 1.11　选择"企业"主体类型

在页面中选择"企业"之后，会出现图 1.12 所示的表单信息，需要注册者逐一按照标准填写。

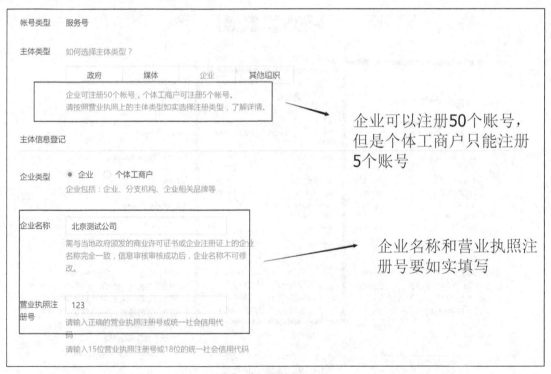

图 1.12　填写企业信息

　　主体验证方式中有两个选项：支付验证注册和微信认证。这两种验证方式的区别如图 1.13 所示。

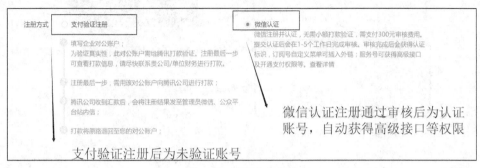

图 1.13　填写企业信息

　　下面继续填写微信公众号注册者的相关信息，详细说明如图 1.14 所示。

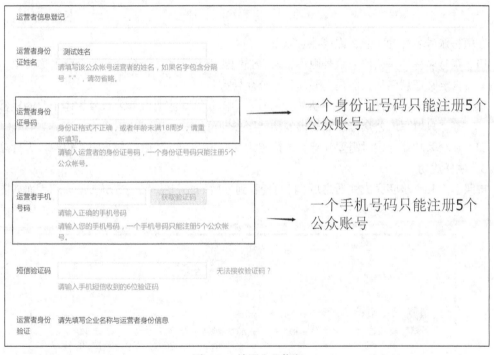

图 1.14　填写企业信息

　　按照图中的文字要求填写相关信息并提交之后，会进入公众号信息设置步骤。

5. 公众号信息设置

　　在这个步骤中，微信公众平台要求注册者设置公众号的相关信息，如公众账号名称、功能介绍、运营地区等，如图 1.15 所示。

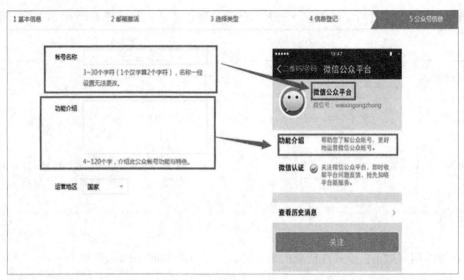

图 1.15　设置公众号信息

在填写账号名称的时候，需要注意以下 3 点：

❑　账号名称：是微信公众号昵称，没有强制要求必须和注册公众号的企业名称一致，可以自定义任意名称，但是不要和其他公众号重名。

❑　功能介绍：同样，在填写功能介绍时，不需要填写注册微信公众号主体企业的经营范围等，只填写该公众号所能提供的功能服务即可。

❑　在填写功能介绍时需要注意，不能出现一些敏感词，如微信、兼职、相册和男科等。

6. 注册成功

按照上面几个步骤完成注册之后，我们会看到最后的注册结果：注册成功。详细界面如图 1.16 所示。

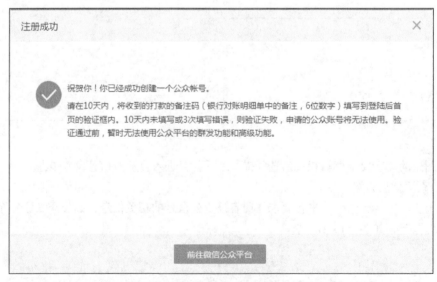

图 1.16　微信公众号"注册成功"界面

如图 1.16 所示，提示公众号已经注册成功后，需要完成打款验证才可以完整使用公众号。

腾讯公司使用招商银行的账户进行打款，同行打款一般 1 个工作日可到账，跨行打款到账时间可能需要 3 个工作日。

7. 自动打款验证码

完成之前一系列步骤之后，需要填写"自动打款验证码"。下面对如何获取和填写打款验证码进行说明。

（1）获取打款验证码

❑ 通过网银或联系银行柜台打印回单，查看腾讯公司给注册微信公众号的主体公司的对公账户汇入的 1 分钱收入和 6 位数字验证码。

❑ 验证码格式为 "2 个英文字母+6 位数字"，例：sz123456。

打款验证码示例如图 1.17 所示。

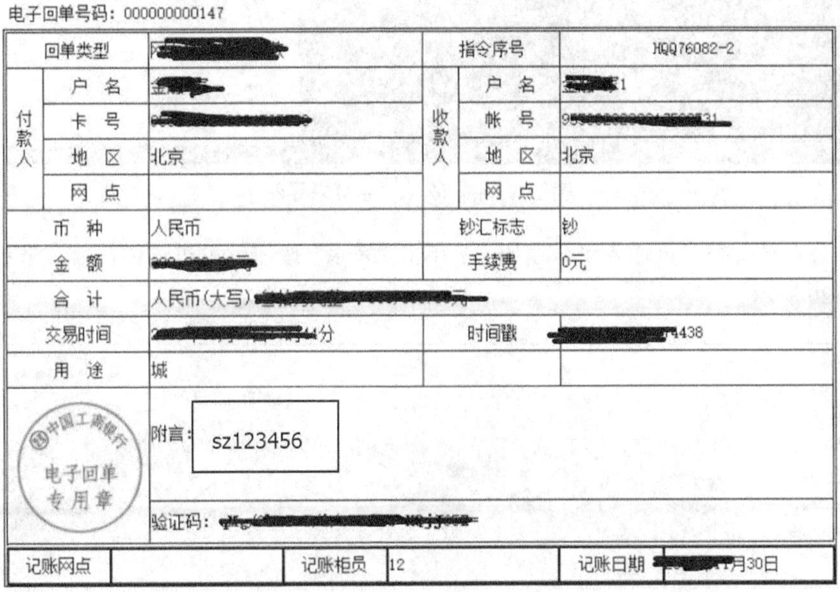

图 1.17　打款验证码示例

（2）填写打款验证码

在查询到验证码后，登录公众号平台，在图 1.18 所示界面输入 6 位数字验证码，验证通过即可注册成功。

图 1.18　输入打款验证码

在进行对公打款验证的时候，需要知悉如下事项：

❑ 3 个工作日后查询对公账户收入款项，10 天内将收到的打款验证码（6 位数字）填写到登录后首页的验证框内（见图 1.18）。

❑ 10 天内未填写或 3 次填写错误则验证失败，需重新提交资料再次注册。

1.2.2　登录微信服务号

微信公众平台是管理微信公众号的网页端入口。微信公众号的管理工作必须要登录微信公众平台来完成（访问地址：https://mp.weixin.qq.com/）。登录界面如图 1.19 所示。

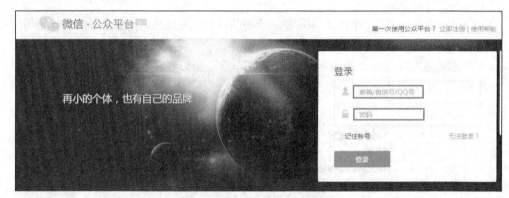

图 1.19　微信公众平台登录界面

在微信公众平台登录页输入账号密码后，单击"登录"按钮就可进入微信公众平台管理首页，界面如图 1.20 所示。

图 1.20　微信公众平台管理首页

1.3　微信公众号的使用

在上一节中已经介绍了如何注册常见的微信公众号，在本节中我们将重点介绍微信公众平台内容管理的使用。

1.3.1　微信服务号管理后台简介

打开 http://mp.weixin.qq.com ，输入账号密码后，进入微信公众平台管理后台，会看见图 1.21 所示的界面。

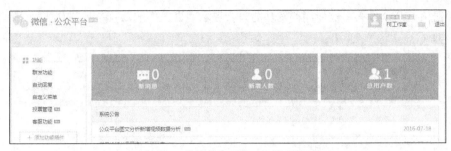

图 1.21　微信公众平台后台管理首页

微信公众平台后台管理首页可以划分为如下区域：

❑　功能菜单区域：该微信公众号已有功能的入口。

❑　用户数据区域：显示关注当前公众号的用户发送的新消息、新增人数、公众号的"粉丝"数量。

❑　账号信息区域：显示当前公众号的类型、名称和 logo。

❑　官方系统公告区域：这里显示微信官方最新的公告，如新功能和规则的发布。

图 1.22 为区域示意图。

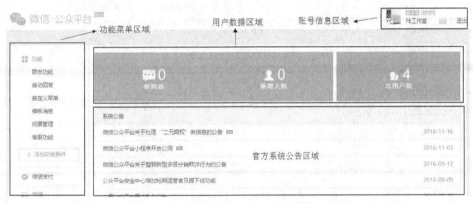

图 1.22　区域示意图

1.3.2　微信服务号内容管理

本小节介绍如何在微信公众平台向已关注服务号的微信用户推送消息。首先，在"功能菜单区域"中找到"群发功能"，如图 1.23 所示。

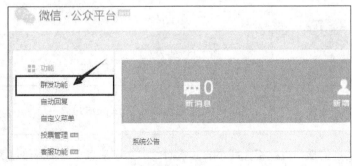

图 1.23　群发功能

新注册微信公众号第一次使用群发功能时会提示"群发声明",单击"同意以上声明"按钮,如图 1.24 所示。

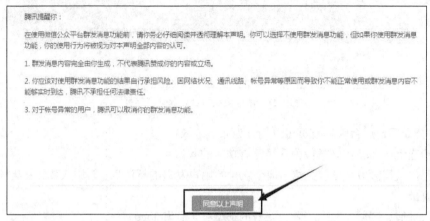

图 1.24　单击"同意以上声明"

完成图 1.24 所示操作后,会进入群发功能页面。群发功能支持如下 5 种类型的消息:

❑ 图文消息:图文并茂的文章,一条图文消息支持创建 1～8 篇文章。
❑ 文字消息:一段文字,支持 600 个字。
❑ 图片消息:一张图片。
❑ 语言消息:一段音频。
❑ 视频消息:一个视频。

群发页面如图 1.25 所示。

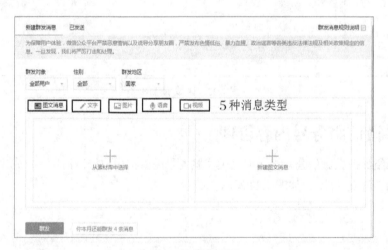

图 1.25　群发页面

　　微信服务号每个月可以推送 4 次消息给已关注微信用户。

这 5 种消息类型的操作方式都大同小异,下面以"文字消息"为例。给已关注微信用户发送一条"文字消息",操作步骤如下:

第一步：在群发页面选择推送消息类型为"文字"，如图 1.26 所示。

图 1.26 选择"文字"

第二步：在文本编辑框输入所需要推送的消息，如图 1.27 所示。

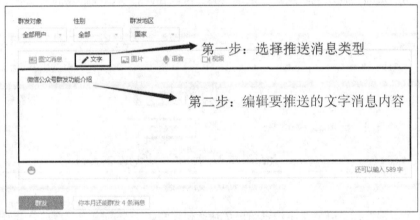

图 1.27 输入推送消息

第三步：单击"群发"按钮，群发消息，如图 1.28 所示。

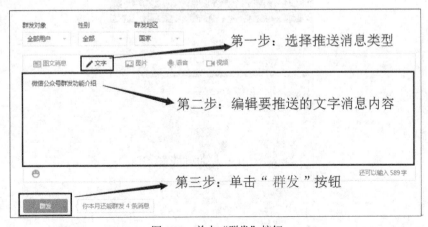

图 1.28 单击"群发"按钮

第四步：单击"确认"按钮，确认群发，如图 1.29 所示。

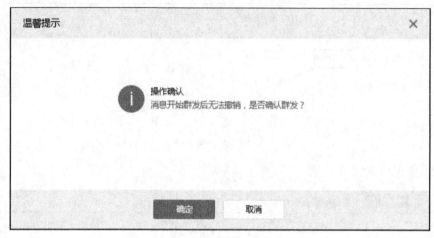

图 1.29　确认群发

群发成功后页面会自动跳转至发送记录页面，可以在此查看已经群发的消息。发送状态如图 1.30 所示。

图 1.30　发送状态

上面 4 个步骤选择了群发文字消息给已关注微信用户。消息内容为"微信公众号群发功能介绍"。图 1.31 所示的是已关注微信用户接收到的文字消息。

图 1.31　已关注微信用户接收到的文字消息

本节以文字消息为例，介绍了微信公众号如何给已关注微信用户推送消息，其他类型消息的操作方式大同小异。

1.3.3　微信服务号统计管理

微信公众平台提供的统计功能在管理首页左侧的"功能菜单区域"中可以找到，如图 1.32 所示。

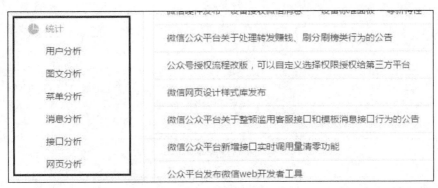

图 1.32　统计功能

微信公众平台提供了如下 6 种统计功能：

❑　用户分析：该公众号已关注微信用户的相关数据统计。
❑　图文分析：公众号所群发的"图文消息"的相关数据统计。
❑　菜单分析：微信公众号被点击相关数据统计。
❑　消息分析：已关注微信用户向公众号发送消息的相关数据统计。
❑　接口分析：接口被调用相关数据统计。
❑　网页分析：微信 JS 接口被调用相关数据统计。

下面以"用户分析"和"消息分析"为例进行介绍。

1.　用户分析

用户分析功能中，提供了昨日关键指标、用户增长数据图表和用户属性这 3 种数据的统计。

（1）昨日关键指标：主要统计了公众号的新关注人数、取消关注人数、净增关注人数和累计关注人数，如图 1.33 所示。

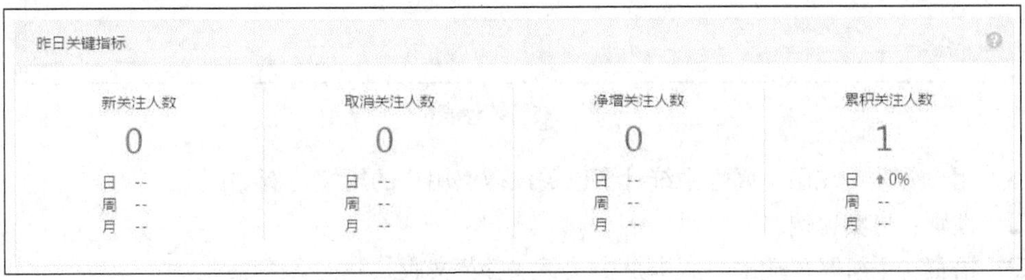

图 1.33　昨日关键指标

（2）用户增长图表：以趋势图和表格的形式表现"关键数据"的变化趋势，如图 1.34 和图 1.35 所示。

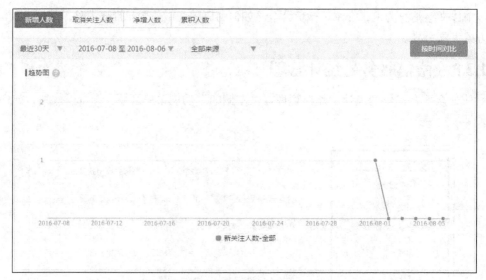

图 1.34　趋势图（1）

2016-07-08 至 2016-08-06 ▼				下载表格　②
时间	新关注人数	取消关注人数	净增关注人数	累积关注人数
2016-08-06	0	0	0	1
2016-08-05	0	0	0	1
2016-08-04	0	0	0	1
2016-08-03	0	0	0	1
2016-08-02	0	0	0	1
2016-08-01	1	0	1	1
2016-07-31	0	0	0	0
2016-07-30	0	0	0	0
2016-07-29	0	0	0	0
2016-07-28	0	0	0	0
2016-07-27	0	0	0	0
2016-07-26	0	0	0	0
2016-07-25	0	0	0	0
2016-07-24	0	0	0	0

图 1.35　统计表格

（3）用户属性。在用户属性中统计了已关注微信用户的属性，例如：

❑ 性别：男女比例。

❑ 语言：手机客户端语言版本是中文版或者英文版。

❑ 省份：用户所在省份，如广东、山东等。

❑ 城市：用户所在城市，如广州、济南等。

❑ 终端：用户所使用的客户端系统是安卓或者是 iOS。

❑ 机型：用户所使用的手机型号，如 iPhone 4、iPhone 6 或者其他型号。

2. 消息分析

在消息分析功能中，统计了已关注微信用户在该公众号中发送消息的数据，数据统计主要围绕发送消息的人数、发送消息的次数和人均发送次数。

与用户分析类似，消息分析中也使用了趋势图与表格的形式展示数据，如图 1.36 所示。

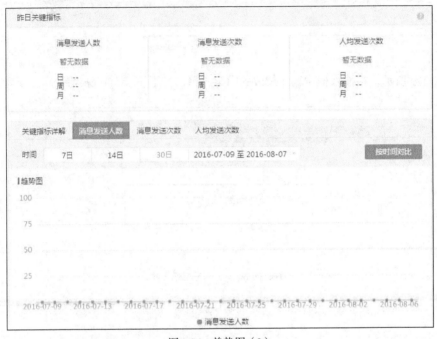

图 1.36　趋势图（2）

上面以用户分析和消息分析为例进行了介绍，其他的数据统计功能基本相同，即首先对数据进行综合性统计，继而使用趋势图与表格展示不同时段的数据。

1.3.4　微信服务号设置管理

要通过微信公众平台管理公众号，必然少不了一些常规的设置，如：

❑　修改公众号 Logo。
❑　获取公众号二维码。
❑　设置公众号的微信号。
❑　修改公众号的登录账号。

修改微信公众号的设置，需要找到左侧"功能菜单区域"中的"公众号设置"，如图 1.37 所示。

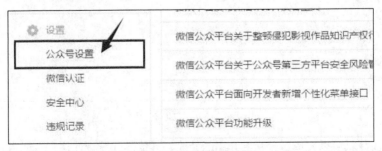

图 1.37　找到"公众号设置"

单击"公众号设置",进入微信公众号设置页面,找到需要修改的内容,单击修改链接即可进行修改操作。

以修改公众号介绍为例。如图 1.38 所示,单击"修改"按钮进行修改操作。

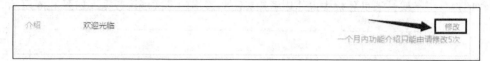

图 1.38　单击"修改"按钮

如图 1.39 所示,在输入框中输入修改的内容,单击"下一步"按钮继续。

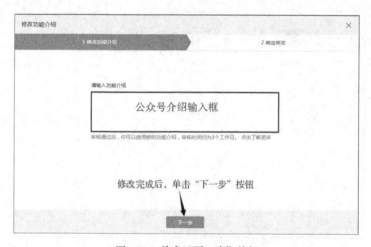

图 1.39　单击"下一步"按钮

如图 1.40 所示,单击"确定"按钮,完成公众号介绍的修改。

图 1.40　单击"确定"按钮

通过上面步骤就可以完成对公众号介绍的修改,其他的配置修改用户可以自行尝试。

1.3.5　微信服务号开发者管理中心

本小节中将对微信公众号开发者中心进行介绍。新注册的微信公众号想要使用公众平台提供的功能或者接口，首先得配置成为开发者。

在微信公众平台的左侧菜单中，找到并单击"基本配置"菜单按钮，如图 1.41 所示。

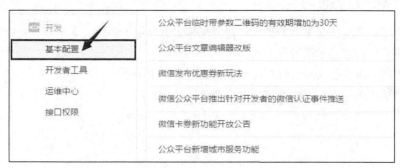

图 1.41　找到并单击"基本配置"菜单按钮

如图 1.42 所示，勾选"我同意"选框并单击"成为开发者"按钮，完成操作。

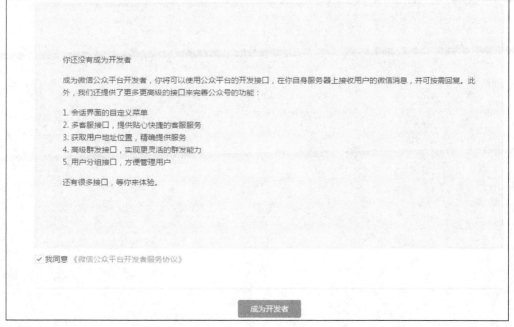

图 1.42　开启开发者模式

只要配置成为开发者，就可以获得开发者 ID。开发者 ID 由以下两部分组成：

❑　AppID（开发应用唯一标识）。

❑　AppSecret（开发应用秘钥）。

这两个参数在公众平台提供的大部分功能和接口中都会使用到。

本章主要以介绍公众号为主，涉及微信公众号的注册与登录、微信公众平台的基本管理和开启开发者模式等操作。本章中内容以抛砖引玉为主，很多操作需要读者身体力行。

下一章将展开对公众号开发实际操作的介绍，包括如何使用开发者模式、如何搭建第三方接口服务器、如何调试微信接口，以及如何使用微信开发者工具等内容。

1.3.6　思考与练习

本章节介绍了微信公众平台的类型和注册流程，也介绍了微信公众平台在使用上的一些基本操作，学习完成后请思考与练习以下内容。

思考：不同的微信公众平台都对应什么样的用户使用场景？

练习：尝试申请一个个人的微信公众平台订阅号。

第**2**章
微信公众平台开发者模式

上一章介绍了微信公众平台的相关概念和内容管理的使用技巧，管理人员不需要进行技术开发即可实现对微信素材、用户和消息等核心内容的操作。而当需要开发拥有更多功能的应用的时候，就需要用到开发者最常使用到的内容——微信公众平台开发者模式。本章将会重点讲解如何开启开发者模式，以及使用开发者模式的一些必要条件等。

本章主要涉及的知识点有：

- ❑ 开发者模式简介：如何申请和开启开发者模式。
- ❑ 测试服务器申请与配置：以 BAE 百度云主机为例，讲解如何申请、使用和搭建测试服务器系统。
- ❑ 测试服务器接入：如何接入微信公众平台开发者模式的示例文件。
- ❑ 开发者工具简介：了解微信公众平台提供的开发者工具，如开发者文档、调试工具等。

2.1 微信公众平台开发者模式简介

本节主要介绍开发者模式与编辑模式的异同，如何开启开发者模式，以及使用中的相关注意事项。

2.1.1 编辑模式与开发者模式

提到微信公众平台的开发者模式，就不得不提到编辑模式。在上一章中，我们已经知道，使用编辑模式可以实现素材管理、文章发布、消息回复、数据统计等相应的功能，所以编辑模式实际上是为运营人员提供的。

以微信公众平台的消息回复为例，在编辑模式下，当用户在公众号上发送消息时，微信公众平台会把消息直接转发到消息管理中，运营人员可以直接进行相应的消息回复操作。而在开发者模式下，当用户发送了消息后，微信公众平台会把相应的内容以 HTTP 的形式发送给开发者接入的网页地址，这样开发者就可以对不同的消息进行不同的业务处理，处理完毕后再进行消息回复。

这样，开发者就可以根据实际的业务需求，在开发者模式下进行相应的定制开发，例如，根据不同的消息类型编写脚本进行不同的回复等。以消息处理为例，编辑模式交互流程如图 2.1 所示。

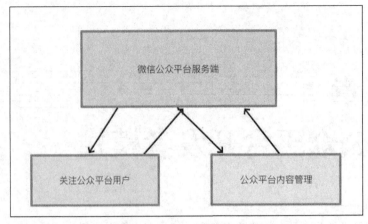

图 2.1 微信公众平台编辑模式交互流程

而开发者模式交互流程则如图 2.2 所示。

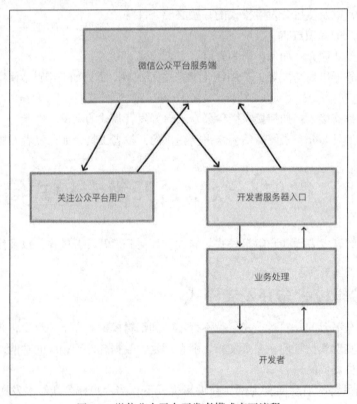

图 2.2 微信公众平台开发者模式交互流程

2.1.2 开启开发者模式

若需要切换到开发者模式，登录微信公众平台后，我们可以在左侧导航栏"开发"一栏下找到"基本配置"菜单并单击进入。管理界面如图 2.3 所示。

图 2.3　开发者模式管理界面

在配置了开发者第三方服务器的 URL 地址后,单击"启用"按钮即可完成开发者模式的切换。需要说明的是,接入的详细步骤将会在下面几节中详细说明。

　　微信公众平台编辑模式和开发者模式互相切换后,对原保存在内容不会做更改,原来保存的内容是不会丢失的。

2.2　使用虚拟主机搭建测试服务器

本节讲解如何搭建微信公众平台开发者模式可用的测试服务器和环境。

2.2.1　虚拟主机简介

因为微信公众平台的消息都会转发到开发者提供的服务器 URL 地址上,所以测试服务器必须是外网可以访问的。这里我们选择近几年来比较流行的虚拟主机服务,国外的虚拟主机服务商主要有谷歌、亚马逊等,而国内的虚拟主机服务商则主要有阿里巴巴、百度和腾讯等。使用虚拟主机具有以下优点:

- ❑　高灵活性:用户可以根据需求任意搭配或选择所需的主机硬件配置、网络带宽等。
- ❑　高扩展性:用户可以随时修改配置,可以无缝添加其他服务和扩展其他服务。
- ❑　高定制化:除了传统的服务器主机服务外,各大虚拟主机厂商开发了众多的可定制化服务供用户选择,如负载均衡、队列服务、数据库服务、文件服务和安全服务等。
- ❑　高安全性:完善的自动备份机制、防火墙机制和专用网络。
- ❑　高性价比:相比自行搭建服务器并进行网络托管,极大地降低了企业的成本。

国内常见的云主机提供商如图 2.4 所示。

图 2.4　国内常见的云主机提供商

 实际应用中需要根据业务需求进行虚拟主机服务商的选择。

2.2.2　注册百度云账号

为了更接近真实的实战应用环境，我们在这里以百度开放云为例，申请租用一台百度云服务器（BCC）。申请购买前需要进行账号的注册和实名认证。首先访问百度开放云的首页：https://cloud.baidu.com/。单击网页顶部导航条上的"注册"按钮以进入账号注册页面，如图 2.5 所示。

图 2.5　百度账号注册页面

单击"注册"按钮后会提示进行邮箱验证和手机号验证，验证通过即可完成账号注册流程。首次使用注册成功的账号登录百度开放云时需要进行资料的完善，如图 2.6 所示。

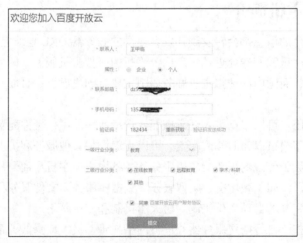

图 2.6　完善资料

单击"提交"按钮后，保存资料并成功进入百度开放云的管理首页，找到"未开通服务"下的"计算与网络"模块，单击"云服务器"后的"购买"按钮进入相应页面，如图 2.7 所示。

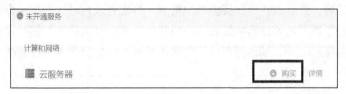

图 2.7　购买虚拟主机（云服务器）入口

进入到配置选择界面后出现相应提示，如图 2.8 所示。

图 2.8　提示消息

单击"认证"按钮进入实名认证界面，选择"个人认证"并进入，如图 2.9 所示。

图 2.9　"个人认证"界面

单击"立即认证"按钮进入信息填写界面，如图 2.10 所示。

图 2.10　信息填写界面

2.2.3 购买百度虚拟主机 BCC

实名认证通过后，就可以正常购买虚拟主机了。再次登录后进入到购买界面进行相关配置的选择。因为测试服务器不需要过高的配置，入门的主机完全可以满足我们的需求，所以除了选择一下个人常用的操作系统外，其他都可以使用默认配置。服务器配置选择如图 2.11 所示。

图 2.11　服务器配置选择

因为需要外网的访问，所以需要购买"弹性公网 IP"服务；同时，在系统信息中需要进行管理员密码的设置，以便执行最高权限的操作；最后，购买月份和个数都可以默认为 1，如图 2.12 所示。

图 2.12　选择和填写弹性资源、系统信息和购买信息

完成选择与填写后，单击右侧"所选配置"栏中的"下一步"按钮即可进入弹性公网 IP 的配

置购买界面，如图 2.13 所示。

图 2.13　购买弹性公网服务

这里也是选择默认的 1Mbit/s 和 1 个月即可，完成名称填写后单击"下一步"按钮进入信息确认界面。确认购买信息无误后单击"去支付"按钮进行支付。

百度开发云提供了多种支付工具，支付成功即可完成云服务器的购买，如图 2.14 所示。

图 2.14　虚拟主机购买成功

请及时备份虚拟主机中的内容，以免因为欠费等其他原因导致的内容丢失。

2.2.4　安装 PHP 环境

虚拟主机购买完成后，就可以通过远程访问（SSH）的方式进行操作和管理。本小节讲解如何在 Linux 操作系统下安装 Apache、PHP 和 MySQL 等开发环境。需要安装的软件如下：

❑　Apache2：服务器软件。

❑　PHP5：语言支持。

❑　MySQL5：数据库支持。

❑　phpMyAdmin：基于 PHP 开发的数据库管理软件。

因为我们的虚拟主机安装的是 Ubuntu 操作系统，所以我们使用系统自带的包管理器（apt-get）进行以上 4 个依赖软件的安装。使用包管理器可以非常方便地自动搜索、安装和卸载软件。首先执行以下命令以更新包管理器：

```
apt-get update
```

更新完毕后执行以下命令安装 Apache2：

```
sudo apt-get install apache2
```

为了方便快速安装，使用默认安装配置。完成后，默认的服务器根目录在 "/var/www/" 下，配置文件在 "/etc/apache2/" 下。若需要修改服务器根目录所在的位置，可使用 vim 编辑器打开默认的配置文件，命令如下：

```
vim /etc/apache2/sites-enabled/000-default
```

通过 DocumentRoot 等配置属性可以修改如下：

```
DocumentRoot /var/www #自定义文档地址修改处
<Directory />
    Options FollowSymLinks
    AllowOverride None
</Directory>
<Directory /var/www/> #自定义文档地址修改处
    Options FollowSymLinks MultiViews
    AllowOverride All
    Order allow,deny
    allow from all
</Directory>
```

安装完成后访问虚拟主机的外网地址（在管理列表中查看），如图 2.15 所示。

It works!

This is the default web page for this server.

The web server software is running but no content has been added, yet.

图 2.15　访问虚拟主机的外网地址

随后执行以下命令安装 MySQL 数据库：

```
apt-get install mysql-server
```

安装过程中需要输入 MySQL 管理员账户的密码，如图 2.16 所示。

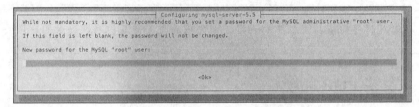

```
                         Configuring mysql-server-5.5
While not mandatory, it is highly recommended that you set a password for the MySQL administrative "root" user.

If this field is left blank, the password will not be changed.

New password for the MySQL "root" user:


                                    <Ok>
```

图 2.16　输入 MySQL 管理员账户密码

安装完成后即可进行 MySQL 的相关操作，使用如下命令进入到 MySQL 的管理界面：

```
mysql -u root -p
```

按【Enter】键后输入密码（输入过程不明文显示）即可成功登录，如图 2.17 所示。

```
root@ubuntu-server-12042-x64-vbox4210:/home/vagrant# mysql -u root -p
Enter password:
Welcome to the MySQL monitor.  Commands end with ; or \g.
Your MySQL connection id is 42
Server version: 5.5.52-0ubuntu0.12.04.1 (Ubuntu)

Copyright (c) 2000, 2016, Oracle and/or its affiliates. All rights reserved.

Oracle is a registered trademark of Oracle Corporation and/or its
affiliates. Other names may be trademarks of their respective
owners.

Type 'help;' or '\h' for help. Type '\c' to clear the current input statement.

mysql> show databases;
+--------------------+
| Database           |
+--------------------+
| information_schema |
| mysql              |
| performance_schema |
+--------------------+
3 rows in set (0.00 sec)

mysql>
```

图 2.17　在命令行中管理 MySQL 数据库

安装 PHP 及其扩展的命令语句如下：

```
apt-get install php5 php5-mysql libapache2-mod-php5 php5-gd php5-curl php5-xdebug
```

其中除了安装 PHP 语言本身外，还安装了数据库、图形和网络操作等扩展类库。完成以上安装后在 "/var/www/" 目录下新增 phpinfo.php 文件，增加以下代码并保存：

```php
<?php
phpinfo();
?>
```

在浏览器中访问 phpinfo.php 文件，查看 PHP 相关信息，如图 2.18 所示。

图 2.18　通过 phpinfo() 函数查看 PHP 相关信息

最后安装 phpMyAdmin 数据库管理软件，执行以下命令：

```
apt-get install phpmyadmin
```

安装期间也需要输入 MySQL 管理员的密码，如图 2.19 所示。

图 2.19　安装 phpMyAdmin 时需要输入密码

安装完成后，通过建立链接的方式可以实现直接访问（默认安装位置：/usr/share/phpmyadmin）：

```
ln -s /usr/share/phpmyadmin /var/www/mysql
```

访问 http://外网 IP/mysql 后，即可看到登录界面。登录之后即可进行相应的数据库管理操作，如图 2.20 所示。

图 2.20　使用 phpMyAdmin 管理 MySQL 内容

在不同的 Linux 发行版本中安装 PHP 环境会稍有异同，本小节安装教程适用于 Ubuntu12.04 LTS 64 位版本。

2.3 接入微信开发者模式

本节重点讲解接入微信公众平台开发者模式的步骤和示例，从而帮助开发者快速入门。

2.3.1 部署 PHP 接入示例到测试服务器

若需要接入微信公众平台并进行相应的开发，需要以下 3 个步骤：

（1）在开发者服务器部署接入文件。

（2）填写服务器配置并验证服务器地址的有效性。

（3）依据接口文档实现业务逻辑。

微信公众平台提供了 PHP 版本的接入示例文件，开发者可以借助此示例文件来了解接入的流程。访问"http://mp.weixin.qq.com/mpres/htmledition/res/wx_sample.20140819.zip"即可下载 PHP 版本的示例文件，在本地解压后可获得 wx_sample.php 文件。

为了方便演示在本地新增 wxdev 项目目录，重命名"wx_sample.php"为"configToken.php"并复制到 wxdev 目录下，然后部署 wxdev 项目到在线测试服务器的/var/www/目录下。

其中修改 configToken.php 文件的 valid()方法，使用 file_put_contents()方法记录微信公众平台发送过来的数据：

```php
public function valid()
{
    $echoStr = $_GET["echostr"];

    // 把请求的数据保存到 JSON 文件中
    file_put_contents('./show_data.json', json_encode($_REQUEST));

    // Token 验证
    if($this->checkSignature()){
        echo $echoStr;
        exit;
    }
}
```

在 wxdev 目录下新增 showJsonData.php 文件，实现 JSON 文件的解析和展示：

```php
<?php
header('Content-type:text/html;charset=utf-8');
echo "<pre>";
print_r(json_decode(file_get_contents('./show_data.json') , true));
?>
```

保存以上两个文件并提交上线到测试服务器即可完成接入文件的部署。

本小节示例文件的其他代码未做修改。

2.3.2 配置 URL 并验证 Token

在上一小节中，我们部署了微信公众平台提供的示例文件，其作用就是在配置开发者模式中，进行 Token 验证时可以进行有效接收和验证，处理的流程如图 2.21 所示。

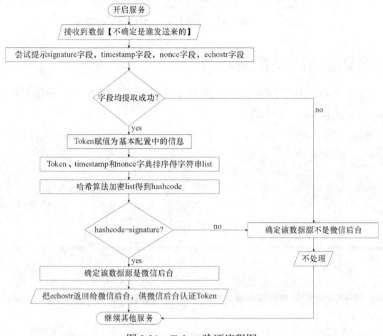

图 2.21 Token 验证流程图

登录微信公众平台管理后台，找到"开发"下的"基本配置"页面并进入，单击"服务器配置"后的"修改配置"按钮进入配置页面。输入 configToken.php 在外网可访问的 URL 地址（如 http://外网域名或者 IP/wxdev/configToken.php），Token 字段填写"weixin"（configToken.php 定义的常量），EncodingAESKey 字段值此时可以使用后面的"随机生成"按钮随机生成。消息加密解密则默认为明文模式。

完成以上配置后，单击页面下方的"提交"按钮，若在页面顶部出现"提交成功"字样则说明配置完成，Token 验证成功，如图 2.22 所示。

图 2.22 Token 验证成功

若提示提交失败则可以通过以下 3 种方式进行处理：

❑ 验证 URL 是否可以正确访问：可以通过手动访问，查看 Token 验证的入口文件是否存在程序错误或地址错误。

❑ 验证 Token 是否正确：配置页面中填写的 Token 务必与 configToken.php 示例文件中定义的 Token 一致才可通过验证。

❑ 微信公众平台或网络原因：尝试通过多次提交配置信息解决。

在线访问 showJsonData.php 文件，可以查看微信公众平台发送给开发者测试服务器的请求内容，如图 2.23 所示。

Array
(
    [signature] => d84ace9f7dfd8692951dd07f0e99153d75b1cc68
    [timestamp] => 1475982984
    [nonce] => 1161515303
    [openid] => o62gFwX4Up4vIhTNhn0pvJ2zfTrY
)

图 2.23　Token 验证时微信公众平台请求的数据

2.3.3　开发自动回复消息功能

在验证 Token 成功后，我们开发一个自动回复的实例来加深理解。微信公众平台的示例文件提供了一个 responseMsg()方法可供参考。

首先修改 configToken.php 文件中 wechatCallbackapiTest 类的 responseMsg()方法，找到以下代码：

```
if(!empty( $keyword ))                                  // 用户输入的关键字
{
    $msgType = "text";                                  // 消息类型
    $contentStr = "Welcome to wechat world!";           // 自动回复文本
    $resultStr = sprintf($textTpl, $fromUsername, $toUsername, $time, $msgType,
$contentStr);                                           // 格式化处理
    echo $resultStr;                                    // 发送给微信
}else{
    echo "Input something...";
}
```

从中找到以下代码：

```
$contentStr = "Welcome to wechat world!";               // 自动回复文本
```

修改为：

```
$contentStr = "Welcome to wechat world!input:".$keyword;// 自动回复文本
```

这样就可以自动回复用户发送给微信公众平台的文本消息了，同时调用 responseMsg()方法如下：

```
define("TOKEN", "weixin");
$wechatObj = new wechatCallbackapiTest();
// $wechatObj->valid();                                 // 关闭 Token 验证方法
$wechatObj->responseMsg();                              // 开启自动回复消息方法
```

部署到在线服务器后，在微信公众平台内发送任意的文本消息会收到自动回复，如图 2.24 所示。

图 2.24　基于文本消息的自动回复功能

我们发现，只有发送纯文本类型的消息可以发起自动回复的功能，而其他类型（如图片）则无法成功。关于消息类型和相关处理的内容在后面会有详细说明。

2.4　开发者工具

本节将帮助用户了解如何使用微信公众平台提供的开发者工具，如开发者文档、在线调试工具和公众平台测试账号等。

2.4.1　开发者工具概述

微信公众平台提供了为数众多的开发者工具，在登录到微信公众平台的管理后台后，单击"开发"模块下的"开发者工具"菜单按钮即可进入工具汇总的导航页，如图 2.25 所示。

图 2.25　微信公众平台提供的开发者工具导航页

其中每种工具的作用都各不相同：

❑ 开发者文档：最重要的开发者工具，开发者通过此文档可以阅读入门指南、了解微信提供的各个接口的使用说明，文档中对于每个接口和功能也提供了详细的使用范例，帮助开发者快速开发所需的应用程序。

❑ 在线接口调试工具：因为微信公众平台开发的特殊性，为了帮助开发者检测调用微信公众平台开发者 API 时发送的请求参数是否正确，提交信息后可获得服务器验证结果。

❑ Web 开发者工具：可在 PC 或 Mac 上模拟访问微信内网页，帮助开发者更方便地进行开发和调试。在真机上无法看到的开发日志信息（如 JavaScript），都可以借助此工具进行方便的输出和调试。

❑ 公众平台测试账号：无需申请公众账号，可在测试账号中体验并测试微信公众平台所有高级接口。在正式的微信公众平台账号还在提交审核或者无法使用的时候，可以先行通过测试号进行开发测试。

❑ 公众号第三方平台：运营者可通过授权接口和功能权限给第三方平台开发者，完成微信公众号的功能开发和运营。

2.4.2　在线接口调试工具

虽然本章没有涉及微信公众平台的接口介绍,但是可以先掌握在线接口调试工具的使用方法。使用此工具可以帮助开发者校验请求的参数是否正确，也可以在提交相关信息后获得服务器返回的结果。

在开发者工具页面找到"在线接口调试工具"导航模块，单击"进入"按钮进入调试页面。调试工具提供了大部分接口的调试，其中接口类型和接口列表是二级联动的效果，开发者可以选择自己需要调试的接口。如默认选择"基础支持"分类下的"获取 access_token 接口/token"接口，如图 2.26 所示。

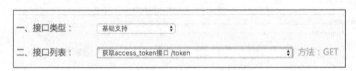

图 2.26　选择需要调试的接口

在接口列表后会说明当前接口的请求方式。

因为不同的接口所需要的请求参数不同，所以在选择接口后，下方的参数表单也会随之变化。例如，选择两个不同接口的参数表单，如图 2.27 所示。

图 2.27　选择两个不同接口的参数表单

以"基础支持"分类下的"获取 access_token 接口/token"接口为例，开发者需要提交"appid"和"secret"两个参数（这两个参数可以在开发者模式的配置页获取），输入完成后可对参数进行自动验证，如图 2.28 所示。

图 2.28　参数自动验证

当每个必填项参数输入框下方出现"校验通过"字样后，"检查问题"按钮就可以使用了。单击该按钮后，在页面下方会获得服务器返回的结果，如图 2.29 所示。

图 2.29　服务器返回的结果

使用接口调试工具前，微信公众平台需要先获取所要调试接口的权限。

2.4.3　微信公众平台测试账号

使用微信公众平台测试账号可以直接体验和测试公众平台所有高级接口，无需公众账号。通过开发者工具导航页面可以进入微信公众平台测试账号的免注册登录页面，如图 2.30 所示。

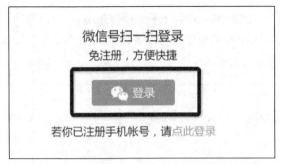

图 2.30　微信公众平台测试账号免注册登录页面

单击"登录"按钮后，会出现二维码微信登录界面，如图 2.31 所示。

图 2.31　二维码微信登录界面

扫描二维码并成功登录测试号的管理后台，其中测试号的基本信息（如 appid、appsecret 等）的获取和 Token 验证第三方服务器接入等修改操作如图 2.32 所示。

图 2.32　基本信息的获取和配置

同时测试号会有一个唯一的二维码可以进行关注操作，可关注人数的上线为 100 人，可以对已关注用户进行手动移除操作。效果如图 2.33 所示。

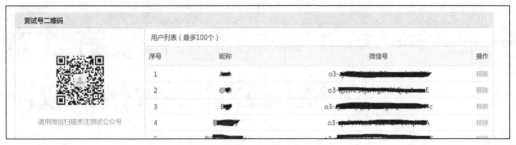

图 2.33　测试账号信息和用户管理

模板消息功能也可以在测试账号里面测试使用，后续内容会详细讲解使用规范。效果如图 2.34 所示。

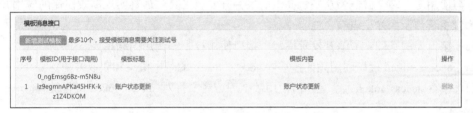

图 2.34　模板消息接口管理界面

最后提供了体验接口的权限表，开发者可以进行查看和配置，如图 2.35 所示。

图 2.35　查看可以体验的接口权限

　　一定要注意测试账号与正式账号的区别（如接口访问数量等），在后续开发中进行针对性的区别。

2.5　思考与练习

本章介绍了开发者如何接入微信并进行开发的准备，学习完成后请思考与练习以下内容。

思考：微信公众平台开发者模式为何要验证 Token？

练习：至少完成一次开发者文档的完整阅读，记录遇到的问题。

第3章
微信公众平台接口权限

在上一章中，我们介绍了如何开启和配置微信公众平台的开发者模式，方便开发者进行定制化开发。本章将会继续讲解在开发者模式下的一些基本使用内容，如开发者规范、access_token的简介与使用等。结合微信公众平台提供的各种开发者工具，最终实现高效快速的应用开发。

本章主要涉及的知识点有：

❑ 接口使用基础：了解开发者规范、接口使用权限和调用的频率等。

❑ access_token接口调用凭证：掌握access_token的基本概念和获取方法。

❑ 缓存access_token：掌握如何使用数据库或者文件对access_token进行缓存。

3.1　接口使用基础

本节介绍开发者规范、各个公众平台账号的接口使用权限和当日接口的最大调用频率等知识点。

3.1.1　开发者规范

微信公众平台提供了用户和开发者使用的平台，开发者进行公众号开发时，除了需要满足每个接口的规范限制、调用频率限制外，还需特别注意模板消息、用户数据等敏感信息的使用规范。

当涉及用户数据时，需要遵循以下规范：

❑ 服务需要收集用户任何数据的，必须事先获得用户的明确同意，且仅应当收集为运营及功能实现目的而必要的用户数据，同时应当告知用户相关数据收集的目的、范围及使用方式等，保障用户知情权。

❑ 收集用户的数据后，必须采取必要的保护措施，防止用户数据被盗、泄露等。

❑ 在特定微信公众号中收集的用户数据仅可以在该特定微信公众号中使用，不得将其在该特定微信公众号之外或为其他任何目的而使用，也不得以任何方式将其提供给他人。

❑ 如果腾讯认为开发者收集、使用用户数据的方式，可能损害用户体验，腾讯有权要求开发者删除相关数据并不得再以该方式收集、使用用户数据。

❑ 一旦开发者停止使用本服务，或腾讯基于任何原因终止开发者使用本服务，开发者必须立即删除因使用本服务而获得的全部数据（包括各种备份），且不得再以任何方式进行使用。

遵循以上规范可以更好地保障用户的权益，避免因为开发者失误导致的用户信息泄露和使用体验的降低。

另外为了避免因为违反规范而导致的账号停用等问题，微信公众平台也有如下相应的限制：

- ❑ 请勿为任何用户自动登录到微信公众平台提供代理身份验证凭据。
- ❑ 请勿提供跟踪功能，包括但不限于识别其他用户在个人主页上查看、点击等操作行为。
- ❑ 请勿自动将浏览器窗口定向到其他网页。
- ❑ 请勿设置或发布任何违反相关法规、公序良俗、社会公德等的玩法、内容等。
- ❑ 请勿公开表达或暗示开发者与腾讯之间存在合作关系，包括但不限于相互持股、商业往来或合作关系等，或声称腾讯对开发者的认可。

开发者规范的提供可以很好地维护微信公众平台的秩序，为普通用户和开发者提供一个良好的使用开发环境。

注意　以上为常见的开发者规范和注意事项，请及时关注最新的微信公众平台动态。

3.1.2　接口权限说明

不同的公众账号拥有不同的接口权限，权限说明如表 3.1 所示。

表 3.1　　　　　　　　　　各类型公众账号拥有的接口权限

接口名称	未认证订阅号	微信认证订阅号	未认证服务号	微信认证服务号
获取 access_token、获取微信服务器 IP 地址、接收消息、发送消息（被动回复）	有	有	有	有
发送消息—客服接口、发送消息—群发接口		有		有
发送消息—发送模板消息				有
用户管理—用户分组、设置用户备注名、获取用户基本信息、获取用户列表		有		有
用户管理—获取用户地理位置				有
用户管理—网页授权				有
推广支持—生成带参数二维码				有
推广支持—长链接转短链接口				有
界面丰富—自定义菜单		有	有	有
素材管理—素材管理接口		有		有
智能接口—语义理解接口				有
多客服—获取多客服消息记录、客服管理				有
微信支付接口				需申请
微信小店接口				需申请

续表

接口名称	未认证订阅号	微信认证订阅号	未认证服务号	微信认证服务号
微信卡券接口		需申请		需申请
微信设备功能接口				需申请
微信 JS-SDK—基础接口	有	有	有	有
微信 JS-SDK—分享接口		有	有	有
微信 JS-SDK—图像接口	有	有	有	有
微信 JS-SDK—音频接口	有	有	有	有
微信 JS-SDK—智能接口	有	有	有	有
微信 JS-SDK—设备信息	有	有	有	有
微信 JS-SDK—地理位置	有	有	有	有
微信 JS-SDK—界面操作	有	有	有	有
微信 JS-SDK—微信扫一扫	有	有	有	有
微信 JS-SDK—微信小店	有	有	有	有
微信 JS-SDK—微信卡券		有		有
微信 JS-SDK—微信支付				有

从表中可以看出，若需要支持所有的接口权限，则需要申请微信认证的服务号。

注意

微信认证分为资质认证和名称认证两部分，只要资质认证通过，就可以获得相应的接口权限。

3.1.3　接口调用频率限制

公众号调用接口并不是无限制的。为了防止公众号的程序错误而引发微信服务器负载异常，默认情况下，每个公众号调用接口都不能超过一定限制，当超过一定限制时，调用对应接口会收到如下错误返回码：

```
{"errcode":45009,"errmsg":"api freq out of limit"}
```

开发者可以登录微信公众平台，在账号后台开发者中心接口权限模板查看账号各接口当前的日调用上限和实时调用量，如图 3.1 所示。

图 3.1　实时查看接口当日的调用量

　　为了满足更多的需求，微信公众平台也提供了"接口清零"的功能（认证账号），当某接口当日的调用量超过 60% 时，在后面的操作区域，就会出现"调用量清零"按钮，单击此按钮即可把当日的调用量清零。

　　对于认证账号可以对实时调用量清零，说明如下：

❑　由于指标计算方法或统计时间差异，实时调用量数据可能会出现误差，一般在 1% 以内。

❑　每个账号每月共有 10 次清零操作机会，清零生效一次即用掉一次机会（10 次包括了平台上的清零和调用接口 API 的清零）。

❑　第三方帮助公众号调用时，实际上是在消耗公众号自身的 quota。

❑　每个有接口调用限额的接口都可以进行清零操作。

　　新注册账号的接口调用限制见表 3.2。

表 3.2　　　　　　　　　　　　　新注册账号接口每日调用限额说明

接口	每日限额
获取 access_token	2000
自定义菜单创建	1000
自定义菜单查询	10000
自定义菜单删除	1000
创建分组	1000
获取分组	1000
修改分组名	1000
移动用户分组	100000
上传多媒体文件	5000
下载多媒体文件	10000
发送客服消息	500000
高级群发接口	100
上传图文消息接口	10
删除图文消息接口	10
获取带参数的二维码	100000
获取关注者列表	500
获取用户基本信息	5000000
获取网页授权 access_token	无
刷新网页授权 access_token	无
网页授权获取用户信息	无
设置用户备注名	10000

　　与正式账号不同，在开发者工具中申请的测试账号的接口使用限额见表 3.3。

表 3.3 测试账号接口每日调用限额说明

接口	每日限额
获取 access_token	200
自定义菜单创建	100
自定义菜单查询	1000
自定义菜单删除	100
创建分组	100
获取分组	100
修改分组名	100
移动用户分组	1000
素材管理-临时素材上传	500
素材管理-临时素材下载	1000
发送客服消息	50000
获取带参数的二维码	10000
获取关注者列表	100
获取用户基本信息	500000
获取网页授权 access_token	无
刷新网页授权 access_token	无
网页授权获取用户信息	无

3.2 接口调用凭证——access_token

本节讲解 access_token 的基本概念，如何获取 access-token，以及它的多种缓存方式。

3.2.1 概述

access_token 是公众号的全局唯一接口调用凭据，公众号调用各接口时都需使用 access_token，开发者需要对其进行妥善保存。access_token 的存储至少要保留 512 个字符空间。access_token 的有效期目前为 2 小时，需定时刷新，重复获取将导致上次获取的 access_token 失效。

开发者搭建一个高效稳定的公众号的一般流程如图 3.2 所示。

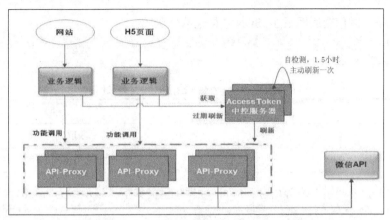

图 3.2 开发者搭建微信公众平台一般流程

如图 3.2 所示，开发者在调用公众号接口前，需要获取 access_token。在使用中需要注意以下问题：

❑ 为了保密 appsecrect，第三方需要一个 access_token 获取和刷新的中控服务器。而其他业务逻辑服务器所使用的 access_token 均来自于该中控服务器，不应该各自去刷新，否则会造成 access_token 覆盖而影响业务。

❑ 目前 access_token 的有效期通过返回的 expire_in 来传达，目前是 7200s 之内的值。中控服务器需要根据这个有效时间提前去刷新 access_token。在刷新过程中，中控服务器对外输出的依然是旧的 access_token，此时公众平台后台会保证在刷新短时间内，新老 access_token 都可用，这保证了第三方业务的平滑过渡。

❑ access_token 的有效时间可能会在未来有所调整，所以中控服务器不仅需要内部定时主动刷新，还需要提供被动刷新 access_token 的接口，这样便于业务服务器在 API 调用获知 access_token 已超时的情况下，可以触发 access_token 的刷新流程。

3.2.2 获取 access_token 接口规范

公众号可以使用 AppID 和 AppSecret 调用本接口来获取 access_token。AppID 和 AppSecret 可在微信公众平台后台管理开发者默认配置页中获得（需要已经成为开发者，且账号没有异常状态）。注意调用所有微信接口时均需使用 https 协议。如果第三方不使用中控服务器，而是选择各个业务逻辑点各自去刷新 access_token，那么就可能会产生冲突，导致服务不稳定。

接口的请求说明如下：

```
http 请求方式：GET
https://api.weixin.qq.com/cgi-bin/token?grant_type=client_credential&appid=APPID&secret=APPSECRET
```

请求参数说明见表 3.4。

表 3.4 获取 access_token 接口请求参数说明

参数	是否必须	说明
grant_type	是	获取 access_token 填写
appid	是	第三方用户唯一凭证
secret	是	第三方用户唯一凭证密钥，即 appsecret

正常情况下，微信会返回下述 JSON 数据包给公众号：

```
{"access_token":"ACCESS_TOKEN","expires_in":7200}
```

返回参数说明见表 3.5。

表 3.5　　　　　　　　获取 access_token 接口返回参数说明

参数	说明
access_token	获取到的凭证
expires_in	凭证有效时间，单位为秒

错误时微信会返回错误码等信息，JSON 数据包示例如下（该示例为 AppID 无效错误）：

```
{"errcode":40013,"errmsg":"invalid appid"}
```

3.2.3　在 PHP 获取 access_token

为了方便测试和演示，在本地环境中新增 wxtoken 项目目录，并新增 WxAccessToken.class.php 类文件来进行 access_token 的相关操作。类核心代码如下：

```php
<?php
// access_token 获取类
class WxAccessToken
{
    private $access_token ;
    private $appid;
    private $appsecret;

    // 构造方法
    public function __construct($appid , $appsecret)
    {
        if(!$appid || !$appsecret)
        {
            exit('param error!');
        }
        $this->appid = $appid;
        $this->appsecret = $appsecret;
    }

    // 获取 access_token 返回值;
    private function getAccessTokenData()
    {
        $url = 'https://api.weixin.qq.com/cgi-bin/token?grant_type=client_credential&appid='.$this->appid.'&secret='.$this->appsecret;
        return json_decode(file_get_contents($url) , true);
    }
    // 返回最新的 access_token
    public function getAccessToken()
    {
        $a_t_data = $this->getAccessTokenData();
        return $a_t_data['access_token'];
    }
}
```

因为使用 GET 方法访问接口 URL，所以在 getAccessTokenData() 方法中使用了 file_get_contents() 方法获取数据。返回值使用 PHP 内置的 json_decode() 方法把 JSON 格式数据转换为 PHP 数组类型（方法第二个参数为 true）：

```
return json_decode(file_get_contents($url) , true);
```

在 wxtoken 项目目录下新增 index.php 入口文件，引入 WxAccessToken.class.php 类文件并实例化，核心代码如下：

```php
<?php
define('APP_ID' , '开发者 appid');                    // appid
define('APP_SECRET' , '开发者 appsecret');            // appsecret

require_once './WxAccessToken.class.php';            // 引入处理类库
$wx = new WxAccessToken(APP_ID , APP_SECRET);        // 实例化处理类
echo "<pre>";
print_r("access_token:<br>".$wx->getAccessToken());  // 直接获取并打印输出
```

运行结果如图 3.3 所示。

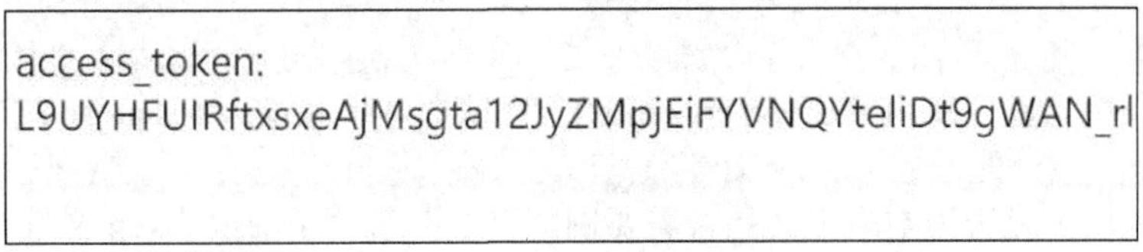

```
access_token:
L9UYHFUIRftxsxeAjMsgta12JyZMpjEiFYVNQYteliDt9gWAN_rl
```

图 3.3　运行结果

3.2.4　使用文件缓存 access_token

上一小节中我们已经可以实时地获取 access_token，但是接口每日的调用次数有限额，重新获取后旧的 access_token 会失效，所以开发者需要把 access_token 缓存在本地，并根据过期时间进行定时的刷新。

修改 WxAccessToken.class.php 类文件，新增 getAccessTokenByFile() 公共方法，核心代码如下：

```php
// 本地文件方式：获取最新的 access_token
public function getAccessTokenByFile()
{
    // 读取本地的 json 文件
    $file_data = file_get_contents('./access_token.json');

    // 判断是否读取到数据
    if(!$file_data)
    {
        // 获取最新的 access_token
        $a_t_token = $this->getAccessTokenData();
        // 保存获取 access_token 的时间
        $a_t_token['create_time'] = time();
        file_put_contents('./access_token.json' ,json_encode($a_t_token));
        // 返回结果集
        return $a_t_token['access_token'];
    }
    else
    {
```

```
        // 转换为数组格式
        $file_data_arr = json_decode($file_data , true);
        // 判断 token 是否过期
        if((time() - $file_data_arr['create_time']) > 3600)
        {
            // 获取最新的 access_token
            $a_t_token = $this->getAccessTokenData();
            $a_t_token['create_time'] = time();
            file_put_contents('./access_token.json' ,json_encode($a_t_token));
            // 返回结果集
            return $a_t_token['access_token'];
        }
        else
        {
            // 直接返回缓存的结果
            return $file_data_arr['access_token'];
        }
    }
}
```

在方法定义中，首先使用 file_get_contents()方法获取本地 access_token.json 文件的值：

```
$file_data = file_get_contents('./access_token.json');
```

通过判断返回值是否为空来定义是否需要刷新以获取新的 access_token 文件，若返回值为空，则直接获取新的 access_token 文件并使用 file_put_contents()方法写入到本地文件中：

```
// 获取最新的 access_token
$a_t_token = $this->getAccessTokenData();
// 保存获取 access_token 的时间
$a_t_token['create_time'] = time();
file_put_contents('./access_token.json' ,json_encode($a_t_token));
// 返回结果集
return $a_t_token['access_token'];
```

若读取本地文件时有返回值，则需要判断本地缓存的 access_token 是否已经过期：

```
// 转换为数组格式
$file_data_arr = json_decode($file_data , true);
// 判断 token 是否过期
if((time() - $file_data_arr['create_time']) > 3600)
{
    // 已经失效，需要重新获取
}
else
{
    // 未失效，直接返回本地缓存的数据
}
```

在 index.php 调用 getAccessTokenByFile()方法。可以发现本地生成了 access_token.json 文件，反复执行 index.php 脚本文件返回的也是同一个 access_token（3600s 内），如图 3.4 所示。

图 3.4　在 JSON 文件中缓存 access_token

虽然 access_token 目前的过期时间为 7200s，但是建议用稍短的时间进行更新，以免因为网络或其他原因导致刷新失败。

3.2.5　使用数据库缓存 access_token

和使用本地文件缓存 access_token 类似，为了满足更多的应用需求，开发者可以使用数据库来实现同样的效果，只不过读取的数据从 JSON 文件换成了 MySQL 数据库。

首先在 MySQL 中新增名为 wxtoken 的数据库，在数据中新增 db_access_token 表，数据表结构如图 3.5 所示。

#	名字	类型	排序规则	属性	空	默认	注释	额外	操作
1	id	int(4)			否	无		AUTO_INCREMENT	修改　删除　主键
2	access_token	varchar(255)	utf8_general_ci		否	无			修改　删除　主键
3	create_time	int(10)			否	无			修改　删除　主键
4	date	date			否	无			修改　删除　主键
5	status	tinyint(4)			否	无			修改　删除　主键

图 3.5　数据库保存的 access_token 表结构

其中 access_token 和 create_time 两个字段为必需的，date 和 status 可选用，分别存储标准日期格式和数据状态。开发者可以根据自己的需求对数据结构进行扩展。

在 wxtoken 项目目录下新增 Db.php 脚本文件，使用单例模式定义 MySQL 数据库操作类，核心代码如下：

```php
<?php
class Db
{
    private $link;
    static private $_instance;
    // 连接数据库
    private function __construct($host, $username, $password)
    {
        $this->link = mysql_connect($host, $username, $password);
        $this->query("SET NAMES 'utf8'", $this->link);
        return $this->link;
    }

    private function __clone(){}

    // 获取数据库连接对象
    public static function getMySQLconnect($host, $username, $password)
    {
        if( FALSE == (self::$_instance instanceof self) )
        {
            self::$_instance = new self($host, $username, $password);
        }
        return self::$_instance;
    }
}
```

```
// 连接数据表
public function selectDb($database)
{
    $this->result = mysql_select_db($database);
    return $this->result;
}

// 执行 SQL 语句
public function query($query)
{
    return $this->result = mysql_query($query, $this->link);
}

// 将结果集保存为数组
public function fetch_array($fetch_array)
{
    return $this->result = mysql_fetch_array($fetch_array, MYSQL_ASSOC);
}

// 关闭数据库连接
public function close()
{
    return $this->result = mysql_close($this->link);
}
}
?>
```

使用单例设计模式获取数据库对象可以减少对象实例化的次数，节省资源并提高脚本运行速度：

```
if( FALSE == (self::$_instance instanceof self) )
{
    self::$_instance = new self($host, $username, $password);
}
```

修改 WxAccessToken.class.php 类文件，新增 getAccessTokenByDb()公共方法，核心代码如下：

```
// 数据库方式：获取最新的 access_token
public function getAccessTokenByDb()
{
    $conn = Db::getMySQLconnect(MYSQL_HOST , MYSQL_USER , MYSQL_PWD);
    $conn->selectDb('wxtoken');

    // 获取最后一条数据
    $sql = "select * from db_access_token order by id desc";
    $re = $conn->query($sql);
    $res = $conn->fetch_array($re);
    if(!$res)
    {
        // 获取最新的 access_token
        $a_t_token = $this->getAccessTokenData();
        // 写入数据库
        $sql = "insert into db_access_token values ( null , '".$a_t_token
['access_token']."' , ".time()." , '".date('Y-m-d')."' , 1)";
        $conn->query($sql);
```

```
            // 返回结果集
            return $a_t_token['access_token'];
        }
        else
        {
            // 判断 token 是否过期
            if((time() - $res['create_time']) > 3600)
            {
                // 获取最新的 access_token
                $a_t_token = $this->getAccessTokenData();
                // 写入数据库
                $sql = "insert    into    db_access_token    values    (    null    ,
'".$a_t_token['access_token']."'  ,  ".time()."  ,  '".date('Y-m-d')."'  ,  1)";
                $conn->query($sql);
                // 返回结果集
                return $a_t_token['access_token'];
            }
            else
            {
                // 直接返回数据库中的结果
                return $res['access_token'];
            }
        }
    }
```

需要注意的是，和每次都刷新文件中的同一条记录不同，使用 MySQL 数据库每次获取全新的 access_token 都是新增一条记录。在查询的时候使用 ID 进行倒序查询，取第一条数据即可：

```
$sql = "select * from db_access_token order by id desc";
```

修改 index.php 文件如下：

```
define('MYSQL_HOST' , 'localhost');                      // 数据库连接信息
define('MYSQL_USER' , 'root');
define('MYSQL_PWD' , 'root');

require_once './Db.php';                                 // 引入数据库连接文件和处理类库
require_once './WxAccessToken.class.php';

$wx = new WxAccessToken(APP_ID , APP_SECRET);            // 实例化对象
echo "<pre>";
// print_r("access_token:<br>".$wx->getAccessToken());
print_r($wx->getAccessTokenByDb());                      // 在数据库中缓存获取
```

注意

具体使用何种方式缓存 access_token 还需要开发者根据具体的业务场景来进行分析和选择。在访问量高并发的场景下，甚至可以选择 memcache 等内存数据库来提高访问性能。

3.3　access_token 应用示例

本节选取两个可以本地调用的微信公众平台接口来实际使用 access_token。

3.3.1 获取微信服务器 IP 地址

如果公众号基于安全等考虑，需要获知微信服务器的 IP 地址列表以便进行相关限制，就可以通过该接口获得微信服务器 IP 地址列表或者 IP 网段信息。

接口调用请求说明如下：

```
http 请求方式：GET
https://api.weixin.qq.com/cgi-bin/getcallbackip?access_token=ACCESS_TOKEN
```

必需的参数只有一个，就是 access_token。正常情况下，微信会返回 JSON 数据包给公众号：

```
{
    "ip_list": [
        "127.0.0.1",
        "127.0.0.2",
        "101.226.103.0/25"
    ]
}
```

为了方便测试和演示，本节继续使用上一节的 wxtoken 项目，修改 index.php 文件并新增以下代码：

```
//IP 地址获取
$url                                                                        =
'https://api.weixin.qq.com/cgi-bin/getcallbackip?access_token='.$wx->getAccessTokenByFile();
$data = json_decode(file_get_contents($url) , true);
print_r($data);
```

访问结果如图 3.6 所示。

```
Array
(
    [ip_list] => Array
        (
            [0] => 101.226.62.77
            [1] => 101.226.62.78
            [2] => 101.226.62.79
            [3] => 101.226.62.80
            [4] => 101.226.62.81
            [5] => 101.226.62.82
            [6] => 101.226.62.83
            [7] => 101.226.62.84
            [8] => 101.226.62.85
            [9] => 101.226.62.86
            [10] => 101.226.103.59
            [11] => 101.226.103.60
            [12] => 101.226.103.61
            [13] => 101.226.103.62
```

图 3.6　访问结果

3.3.2 接口调用次数清零操作

除了在接口权限表上可以进行清零操作外，还可以调用接口对所有的 API 使用进行全部清零操作。接口请求规范如下：

```
HTTP 请求：POST
HTTP 调用：
https://api.weixin.qq.com/cgi-bin/clear_quota?access_token=ACCESS_TOKEN
```

POST 请求数据结构如下：

```
{
    "appid":"APPID"
}
```

正常情况下，会返回：

```
{
    "errcode":0,
    "errmsg":"ok"
}
```

因为请求接口的方式为 POST，所以 file_get_contents()方法无法满足需求，这里使用 PHP CURL 实现 POST 请求的发送。修改 WxAccessToken.class.php 类文件，新增 post_data()公共方法如下：

```php
// 发送 POST 请求数据
public function post_data($url , $data = null)
{
    $ch = curl_init();
    curl_setopt($ch, CURLOPT_URL, $url);
    curl_setopt($ch, CURLOPT_CUSTOMREQUEST, "POST");
    curl_setopt($ch, CURLOPT_SSL_VERIFYPEER, FALSE);
    curl_setopt($ch, CURLOPT_SSL_VERIFYHOST, FALSE);
    curl_setopt($ch, CURLOPT_USERAGENT, 'Mozilla/5.0 (compatible; MSIE 5.01; Windows
NT 5.0)');
    curl_setopt($ch, CURLOPT_FOLLOWLOCATION, 1);
    curl_setopt($ch, CURLOPT_AUTOREFERER, 1);
    curl_setopt($ch, CURLOPT_POSTFIELDS, $data);
    curl_setopt($ch, CURLOPT_RETURNTRANSFER, true);
    $return = curl_exec($ch);
    if (curl_errno($ch)) {
        return curl_error($ch);
    }
    curl_close($ch);
    return $return;
}
```

修改 index.php，新增以下代码：

```php
// 接口调用归零
$url                                                                              =
'https://api.weixin.qq.com/cgi-bin/clear_quota?access_token='.$wx->getAccessTokenByFile();
$data['appid'] = APP_ID;
$data = json_decode($wx->post_data($url,json_encode($data)) , true);
print_r($data);
```

执行脚本的运行效果如图 3.7 所示。

```
Array
(
    [errcode] => 0
    [errmsg] => ok
)
```

图 3.7　调用接口实现 API 清零操作

若反馈结果如图 3.7 所示，则说明接口清零成功。

3.4　思考与练习

本章介绍了如何获取网页通用的授权凭证 access_token，学习完成后请思考并练习以下内容。

思考：在程序中若出现了因 access_token 过期而导致的接口调用异常，该如何处理？

练习：在 redis 或其他内存数据库中缓存 access_token。

第 2 部分
微信常用接口与样式

第4章
微信网页设计样式库——WeUI

2016 年年初，微信团队发布了网页设计样式库 WeUI，帮助网页开发者实现与微信客户端一致的视觉体验，并降低设计和开发成本。该样式库包含了微信目前正在使用的基本样式，本章将会介绍 WeUI 的入门使用和在实际开发中的应用。

本章主要涉及的知识点有：

- ❑ 使用方法：学会如何快速开始使用 WeUI 样式库。
- ❑ 元素类型：学会 button、cell、dialog、progress、toast、article、icon 等各式元素的使用。
- ❑ 实战开发：学会使用样式库开发微信公众平台网页。

本章网页内容无需在公众平台内也可以运行。

4.1 WeUI 简介

本节简单介绍 WeUI 的基本概念，理解这些概念是学习使用 WeUI 的基础。开发者也需要知道在项目中使用 WeUI 的具体优势。

4.1.1 概述

首先来看什么是 WeUI。WeUI 是一套同微信原生视觉体验一致的基础样式库，由微信官方设计团队为微信内网页开发量身设计，可以令用户的使用感知更加统一。开发者在使用的时候完全可以像"垒积木"一样构建页面，减少前端代码工作量，从而达到更专注于业务逻辑的目的。

在微信网页开发中使用 WeUI，有如下优势：

- ❑ 同微信客户端一致的视觉效果，令所有微信用户都能更容易地使用你的网站。

❑ 便捷获取，快速使用，降低开发和设计成本。

❑ 微信设计团队精心打造，清晰明确，简洁大方。

WeUI 的基本样式如图 4.1 所示。从中我们可以发现基本沿用了微信的设计语言。

图 4.1　WeUI 基本样式

 WeUI 不仅适用于微信公众平台项目，微信官方已经在 GitHub 上开源。访问地址：http://weui.github.io/weui/。

4.1.2　安装 npm 包管理器

官方提供了使用包管理的方式获取 WeUI 的样式文件。其中，通过 bower 包管理器获取的方式如下：

```
bower install --save weui
```

使用 npm 包管理器获取的方式如下：

```
npm install --save weui
```

两种方式获取方法类似，这里重点讲解一下使用 npm 包管理器获取和使用 WeUI 的具体步骤：

（1）在主流的操作系统中安装 npm 包管理器。

（2）通过 npm 包管理器获取 WeUI 源码文件。

（3）在项目页面中引入 WeUI 样式文件。

首先来介绍如何安装 npm 包管理器。npm 是 Node.js 官方为 Node.js 定制的一个工具，是 Node.js 的包管理器，是 Node Packaged Modules 的缩写，通过 npm 可以下载安装 Node.js 的模块包，Node.js 有很多优秀的模块包，可以帮助开发者实现快速开发。

安装最新版本的 Node.js 附带 npm 包管理器，所以可以直接通过 Node.js 官网（ https://nodejs.org ）下载对应用户当前操作系统版本的 Node.js 安装包。

4.1.3　在 Mac 系统下安装 npm

在 OS X 系统下访问官网首页，找到并下载 Node.js 安装包，如图 4.2 所示。

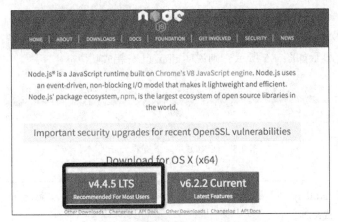

图 4.2 找到并下载 Node.js 安装包

双击下载完成的 pkg 安装包，使用安装器进行安装，如图 4.3 所示。

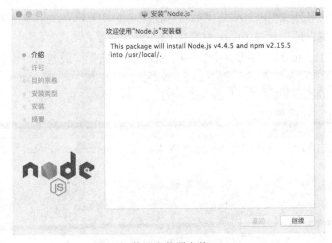

图 4.3 使用安装器安装 Node.js

单击"继续"按钮即可完成安装。安装结束后，可以看到 npm 已经安装到系统中，如图 4.4 所示。

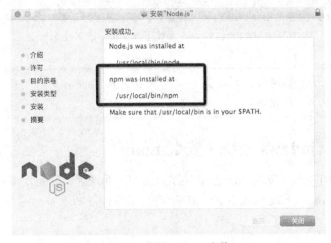

图 4.4 完成 Node.js 安装

在 OS X 系统自带的终端中输入以下指令查看 npm 是否安装成功：

```
npm -v            //查看 npm 的版本
```

执行命令，若显示如图 4.5 所示，则说明 npm 已安装成功。

```
● ● ●        ⌂ wangjialin — wangjialin@wangjialindeMacBook-Pro — ~ — -zsh — 77×26
Last login: Mon Jun 20 10:28:51 on ttys000
[➜  ~   npm -v
2.15.5
```

图 4.5　在 Mac 系统下查看 npm 版本号

> 访问 Node.js 官网可以自动识别用户的操作系统版本，直接在首页上提供适合当前系统的下载地址。

4.1.4　在 Linux 系统下安装 npm

在实际使用中，用户通常以远程访问的形式使用 Linux 主机，所以本小节以 Linux 发行版本 Ubuntu12.04LTS 为例讲解如何在 Linux 中安装 npm 包管理器。

首先需要更新 Ubuntu 的软件源并安装一些 Node.js 的依赖扩展，执行代码如下：

```
sudo apt-get update
sudo apt-get install python gcc make g++
```

执行以下命令安装 Node.js：

```
sudo apt-get install nodejs
```

安装完成后，使用 npm -v 指令查看 npm 版本，发现 npm 提示并未被安装。需要顺序执行以下命令来解决：

```
sudo apt-get install python-software-properties
sudo apt-add-repository ppa:chris-lea/node.js
sudo apt-get update
sudo apt-get install nodejs
```

安装成功后，使用 npm -v 命令查看 npm 版本。如图 4.6 所示。

```
root@vagrant-ubuntu-trusty:/home/vagrant# npm -v
1.4.21
root@vagrant-ubuntu-trusty:/home/vagrant#
```

图 4.6　在 Ubuntu 系统下查看 npm 版本号

> 因为 Linux 的发行版本众多，所以用户在安装 Node.js 的时候可以在官网上选择更多不同安装包，如使用源码编译安装等。

4.1.5　在 Windows 系统下安装 npm

在 Windows 操作系统下安装 npm 包管理器和在 Mac 系统上的安装步骤非常类似。首先访问官网（https://nodejs.org）下载 Node.js 的 msi 安装包，如图 4.7 所示。

图 4.7　安装包下载地址自动识别为 Windows 类型

然后，依次单击 "Next" 按钮，完成安装步骤，如图 4.8 所示。

图 4.8　在 Windows 系统下执行安装步骤

安装完成后，在系统 cmd 命令行窗口（在 Windows 开始按钮上单击右键，在 "运行" 后输入 "cmd"）中输入 npm –v 指令并执行，若输出结果如图 4.9 所示则说明安装成功。

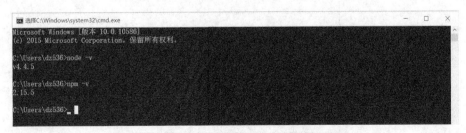

图 4.9　在 Windows 系统下查看 npm 包管理器版本

4.1.6　开始使用 WeUI

在系统中安装成功 npm 包管理器后，就可以方便地获取 WeUI 的源代码了。以 Mac 系统为例，在终端中输入 npm 指令以获取源代码，如图 4.10 所示。

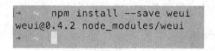

```
→  ~  npm install --save weui
weui@0.4.2 node_modules/weui
→  ~
```

图 4.10　成功获取 WeUI 源代码

使用 npm 安装 WeUI 成功后，将默认存放在当前命令执行路径下的 node_modules 目录下，进入后会发现名为 "weui" 的文件夹。若其内容如图 4.11 所示，则说明完成了 WeUI 框架的下载。

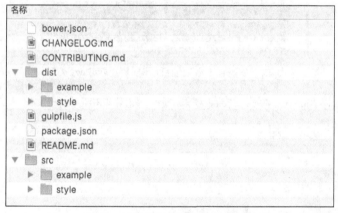

图 4.11　下载到本地的 WeUI 源码

进入 dist 目录后，就可以在 style 目录下找到 WeUI 的样式文件，可根据需求引入实际的项目中去。官方也提供了一个实例包供我们参考，进入到 example 日录即可看到。双击 indcx.html 文件后，可以看到所有的组件实例，如图 4.12 所示。

图 4.12　查看官方提供的实例

在 dist 目录下新建 login.html 文件，代码如下：

```
<!DOCTYPE html>
<html>
<head>
    <meta charset="UTF-8">
    <meta name="viewport" content="width=device-width,
initial-scale=1,user-scalable=0">
    <title>WeUI</title>
    <link rel="stylesheet" href="./style/weui.min.css"/>
</head>
<body>
<a href="#" class="weui_btn weui_btn_primary">登录按钮</a>
</body>
</html>
```

在浏览器里面运行效果如图 4.13 所示。

图 4.13　引入并使用 WeUI 样式文件

4.2　WeUI 元素类型

WeUI 提供了 button、cell、dialog、progress、toast、article、icon 等多种元素，通过不同的 class 名搭配可以实现不同的效果。本节将会介绍每个元素的基本使用方法，为在实战项目中使用元素打下基础。

4.2.1　Button——实现不同按钮效果

按钮可以使用 a 或者 button 标签，元素上使用 class 的不同组合来进行组件效果的展示，其中样式类型在使用上分为 3 种：

（1）基本样式。如 class "weui_btn"，所有的按钮都需要带此样式。

（2）场景样式。按钮常见的操作场景 "确定" "取消" "警示"，分别对应 class "weui_btn_primary" "weui_btn_default" "weui_btn_warn"，每种场景都有自己的置灰态 weui_btn_disabled。

（3）效果样式。实现镂空和改变按钮大小等效果，分别对应 class "weui_btn_plain_default" "weui_btn_mini" 等。

继续使用上一节中的 login.html 文件，增加自定义样式并修改代码如下：

```
<!DOCTYPE html>
<html>
<head>
    <meta charset="UTF-8">
```

```
    <meta name="viewport" content="width=device-width,initial-scale=1,user-scalable=0">
    <title>WeUI</title>
    <link rel="stylesheet" href="./style/weui.min.css"/>
    <style>
    body{padding:20px;}
    </style>
</head>
<body>
<p>场景元素：</p>
<a href="#" class="weui_btn weui_btn_primary">按钮</a>
<a href="#" class="weui_btn weui_btn_disabled weui_btn_primary">按钮置灰</a>
<a href="#" class="weui_btn weui_btn_warn">确认</a>
<a href="#" class="weui_btn weui_btn_disabled weui_btn_warn">确认置灰</a>
<a href="#" class="weui_btn weui_btn_default">按钮</a>
<a href="#" class="weui_btn weui_btn_disabled weui_btn_default">按钮置灰</a>
<p>效果元素：</p>
<div class="button_sp_area" style="width:80%;margin:0px auto;padding:10px;">
<a href="#" class="weui_btn weui_btn_plain_default">按钮</a>
<a href="#" class="weui_btn weui_btn_plain_primary">按钮</a>
<a href="#" class="weui_btn weui_btn_mini weui_btn_primary">按钮</a>
<a href="#" class="weui_btn weui_btn_mini weui_btn_default">按钮</a> </div>
</body>
</html>
```

在浏览器中运行上述代码，可以看到常见的按钮效果，如图 4.14 所示。

图 4.14　WeUI 常见的按钮元素样式

虽然 WeUI 提供了基本的样式，在实际项目里面还是需要根据需求编写自己的样式。

4.2.2　Cell——制作列表项

Cell 又被称为列表视图，用于将信息以列表的结构显示在页面上，是移动网页上最常用的内容结构。Cell 由多个部分组成，外部的列表容器主要由 weui_cells_title 和 weui_cells 样式进行定义。

而单个的 Cell 样式，主要由以下 3 类样式进行定义：

（1）weui_cell_hd。定义在 Cell 的最左侧，可以进行缩略图等内容的展示。

（2）weui_cell_bd。定义在 Cell 的中部位置，显示列表的标题等内容。

（3）wcui_ccll_ft。定义在 Cell 的右侧位置，显示一些附加的提示信息。

带标题的 Cell 列表效果如图 4.15 所示。

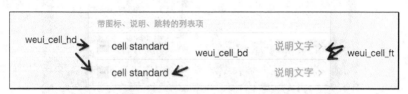

图 4.15　带标题的 Cell 列表效果

实现以上效果的代码如下：

```
<div class="weui_cells_title">带图标、说明、跳转的列表项</div>
<div class="weui_cells weui_cells_access">
     <a class="weui_cell" href="javascript:;">
        <div class="weui_cell_hd">
        <img src="…" alt="" style="width:20px;margin-right:5px;
display:block"></div>
        <div class="weui_cell_bd weui_cell_primary">
           <p>cell standard</p>
        </div>
        <div class="weui_cell_ft">说明文字</div>
     </a>
     <a class="weui_cell" href="javascript:;">
        <div class="weui_cell_hd">
        <img src="…" alt="" style="width:20px;margin-right:5px;
display:block"></div>
        <div class="weui_cell_bd weui_cell_primary">
           <p>cell standard</p>
        </div>
        <div class="weui_cell_ft">说明文字</div>
     </a>
  </div>
```

如果需要实现自适应布局，可以增加样式 weui_cell_primary。

4.2.3　Dialog——常见提示框

虽然可以使用 JavaScript 中的 alert 和 confirm 函数构建警告弹框和确认弹框，但在实际使用中可定制化的内容较少，所以在 WeUI 中可以使用自定义的 Dialog 弹出层，方便更多的需求开发。

下面通过一个小实例来展示 Dialog 的具体用法。用户在页面上单击 "确认框" 按钮后弹出选择确认框。用户再次单击选择确认框上的 "警告框" 按钮后弹出警告框 Dialog。其中用户单击两个 Dialog 的 "取消" 按钮都可以隐藏任意的弹出层，如图 4.16 所示。

图 4.16 两种不同的 Dialog 弹出层

首先在页面上定义一个按钮和两个不同样式的 Dialog，其中两个 Dialog 默认为隐藏状态。核心代码如下：

```
<a href="javascript:;" class="weui_btn weui_btn_primary" id="showDialog1">确认框</a>
<div class="weui_dialog_confirm" id="dialog1" style="display:none;">
    <div class="weui_mask"></div>
    <div class="weui_dialog">
        <div class="weui_dialog_hd">
            <strong class="weui_dialog_title">弹窗标题</strong>
        </div>
        <div class="weui_dialog_bd">
            自定义弹窗内容，居左对齐显示，告知需要确认的信息等
        </div>
        <div class="weui_dialog_ft">
            <a href="javascript:;" class="weui_btn_dialog default cancelDialog">取消</a>
            <a href="javascript:;" class="weui_btn_dialog primary showSecond">警告框</a>
        </div>
    </div>
</div>
<div class="weui_dialog_alert" id="dialog2" style="display:none;">
    <div class="weui_mask"></div>
    <div class="weui_dialog">
        <div class="weui_dialog_hd">
            <strong class="weui_dialog_title">弹窗标题</strong>
        </div>
        <div class="weui_dialog_bd">
            弹窗内容，告知当前页面信息等
        </div>
        <div class="weui_dialog_ft">
            <a href="javascript:;" class="weui_btn_dialog primary cancelDialog">确定</a>
        </div>
    </div>
</div>
```

其次需要编写 JavaScript 脚本，为页面中的不同按钮绑定 click 事件，用来控制两个 Dialog 的弹框显示和关闭隐藏，核心代码如下：

```
<script type="text/javascript">
$(function(){
    // 单击桌面按钮弹出 Dialog
    $('#showDialog1').click(function(){
        $('#dialog1').show();
    })
    // 单击取消按钮关闭 Dialog
    $('.cancelDialog').click(function(){
        $('.weui_dialog_confirm').hide();    //隐藏所有样式 Dialog
        $('.weui_dialog_alert').hide();      //隐藏所有样式 Dialog
    })
    // 单击按钮弹出样式二
    $('.showSecond').click(function(){
        $('.weui_dialog_confirm').hide();    //隐藏所有的 Dialog
        $('#dialog2').show();                //显示所需要的 Dialog
    })
})
</script>
```

若无特殊说明，本书中的实例均使用 jQuery 框架来实现相关效果。

4.2.4　Progress 和 Toast——使用计时器模拟文件上传

本小节使用 WeUI 提供的 Progress（weui_progress）进度条相关样式和 Toast（weui_toast）提示样式来实现模拟文件上传、文件取消的效果。实例效果如图 4.17 所示。

图 4.17　用户取消上传系统给予提示

若想实现以上效果，需要使用 WeUI 提供的样式组件构建 html 代码。首先新建 index.html 文件，引入相关的文件后，在页面上增加 Progress 和按钮的代码如下：

```
<div>使用计时器模拟文件上传：</div>
<div class="bd spacing">
<div class="weui_progress">
    <div class="weui_progress_bar">
        <div class="weui_progress_inner_bar js_progress" style="width: 0%;"></div>
    </div>
    <a href="javascript:;" class="weui_progress_opr">
        <i class="weui_icon_cancel"></i>
```

```
    </a>
  </div>
  <div class="weui_btn_area">
      <a  href="javascript:;"  class="weui_btn  weui_btn_primary  weui_btn_disabled"
id="btnStartProgress">上传</a>
  </div>
```

增加 Toast 相关提示的代码如下，默认为隐藏状态：

```
<!--toast-->
  <div id="toast" style="display: none;">
  <div class="weui_mask_transparent"></div>
  <div class="weui_toast">
    <i class="weui_icon_toast"></i>
    <p class="weui_toast_content change_content">已完成上传</p>
  </div>
```

其中，class 名为 "weui_progress_opr" 的 a 标签用来绑定对上传操作的相关事件，如取消上传效果等。

上传进度条的动态效果依赖于进度条容器的 width 属性，用在 class 名为 "weui_progress_inner_bar" 的 div 上，使用百分比为单位，可以非常方便地进行进度条显示，核心代码如下：

```
<div class="weui_progress_inner_bar js_progress" style="width: 0%;"></div>
```

在了解 width 属性用法后，可以使用 JavaScript 中的计时器方法 setInterval() 来实现进度条的定时增加。当用户单击 "上传" 按钮后，系统开始计时，每过 1s，进度条增加 1%。增加 JavaScriptr 的代码如下：

```
var timer ;                              // 全局计时器变量
var second = 0;                          // 全局时间变量
$('#btnStartProgress').click(function()
{
    if(second == 0)
    {
        timer = setInterval(function(){
            second ++;                          // 每秒增加 1 秒
            $('.js_progress').css({width:second+"%"});//动态定义进度条的宽度
            if(second == 100)                 //进度条达到 100% 的时候停止
            {
                $('#toast').show();               // 显示上传结束 Toast 提示框
                init_time();
                setTimeout(function(){
                    init_progress();
                    $('#toast').hide();
                },2000)              //上传成功 2 秒后隐藏提示并初始化上传进度条
            }
        },1000);                              //1 秒上传 1%
    }
})
    // 重置时间和计时器
    function init_time()
    {
        clearInterval(timer);                    //清除计时器
        second = 0;                             //重置时间
    }
    // 重置进度条进度
    function init_progress()
```

```
    {
        $('.js_progress').css({width:"0%"});                //进度条归零
    }
```

在以上代码中，实现了每过 1s 进度条增加 1%的效果，当过 100s 后进度条会完成 100%。其中动态更改进度的代码如下：

```
$('.js_progress').css({width:second+"%"});               //动态定义进度条的宽度
```

若过了 100s 后，不及时清除计时器变量，进度条会超出样式范围并溢出。所以在时间达到 100s 的时候，程序清除计时器并初始化时间。核心代码如下：

```
clearInterval(timer);                    //清除计时器
second = 0;                              //重置时间
```

当完成上传后，页面会有上传完成的提示。只需要让默认隐藏的 Toast 提示框展示即可。JavaScript 代码如下：

```
$('#toast').show();                      // 显示上传结束 Toast 提示框
```

实现取消上传和模拟上传类似，给用户取消上传按钮绑定的 click 事件即可。相关实现代码如下：

```
// 取消上传操作
$('.weui_icon_cancel').click(function(){
    if(second != 0)
    {
        init_time();             // 清除计时器并重置时间为 0
        init_progress();
        $('#toast').show();
        $('.change_content').text('已取消上传');
        setTimeout(function(){
                    $('#toast').hide();
                    $('.change_content').text('已完成上传');
            },2000);
    }
})
```

注意

在 JavaScript 中可以使用 setInterval()方法和 setTimeout()方法来实现计时器。区别在于后者在指定时间内只会执行一次，而非每过指定时间就会执行。

4.2.5　Msg Page 和 Icon——制作操作结果提示页

用户操作时，同一个页面进行相关提示可以使用 Dialog 和 Toast，而在一个或者多个步骤结束时，一般可以使用一个结束页来进行信息的提示。本小节使用 WeUI 提供的 Msg Page 和 Icon 制作单独的成功提示页和错误提示页。提示页面效果如图 4.18 所示。

图 4.18　根据 Icon 和文本的不同区别提示

首先看如何实现一个操作成功的提示页面。根据效果图可知，页面主要由 3 个部分组成，即图标提示区域、文本提示区域和用户操作按钮组。文本提示和用户操作按钮组都已经介绍了，所以我们先来看下 WeUI 提供的 Icon 都有哪些。常见的 Icon 如图 4.19 所示。

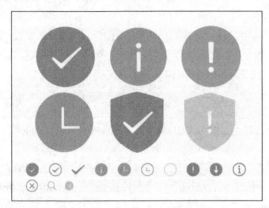

图 4.19 常见的 Icon

实现以上效果的代码如下：

```
<i class="weui_icon_msg weui_icon_success"></i>
<i class="weui_icon_msg weui_icon_info"></i>
<i class="weui_icon_msg weui_icon_warn"></i>
<i class="weui_icon_msg weui_icon_waiting"></i>
<i class="weui_icon_safe weui_icon_safe_success"></i>
<i class="weui_icon_safe weui_icon_safe_warn"></i>
<div>
    <i class="weui_icon_success"></i>
    <i class="weui_icon_success_circle"></i>
    <i class="weui_icon_success_no_circle"></i>
    <i class="weui_icon_info"></i>
    <i class="weui_icon_waiting"></i>
    <i class="weui_icon_waiting_circle"></i>
    <i class="weui_icon_circle"></i>
    <i class="weui_icon_warn"></i>
    <i class="weui_icon_download"></i>
    <i class="weui_icon_info_circle"></i>
    <i class="weui_icon_cancel"></i>
</div>
```

WeUI 提供的 Icon 基本上涵盖了常用的场景，除了方便开发者使用，也增加了页面的加载速度，可挑选 Icon 样式后集成到页面中去。新建 success.html 页面，引入相关的基础样式后，增加 Msg Page 的相关代码如下：

```
<div class="weui_msg">
<div class="weui_icon_area">
    <i class="weui_icon_success weui_icon_msg"></i>
</div>
<div class="weui_text_area">
  <h2 class="weui_msg_title">操作成功</h2>
  <p class="weui_msg_desc">内容详情，可根据实际需要安排</p>
</div>
<div class="weui_opr_area">
```

```
<p class="weui_btn_area">
    <a href="#" class="weui_btn weui_btn_primary">确定</a>
    <a href="#" class="weui_btn weui_btn_default">取消</a>
</p>
</div>
<div class="weui_extra_area">
    <a href="">查看详情</a>
</div>
</div>
```

保存代码后在浏览器里执行，可以实现操作成功的提示页效果。如需修改此页面为错误操作提示页，只需要修改两个地方。

首先更换 Icon 图标，代码如下：

```
<div class="weui_icon_area">
    <i class="weui_icon_warn weui_icon_msg"></i>
</div>
```

然后，更换提示文本即可：

```
<div class="weui_text_area">
    <h2 class="weui_msg_title">操作失败</h2>
    <p class="weui_msg_desc">内容详情，可根据实际需要安排</p>
</div>
```

4.2.6　ActionSheet——制作图片上传选择页

在微信中选择图片发送时，一般会给出多个图片来源的选项。例如，从相册中选择，或者直接用相机进行拍照。本小节使用 WeUI 提供的 ActionSheet 样式来实现一个图片上传的选择页。实例效果如图 4.20 所示。

图 4.20　实例效果

首先新建文件 index.html，搭建基本的页面框架后，在 body 中增加以下代码：

```
<a href="javascript:;" class="weui_btn weui_btn_primary" id="showActionSheet">上传图片</a>
<div class="weui_mask_transition weui_fade_toggle" id="coverDiv" style="display:none ;"></div>
<div class="weui_actionsheet weui_actionsheet_toggle" id="weui_actionsheet" style="display:none">
<div class="weui_actionsheet_menu">
    <div class="weui_actionsheet_cell"><i class="weui_icon_download"></i> 手机相册</div>
    <div class="weui_actionsheet_cell"><i class="weui_icon_info_circle"></i> 拍照</div>
</div>
<div class="weui_actionsheet_action">
    <div class="weui_actionsheet_cell" id="actionsheet_cancel">取消</div>
</div>
</div>
```

其中，id 属性为 coverDiv 的 div 为半透明的遮罩层，在 class 属性为 weui_actionsheet_menu 的 div 中可以定义多个子菜单。

完成页面样式后，使用 jQuery 的动画效果实现菜单从屏幕的下方快速弹出。给按钮绑定相关事件的代码如下：

```
$(function(){
    $('#showActionSheet').click(function(){
        $('#weui_actionsheet').slideToggle("fast");// 快速弹出菜单
        $('#coverDiv').show();                      // 显示遮罩层
    })
})
```

注意

在 jQuery 中可以使用 animate()方法来实现更多的自定义动画效果。

4.3　实战：开发待办事项静态页

本节结合上一节中提到的各种元素，讲解如何借助 WeUI 框架快速开发出一组个人待办事项的静态页面。开发实例包含了常见的用户登录界面、待办事项列表页和待办事项处理展示页，以便于更加深入地掌握框架的使用。

4.3.1　页面交互设计

本实例的交互设计比较简易，核心只有用户在登录以后才可以进行的代办事项的新增、编辑和查看等基础功能。其中部分页面完成的效果如图 4.21 所示。

图 4.21　用户待办事项列表页和详情编辑页

4.3.2　用户登录页面

表单是网页开发中最常见的元素之一，常用于各种数据的提交。本实例设计了用户在使用个人的待办事项之前，必须要进行用户登录，所以本小节重点讲解登录页面的开发与实现。

首先创建 login.html 文件，初始化 html 标签结构、全局样式后引入 WeUI 的样式文件。核心代码如下：

```
<link rel="stylesheet" href="../css/weui.min.css"/>
<style type="text/css">
*{margin:0px;padding:0px;}
.page_title{line-height:50px;background:#fff;text-align:center;font-size:20px;color
:#999;}
</style>
```

然后，使用 WeUI 提供的样式类进行页面的搭建，主要会用到 class：weui_cells、weui_cells_form、weui_input 等，用来进行表单内外部的样式定义。其中登录按钮使用 class：weui_btn 来规定样式，指定其跳转的路径为 list.html。代码如下：

```
<div class="page_title">
    用户登录
</div>
<div class="weui_cells weui_cells_form">
    <div class="weui_cell">
      <div class="weui_cell_hd">
        <label class="weui_label">手机号</label>
      </div>
      <div class="weui_cell_bd weui_cell_primary">
          <input class="weui_input" type="number" pattern="[0-9]*" placeholder="请输
入手机号">
      </div>
    </div>
```

```
    <div class="weui_cell">
        <div class="weui_cell_hd">
            <label class="weui_label">密   码</label>
        </div>
        <div class="weui_cell_bd weui_cell_primary">
            <input  class="weui_input"  type="password"  pattern="[a-zA-Z_0-9]  *"
placeholder="请输入密码">
        </div>
    </div>
    <div class="weui_cell weui_cell_switch">
        <div class="weui_cell_hd weui_cell_primary">记住用户名</div>
        <div class="weui_cell_ft">
            <input class="weui_switch" type="checkbox">
        </div>
    </div>
</div>
<div class="weui_btn_area">
    <a class="weui_btn weui_btn_primary" href="./list.html">登   录</a>
</div>
```

最后，保存代码后在浏览器中运行 login.html 文件，如图 4.22 所示。

图 4.22　用户登录页面运行效果

　　　　因为 login.html 页面为静态页，所以并没有实际的动态脚本逻辑，如用户名验证、执行用户登录并保存用户状态等，页面跳转依赖 a 标签的设置。

4.3.3　待办事项列表页

在上一小节中，快速搭建了一个简单的用户登录页面。当用户输入手机号和密码并单击"登录"按钮后，会进入待办事项列表页。根据交互设计可知，用户可以在这个页面查看各种事项的历史记录列表，通过单击"开始记录"按钮或者列表上的任意一行进入待办事项的详情页。本小节主要介绍待办事项列表页的实现。

在 login.html 同级目录下新建 list.html 页面，基础的 html 结构、样式表和文件引入和 login.html 页面一致，可以直接复用，所以这里不再赘述。

页面分为两部分，第一部分是用户新增记录的入口，为一个单独的按钮。这一部分的核心代码如下：

```
<div class="page_title">
    待办事项
</div>
<div class="weui_cells_title">记录</div>
<div class="weui_btn_area">
    <a class="weui_btn weui_btn_primary" href="./detail.html">开始记录</a>
</div>
```

页面的第二部分则是根据日期进行分组显示的待办事项列表，主要还是用到了 Cell 结构。其中每一行都会标识当前事项的状态。这一部分的核心代码如下：

```
<div class="weui_cells_title">2016 年 12 月 12 日</div>
<div class="weui_cells weui_cells_access">
    <a class="weui_cell" href="javascript:;">
        <div class="weui_cell_bd weui_cell_primary">
            <p>取照片</p>
        </div>
        <div class="weui_cell_ft"><font color="red">进行中</font></div>
    </a>
    <a class="weui_cell" href="javascript:;">
        <div class="weui_cell_bd weui_cell_primary">
            <p>超市采购</p>
        </div>
        <div class="weui_cell_ft"><font color="red">进行中</font></div>
    </a>
    <a class="weui_cell" href="javascript:;">
        <div class="weui_cell_bd weui_cell_primary">
            <p>完成章节编写</p>
        </div>
        <div class="weui_cell_ft"><font color="red">进行中</font></div>
    </a>
</div>
```

为了方便使用，通过对页面上 a 标签增加重定向脚本，用户在单击"开始记录"按钮和列表项时可以进行跳转。这一部分代码如下：

```
<script type="text/javascript" src="../js/jq.js"></script>
<script type="text/javascript">
$(function(){
    $('a').click(function(){
        window.location.href = "./detail.html"; // 重定向跳转到详情/编辑页面
    })
```

```
    })
    </script>
```

完成后，通过浏览器直接访问 list.html 文件，和在登录页单击"登录"按钮后的效果一致。如图 4.23 所示。

图 4.23　运行效果一致

4.3.4　待办事项查看编辑页

在完成列表页后，我们来实现"查看编辑"页面。在一般情况下，用户进入编辑页面并完成相关数据后提交，页面会有一定的提示与反馈，这是基于安全性和用户体验的考虑。常见的交互效果举例如下：

    ❑ 数据格式验证。如验证提交的内容不能为空等。

    ❑ 提交数据验证。数据提交成功或失败的情形下，给予用户的反馈提示。

    ❑ 重要操作提示验证。例如，删除某一条数据的时候，弹出确认框提示是否确认删除，以防止用户误删除。

首先新建 detail.html 页面，在页面上引入基本的结构与代码。

根据用户数据提交的需求，在页面上增加一个表单，其中至少要包含：待办事项标题、待办事项内容和提交按钮。这一部分的核心代码如下：

```
<div class="page_title">
    待办事项详情
</div>
<div class="weui_cells">
    <div class="weui_cell">
        <div class="weui_cell_hd"><label class="weui_label">标题</label></div>
        <div class="weui_cell_bd weui_cell_primary">
            <input class="weui_input" type="text" pattern="" placeholder="请输入标题">
        </div>
    </div>
```

```
    <div class="weui_cell">
        <div class="weui_cell_bd weui_cell_primary">
            <textarea    class="weui_textarea"    placeholder=" 请 输 入 内 容 "
rows="10"></textarea>

        </div>
    </div>
</div>
<div class="weui_btn_area">
    <a class="weui_btn weui_btn_primary" href="javascript:;" id="doSave">保存记录</a>
</div>
```

保存代码并在浏览器里面执行，效果如图 4.24 所示。

图 4.24　用户提交待办事项基本界面效果

用户输入标题和内容后，单击"保存记录"按钮后可以提示保存数据成功并且跳转到 list.html 列表页。这里页面提示使用 WeUI 提供的 toast 组件。首先，在页面上增加组件，代码如下：

```
<!-- 保存成功提示toast-->
<div id="toast" style="display: none;">
<div class="weui_mask_transparent"></div>
  <div class="weui_toast">
      <i class="weui_icon_toast"></i>
      <p class="weui_toast_content">保存成功</p>
  </div>
</div>
```

在以上代码中，为 toast 外层容器增加 id 为 toast，并且整体状态默认为隐藏：

```
<div id="toast" style="display: none;">
```

为"保存记录"提交按钮增加 id 为 doSave，代码如下：

```
<div class="weui_btn_area">
<a class="weui_btn weui_btn_primary" href="javascript:;" id="doSave">保存记录</a>
</div>
```

为实现单击"保存记录"按钮实现提示成功效果，增加 JavaScript 的代码如下：

```
$('#doSave').click(function(){
    $('#toast').show();
        setTimeout(function(){
```

```
        window.location.href = "./list.html";
    },1000); //1 秒钟后进行页面的重定向
})
```

保存以上代码，在浏览器里运行。当用户单击"保存记录"按钮后，页面上出现 toast 提示框，1 秒后跳转到 list.html 页面，如图 4.25 所示。

图 4.25　保存成功反馈提示

JavaScript 中的 setTimeout 函数使用毫秒（ms）为单位，1000ms=1s。

为了让用户可以更改日程状态，页面上需要增加一个单选输入框（radio）来提供状态选择。使用 WeUI 提供的单选样式代码如下：

```
<div class="weui_cells weui_cells_radio">
    <label class="weui_cell weui_check_label" for="a">
        <div class="weui_cell_bd weui_cell_primary">
            <p>已完成</p>
        </div>
        <div class="weui_cell_ft">
            <input type="radio" class="weui_check" name="radio1" id="a">
            <span class="weui_icon_checked"></span>
        </div>
    </label>
    <label class="weui_cell weui_check_label" for="b">

        <div class="weui_cell_bd weui_cell_primary">
            <p>进行中</p>
        </div>
        <div class="weui_cell_ft">
            <input type="radio" name="radio1" class="weui_check" id="b" checked=
"checked">
            <span class="weui_icon_checked"></span>
        </div>
    </label>
</div>
```

增加后的页面效果如图 4.26 所示。

图 4.26　增加后的页面效果

最后给页面增加一个"取消保存"按钮，当用户单击此按钮时弹出一个确认框，提示用户是否离开此页面，当用户单击"确认"按钮后，页面重定向到 list.html。其中使用 WeUI 增加的按钮和 Dialog 代码如下：

```
<div class="weui_btn_area">
    <a class="weui_btn weui_btn_primary" href="javascript:;" id="doSave">保存记录</a>
    <a class="weui_btn weui_btn_warn" href="javascript:;" id="cancelSave">取消保存</a>
</div>
<!--确认 dialog-->
<div class="weui_dialog_confirm" id="dialog1" style="display:none;">
<div class="weui_mask"></div>
    <div class="weui_dialog">
        <div class="weui_dialog_hd">
        <strong class="weui_dialog_title">是否确认取消保存</strong></div>
        <div class="weui_dialog_bd">取消后当前页面编写的内容无法保存</div>
        <div class="weui_dialog_ft">
            <a href="javascript:;" class="weui_btn_dialog default hideDialog">取消
</a>
            <a href="./list.html" class="weui_btn_dialog primary">确定</a>
        </div>
    </div>
</div>
```

其中，Dialog 增加 id 属性值为 dialog1，默认隐藏状态。"取消保存"按钮增加 id 属性值为 cancelSave。增加 JavaScript 代码如下所示：

```
$('#cancelSave').click(function(){
    $('#dialog1').show();
})
$('.hideDialog').click(function(){
    $('#dialog1').hide();
})
```

最终完成效果如图 4.27 所示。

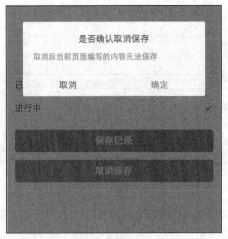

图 4.27　最终完成效果

4.4　思考与练习

本章介绍了 WeUI 的使用方法，完成学习后请完成以下思考与练习。

思考：WeUI 不适合何种网页开发应用场景？

练习：尝试使用 WeUI 开发一个样式类似微信应用中的"我"模块的静态样式网页。

第 5 章
PHP 内容管理框架——OneThink

在开发微信网页应用的时候，开发者一般会使用开发框架加快开发速度。在实际开发中，很多项目都会有微信网页应用和内容管理网站两个部分，而其中内容管理部分一般又会包括用户系统、权限系统和基本样式交互等。为了快速开发 Web 应用，本章开始学习 PHP 内容管理框架（CMF）OneThink。

本章主要涉及的知识点有：

❑ 使用方法：学会如何快速开始使用 OneThink。

❑ 二次开发指南：快速掌握 OneThink 的用户系统、权限系统和开发规范。

❑ 实战开发：开发图片内容管理模块。

OneThink 完全基于 ThinkPHP3.2 框架开发。

5.1　OneThink 简介

本节简单介绍 OneThink 的基本概念，理解这些概念是学习使用 WeUI 的基础。开发者也需要知道在项目中使用 OneThink 的具体优势。

大部分网站都需要后台管理，无论是新闻发布和用户管理，还是信息统计和订单处理，一个易用的管理后台对 Web 项目有着至关重要的作用。为了减少开发者在开发 Web 应用后台管理网站时的工作量，本节重点讲解 OneThink 内容管理框架的实践应用。

OneThink 提供了一整套的开发规范与完善的后台管理网站，相比一般的开发框架，其特点如下：

❑ 基于 ThinkPHP3.2：不仅拥有新版 ThinkPHP 的功能优势和新特性，熟练掌握 ThinkPHP 框架的开发者可快速入门。

❑ 安全可靠：提供了稳健的安全策略，包括备份恢复、容错、防止恶意攻击登录、网页防篡改等多项安全管理功能，保证系统安全、可靠、稳定的运行。

❑ 开源免费：代码遵循 Apache2 开源协议，并且免费使用，对商业用户友好。

❑ 应用仓库：官方应用仓库拥有大量的第三方的插件和应用模块、模板主题，许多来自开源社区的贡献。

❑ 模块化开发：全新的架构和模块化的开发机制，便于灵活扩展和二次开发。

❑ 用户行为：支持自定义用户行为，可以对单个用户或群体用户的行为进行记录及分享。
❑ 文档模型/分类体系：通过和文档模型绑定，以及不同的文档类型，不同分类可以实现差异化的功能，轻松实现诸如信息、下载、讨论和图片等功能。

5.2 下载与安装

本节简单介绍 OneThink 的下载与安装，重点讲解开发者在首次使用时的注意事项与常见问题。

5.2.1 系统要求

OneThink 基于 ThinkPHP3.2 框架开发，与其使用的系统要求类似。最低系统要求如下：
❑ PHP 5.3.0 或更高版本。
❑ MySQL 5.0 或更高版本。

5.2.2 下载

安装前需要先获取框架源代码。首先，访问 OneThink 的官方网站：http://www.onethink.cn。打开该网页后看到的首页如图 5.1 所示。

图 5.1 OneThink 官方网站首页

找到并单击"V1.0 正式版"按钮后，浏览器会自动开始下载源代码包（zip 格式压缩）。下载完成并解压即可得到 OneThink 的源代码包。

用户双击压缩包解压后可以看到目录中包含一个 wwwroot 目录，此目录中包含 OneThink 的所有源码文件，双击进入该目录，如图 5.2 所示。

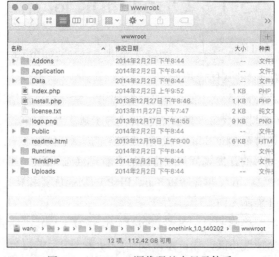

图 5.2 OneThink 源代码基本目录体系

通过源代码可以发现，OneThink 完全遵循了 ThinkPHP 的开发规范。

5.2.3　安装

OneThink 的安装非常简单，官方提供了安装工具以方便开发者快速导入基础数据库、创建超级管理员账号等操作。

首先，把源代码目录下的 wwwroot 复制到 Apache 网站根目录下，修改 wwwroot 为 wxtest。在浏览器中访问地址 http://127.0.0.1/wxtest/index.php，进入安装首页，效果如图 5.3 所示。

图 5.3　开始安装 OneThink

单击"同意安装协议"按钮进入到下一步，此时框架会对当前的环境进行检测，如数据连接、指定目录读写权限等，如图 5.4 所示。

图 5.4　监测当前环境是否满足安装需要

当环境监测通过后，单击"下一步"按钮，开始进行数据库导入和创建超级管理员账号的操作。如图 5.5 所示。

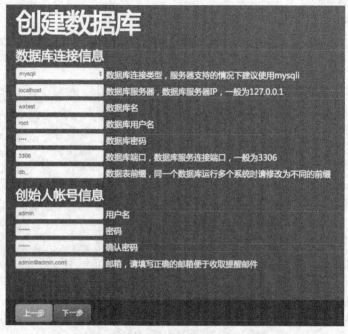

图 5.5　创建数据库并创建超级管理员账号

填写完成相应的信息后，单击"下一步"按钮即可完成安装。完成安装后的效果如图 5.6 所示。

图 5.6　成功安装 OneThink

成功完成安装后，单击"登录后台"按钮跳转到 OneThink 自带的后台管理网站，使用安装时填写的管理员账号即可成功登录，如图 5.7 所示。

图 5.7　登录内容管理后台并查看框架所提供的功能模块

5.3　内容管理后台

OneThink 自带强大的内容管理后台，提供了一个完整的内容发布模块。通过使用这个模块，开发者甚至不需要开发或者少量开发即可实现一个简单的内容展示类的网站。本节主要介绍内容管理后台的重点使用方法，为后面二次开发打下基础。

5.3.1　分类管理

内容管理包含分类和文章两个部分，下面首先讲解如何管理分类。

成功登录到后台管理平台后，在顶部导航栏单击"系统"后，找到左边菜单栏系统设置分组，随后单击"分类管理"按钮。分类管理界面如图 5.8 所示。

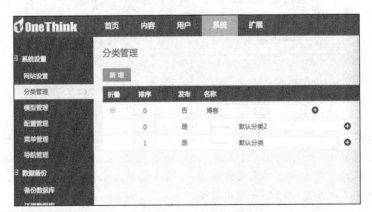

图 5.8　后台内容分类管理界面

若需要增加顶级分类，单击"新增"按钮进入分类编辑界面，其中分类名称和分类标识为必填。

填写完成后，单击页面下方的"确认"按钮保存内容到数据库。"新增分类"界面如图 5.9 所示。

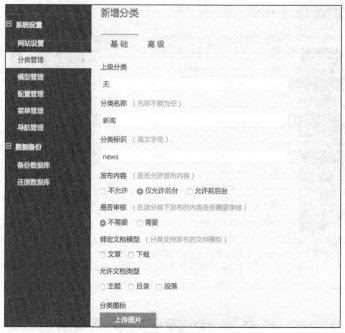

图 5.9 "新增分类"界面

在新增分类的时候，除了可以填写分类名称、分类标识等，还可以给当前分类添加各种其他属性，如分类图标、发布权限等。细化的分类属性管理给后面的内容管理提供了更多的可能性。

如果要给顶级分类增加子分类，只需要单击分类列表中的分类名后的"加号"图标，即可进入到子分类添加界面。此界面复用了新增分类界面，只不过上级分类下会显示你要添加子分类的父分类的名称，而添加过程则与增加顶级分类一致，如图 5.10 所示。

图 5.10 为顶级分类增加子分类

 默认的分类管理一共只允许增加 3 级（包含顶级分类），开发者也可以根据需求对系统进行二次开发以增加分类的层级。

另外，分类管理也提供了对分类的编辑、删除和合并等常用操作，在分类列表上右方的操作区域进行相应的管理即可，如图 5.11 所示。

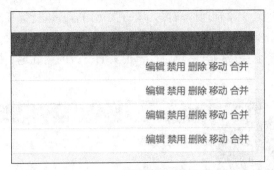

图 5.11　分类的其他操作

增加所需的分类后，就可以在分类下增加相应的文章内容。在添加前需要给分类绑定文档类型，单击"编辑"按钮进入到分类的编辑界面，即可为分类勾选文档模型，如图 5.12 所示。

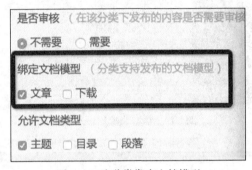

图 5.12　为分类绑定文档模型

OneThink 默认提供了两种内容发布的文档模型：文章模型和下载模型。两种类型分别对应只有文字图片等纯内容的文章和带有附件下载的文章。

5.3.2　文章管理

在管理文章内容前，为了方便内容的添加，先增加一个顶级分类"新闻"，随后在"新闻"分类下增加"娱乐新闻"（绑定文章模型）和"军事新闻"（绑定下载模型）两个二级子分类。

首先，在顶部导航栏单击"内容"按钮进入到内容管理模块，这时就可以在左侧菜单栏找到新增加的分类组了。单击"娱乐新闻"按钮后，进入此分类的文档列表页，如图 5.13 所示。

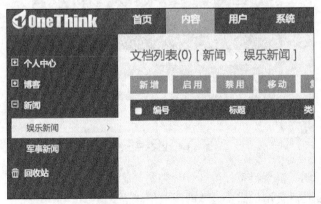

图 5.13　分类下的文档列表管理界面

单击"新增"按钮进入文章管理详情页，填写文章内容并进行保存。其中，标题和文章内容为必填项。文章管理和分类管理类似，文章的其他属性内容都可以编辑，例如，文章访问量、收藏数量和是否需要审核等。完成内容编辑后，单击页面下方的"确定"按钮可以保存数据，如图5.14所示。

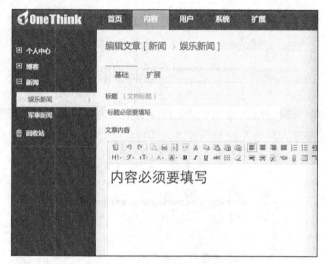

图 5.14　填写文章内容并保存

文章的发布状态可以通过操作列中的"启用"和"禁用"来进行灵活控制。

5.3.3　发布文章

OneThink自带一个内容发布的前台网站，可以向用户展示后台发布的内容。当发布了测试文章后，访问本地项目地址 http://127.0.0.1/wxtest/index.php 后，即可看到在后台系统发布的分类和文章，如图5.15所示。

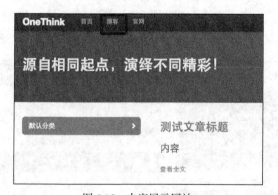

图 5.15　内容展示网站

访问后只默认显示了框架自带"博客"分类及其相应的内容，未发现已添加的"新闻"等分类信息，这时就需要在后台增加需要显示的导航信息。

首先，在后台单击"系统"菜单按钮，找到系统设置里面的"导航管理"并单击。然后，在打开的页面上单击"新增"按钮，进入导航的编辑页面。输入需要在首页显示的导航名称（如"新闻"）再输入要展示的分类标识（新增分类时添加），单击"确定"按钮即可保存导航信息，如图 5.16 所示。

图 5.16　发布文章前新增导航记录

此时再打开前台首页，发现"新闻"已经存在于顶部导航栏上。单击后在页面下方可以看到相应的子分类列表和文章列表，如图 5.17 所示。

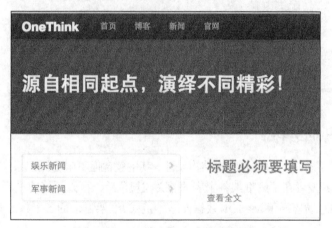

图 5.17　展示后台添加的分类文章信息

OneThink 框架自带的前台内容发布网站使用了开源的前端框架 Bootstrap。

5.4　二次开发指南

因为 OneThink 的开发规范完全基于 ThinkPHP 框架，所以只要有 ThinkPHP 开发基础的用户就可以快速入门。另外官方也提供了非常详细的二次开发手册（官网），经常参考手册可以在开发中少走弯路。本节重点介绍 OneThink 在使用时候的诸多注意事项，以便于开发者快速地进行二次开发。

5.4.1　基础配置

框架默认关闭了系统调试模式，开发中出现的错误和调试信息都会被隐藏，所以首先需要开启系统调试模式。以上一节刚安装完成的源代码 wxtest 为例，找到根目录下的 index.php 文件，解压并注释以下代码：

```
/**
 * 系统调试设置
 * 项目正式部署后请设置为 false
 */
define ( 'APP_DEBUG', true );
```

因为在框架架构中，用户管理统一由根目录下的 Application/User 模块管理。所以如果需要修改数据库等配置信息，就需要修改 Application/User/Conf/config.php 文件。其中数据库链接的配置代码如下所示：

```
define('UC_DB_DSN', 'mysqli://root:root@localhost:3306/wxtest');
// 数据库连接，使用 Model 方式调用 API 必须配置此项
```

全局的配置文件为根目录下的 Application/Common/Conf/config.php。修改数据库配置的代码如下所示：

```
/* 数据库配置 */
'DB_TYPE'   => 'mysqli',        // 数据库类型
'DB_HOST'   => 'localhost',     // 服务器地址
'DB_NAME'   => 'wxtest',        // 数据库名
'DB_USER'   => 'root',          // 用户名
'DB_PWD'    => 'root',          // 密码
'DB_PORT'   => '3306',          // 端口
'DB_PREFIX' => 'db_',           // 数据库表前缀
```

5.4.2　数据库结构

OneThink 提供了常见的数据库基本结构设计，其中包含但不限于用户系统、权限系统、文件系统和内容系统等。开发者在了解框架各个表的含义与规范后，可以更好地进行二次开发程序设计。

数据库设计的时候遵循了 MySQL 数据库基本范式，框架自带的各个核心表功能说明见表5.1。

表 5.1　　　　　　　　　　　　　　数据库表功能说明

数据表	表名称	说明
action	系统行为表	在后台存储用户自定义行为信息
action_log	行为日志表	与系统行为表关联，记录用户行为日志数据
addons	插件表	记录系统插件信息
auth_extend	用户组与分类的对应关系表	权限表，记录用户组与分类的对应关系
auth_group	用户组与权限节点对应关系表	权限表，记录用户组都哪些权限节点
auth_rule	权限节点表	权限表，记录后台增加的权限节点

续表

数据表	表名称	说明
category	分类表	文章分类表，可以实现无限分类效果
channel	导航表	文章导航表，存储分类导航名称、链接等信息
config	配置表	记录系统配置信息
document	文档模型基础表	记录文档模型信息
document_article	文档模型文章表	记录文档文章信息
document_download	文档模型下载表	记录文档下载信息
file	文件表	记录所有的上传文件的信息
member	会员表	用户会员信息表，关联用户表，记录用户信息
menu	后台菜单表	记录后台导航菜单信息
model	文档模型表	记录全局模型信息，可以在后台添加
ucenter_member	用户表	用户表，记录用户名、密码等信息

另外在每个表的设计中，以下 3 个字段为常见字段。在二次开发进行数据库表结构扩展的时候可以遵循以下设计规范：

❑ status：记录状态。其中，值-1 代表记录为已删除状态，值为 0 代表记录为禁用状态，而值为 1 则代表记录为正常状态。

❑ create_time：记录创建时间。存储格式为 UNIX 时间戳，精确到秒。

❑ update_time：记录更新时间。存储格式为 UNIX 时间戳，精确到秒。

　　　　auth_group 表在开发的时候需要修改 rules 字段类型为 text（原类型 varchar 定长字符串），否则可能会出现因为项目权限节点过多，而无法存储对应规则的情况。

5.5　PHP 图集发布模块

本节通过讲解 PHP 图集发布模块完整的设计、开发过程，让开发者了解在对后台管理进行二次开发时的各种注意事项和使用技巧。

5.5.1　项目概述

OneThink 框架相比 ThinkPHP 框架新增了很多常用类库和方法，其中包含但不限于数据库操作、文件处理、前端页面展示和 Ajax 异步处理等。尤其是在对其已有的后台进行二次开发的时候，已经封装好的方法可以直接使用，可以加快开发效率。

管理后台的二次开发优势如下：

❑ 格式化的页面效果。框架提供了按钮、列表、表单和容器布局等常见的 CSS 样式，二次开发中可以直接使用。

❑ Ajax 使用规范。页面信息提示和表单提交等可以直接使用 Ajax 的方式进行，无需编写额外的代码。

❑ 常见控件。框架提供了众多的第三方开源控件，无需集成就可以进行富文本编辑、日历选择和 Ajax 文件上传。

❑ 大量可以参考的实例。通过对已有模块代码的参考，可以迅速转化为实际项目中的可用代码。

本节使用一个后台的图集模块来帮助开发者理解后台二次开发的基础知识，如 CURD 操作、Ajax 表单提交和文件上传控件使用等。图 5.18 所示为编辑图集的内容页面效果。

图 5.18　编辑图集的内容页面效果

5.5.2　数据库设计

本实例的数据库设计比较简单，是在已有的数据库结构基础上新建一个 db_photos 表。表结构上有两个字段来存储图集的名称、简介信息，再需要一个字段存储文件上传的图片信息即可满足基本需求。详细的设计说明见表 5.2。

表 5.2　　　　　　　　　　　　　　　表 db_photos 结构说明

字段名	类型	说明
id	int(4)	主键，自增长
img_id	int(10)	图片 ID，关联 File 文件表主键 ID
name	varchar(255)	图集名称
content	text	图集简介
status	tinyint(4)	记录状态。1：正常；0：禁用；−1：删除
create_time	int10	记录创建时间，UNIX 时间戳
update_time	int10	记录更新时间，UNIX 时间戳

5.5.3　实现图集列表控制器

首先安装一个全新的本地项目 photos，数据库前缀为 db_。新增 db_photos 表后，在目录

Application/Admin/Controller 下新增 PhotosController.class.php 文件。文件的基本结构如下：

```php
<?php
namespace Admin\Controller;
class PhotosController extends AdminController
{
    // 图集首页
    public function index()
    {
        echo time();
    }
}
```

因为 OneThink 基于 ThinkPHP3.2.0 开发，所以在开发上需要强制使用命名空间：

```php
namespace Admin\Controller;
```

在开发中，每个模块都会有一个父控制器。例如，Admin 模块新增的所有的新控制器都要继承自 AdminController 这个控制器，这样每个模块的父类控制器中的通用方法都可以被子控制器复用，简化结构的同时可以增加代码复用：

```php
class PhotosController extends AdminController
```

实现列表的查询效果，修改 index 方法并增加代码如下：

```php
// 图集首页
public function index()
{
    $map['status'] = array('gt' , -1);
    $list = $this->lists(M('photos') , $map , 'create_time desc');
    dump($list);              //框架封装好的格式化输出调试方法
}
```

为 db_photos 表增加一些测试数据后，在后台已经登录成功的状态下访问地址：http://127.0.0.1/photos/index.php/Admin/Photos/index。运行效果如图 5.19 所示。

```
array(2) {
  [0] => array(7) {
    ["id"] => string(1) "2"
    ["img_id"] => string(1) "2"
    ["name"] => string(8) "11111111"
    ["content"] => string(21) "测试图集内容111"
    ["status"] => string(1) "1"
    ["create_time"] => string(10) "1470722632"
    ["update_time"] => string(10) "1470722669"
  }
  [1] => array(7) {
    ["id"] => string(1) "1"
    ["img_id"] => string(1) "2"
    ["name"] => string(9) "222222222"
    ["content"] => string(18) "测试图集内容"
    ["status"] => string(1) "1"
    ["create_time"] => string(10) "1470716827"
    ["update_time"] => string(10) "1470722677"
  }
}
```

图 5.19　运行效果

在数据查询的时候，并没有直接使用框架中的 M() 方法，而是使用了 AdminController 父控制器提供的 lists()方法。此方法最大的优势是集成了分页类操作,开发者无需自行编写分类代码。此方法的 3 个参数分别为:需要查询的表模型、查询条件和列表排序条件。

5.5.4 实现图集列表模板

继续修改 index 方法,增加模板变量置换和模板渲染等方法,为展示页面做基础。最终代码如下:

```
// 图集首页
public function index()
{
    $map['status'] = array('gt' , -1);
    $list = $this->lists(M('photos') , $map , 'create_time desc');
    $this->assign('_list' , $list);
    $this->meta_title = "图集管理列表";
    $this->display();
}
```

此时再在浏览器中访问 index 方法会提示找不到 index.html 模块文件,所以需要在目录 Application/Admin/View 下新增 Photos 文件夹,并新增 index.html 文件。增加模板的基本结构代码如下:

```
<extend name="Public/base"/>
<block name="body">
    <!-- 标题 -->
    <div class="main-title">
        <h2>
        {$meta_title}
        </h2>
    </div>
</block>
<block name="script">
<script type="text/javascript">
$(function(){
})
</script>
</block>
```

index.html 文件主体继承自 View 下 Public 目录的 base.html 文件(包含 html 基本结构),使用 block 标签来划分不同的功能模块。其中,name 属性为 body 的标签区域可以展示图集的列表、分页和按钮等功能;name 属性为 script 的标签区域则进行 JavaScript 和 CSS 样本的添加。此时在浏览器访问 index 方法的效果如图 5.20 所示。

图 5.20　模板基本页面布局

此时发现左侧并没有导航样式,所以需要在系统菜单中增加菜单数据(链接为:Photos/index)。

完成后在 script 里增加导航高亮代码如下：

```
<block name="script">
<script type="text/javascript">
$(function(){
    // 导航高亮
    highlight_subnav('{:U('Photos/index')}');
})
</script>
</block>
```

再次访问时，发现已经增加了左侧导航高亮效果，如图 5.21 所示。

图 5.21　在代码中增加导航高亮状态

随后增加按钮区域代码与列表区域代码如下：

```
<!-- 按钮工具栏 -->
    <div class="cf">
        <div class="fl">
          <a class="btn"  href="{:U("Photos/edit")}">新增</a>
            <button class="btn ajax-post" target-form="ids" url="{:U("Photos/
setPhotosStatus",array("status"=>1))}">启 用</button>
            <button class="btn ajax-post" target-form="ids" url="{:U("Photos/
setPhotosStatus",array("status"=>0))}">禁 用</button>
            <button class="btn ajax-post confirm" target-form="ids" url="{:U
("Photos/setPhotosStatus",array("status"=>-1))}">删 除</button>
        </div>
    </div>

    <!-- 数据表格 -->
    <div class="data-table">
        <table class="">
    <thead>
      <tr>
        <th class="row-selected row-selected"><input class="check-all" type=
"checkbox"/></th>
        <th class="">ID</th>
        <th class="">图集名称</th>
        <th class="">图集缩略图</th>
        <th class="">图集简介</th>
        <th class="">图集创建时间</th>
        <th class="">状态</th>
        <th class="">操作</th>
        </tr>
    </thead>
    <tbody>
        <volist name="_list" id="vo">
```

```
        <tr>
          <td><input class="ids" type="checkbox" name="ids[]" value="{$vo.id}" />
</td>
            <td>{$vo.id}</td>
          <td>{$vo.name}</td>
            <td><img width="200px" src=".{$vo.img_id|get_cover='path'}"></td>
            <td>{$vo.content|msubstr='0,20'}</td>
            <td><span>{$vo.create_time|time_format}</span></td>
            <td>{$vo.status|get_status_title}</td>
            <td><a href="{:U('Photos/edit?&id='.$vo['id'])}">编辑</a>
                <a
href="{:U('Photos/setPhotosStatus?ids='.$vo['id'].'&status='.abs(1-$vo['status']))}"
class="ajax-get">{$vo.status|show_status_op}</a>
                <a href="{:U('Photos/setPhotosStatus?status=-1&ids='.$vo['id'])}"
class="confirm ajax-get">删除</a>
            </td>
          </tr>
        </volist>
      </tbody>
    </table>
    </div>
    <!-- 分页 -->
    <div class="page">
      {$_page}
    </div>
```

因为在引入 base.html 文件的时候，就已经引入了框架的各种基础类库（jQuery 框架、各种 JavaScript 类库和全局样式），所以若需要给某个按钮或超链接增加按钮样式，只需要直接增加 class 属性名为 btn 即可。

若单击按钮需要以 Ajax 的方式进行页面请求，只需要在 class 属性中追加 ajax-post/ajax-get 即可。这两种方式分别代表以 POST 或者 GET 请求访问地址。

例如，单击某个按钮时想要以 Ajax GET 的方式访问 URL，则可以编写如下代码：

```
<a class="btn ajax-get" href="http://www.ajax-test.com">点击发送 Ajax 请求</a>
```

为了可以修改记录的状态，在 PhotosController 控制器中增加 setPhotosStatus()公共方法，代码如下：

```
// 更改记录状态
public function setPhotosStatus()
{
    return parent::setStatus('photos');
}
```

此方法的使用与 lists()方法的使用类似，AdminController 直接提供了状态更改模型，子类方法只需要传入要处理的模型与记录 ID 即可。

AdminController 控制器里面的 setStatus()方法可以接收的数据库表记录 id 的参数为 ids，其值可以为一个或者多个。

数据表格列表使用 ThinkPHP 框架中的 volist 进行数据解析，而 OneThink 提供了一些全局方法可以简化开发：

❑　get_cover()方法。第一个参数为文件 id，第二个为文件信息返回类型。第二个参数设置不同可以指定返回的数据为数组或者文件地址。如代码中的 path，则直接返回图片的地址。

❑　time_format()方法。把 UNIX 时间戳转化为标准日期格式，默认格式为 0000-00-00 00:00。

❑　get_status_title()方法。根据 status 状态不同返回不同的中文标识。例如，禁用、正常。

最后，在 db_photos 表中手动增加 10 条以上测试记录，可以看到 OneThink 提供的分页效果，如图 5.22 所示。

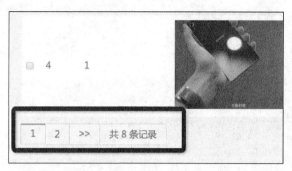

图 5.22　OneThink 后台自带的分页效果

实现这样的效果，除了在数据查询的时候需要使用前文中提到的 lists()方法外，还需要在模板中使用如下代码渲染分页 HTML 脚本：

```
<!-- 分页 -->
<div class="page">
    {$_page}
</div>
```

> OneThink 后台默认一页显示 10 条数据，可以通过修改"系统→网站设置→内容配置"来调整后台每页记录数。

5.5.5　实现图集编辑表单页

在完成列表页的开发后，本小节讲解如何实现图集编辑页、表单提交和图片上传等数据新增、编辑功能。

首先在 PhotosController 控制器中新增 edit()方法，代码如下：

```
// 图集编辑界面
public function edit(){
    $this->meta_title = "编辑图集信息";
    $this->display();
}
```

同时在根目录 Application/Admin/View/Photos 下新增 edit.html 页面，添加基本结构代码如下：

```
<extend name="Public/base"/>
<block name="body">
    <div class="main-title">
        <h2>{$meta_title}</h2>
    </div>
</block>
<block name="script">
    <script type="text/javascript">
```

```
            //导航高亮
            highlight_subnav('{:U('Photos/index')}');
        </script>
    </block>
```

随后在 body 中引入 JavaScript 文件并上传类 jquery.uploadify.min.js 文件：

```
<block name="body">
<script type="text/javascript" src="__STATIC__/uploadify/jquery.uploadify.min.js">
</script>
    <div class="main-title">
        <h2>{$meta_title}</h2>
    </div>
```

增加表单基本结构代码如下：

```
<form action="{:U('update')}" method="post" class="form-horizontal">
    <input type="hidden" name="id" value="{$info.id}">
    <div class="form-item">
        <label class="item-label">图集名称<span class="check-tips"></span></label>
        <div class="controls">
            <input type="text" class="text input-large" name="name" value=
"{$info.name}">
        </div>
    </div>
    <div class="form-item">
        <label class="item-label">图集简介<span class="check-tips"></span></label>
        <div class="controls">
            <textarea class="textarea" name="content" cols="80" rows=
"5">{$info.content}</textarea>
        </div>
    </div>
    <div class="form-item">
        <button   class="btn   submit-btn   ajax-post"   id="submit"   type="submit"
target-form="form-horizontal">确 定</button>
        <button   class="btn   btn-return"   onclick="javascript:history.back(-1);return
false;">返 回</button>
    </div>
</form>
```

框架提供了多种输入框的样式，可以满足多种需求，先通过对 input 标签增加 class 属性 text 可以添加基本显示样式，再追加 input-large/mid/small/mini/1-8x 样式可以控制表单的宽度。

给不同 input 设置不同宽度的代码如下：

```
<p><input type="text" class="text input-large" name="name" value="input-large"></p>
<p><input type="text" class="text input-mid" name="name" value="input-mid"></p>
<p><input type="text" class="text input-small" name="name" value="input-small"></p>
<p><input type="text" class="text input-mini" name="name" value="input-mini"></p>
<p><input type="text" class="text input-8x" name="name" value="input-8x"></p>
<p><input type="text" class="text input-4x" name="name" value="input-4x"></p>
<p><input type="text" class="text input-x" name="name" value="input-x"></p>
```

设置 input 标签的不同效果如图 5.23 所示。

不同样式下input的长度不同
input-large
input-mid
input-small
input-π
input-8x
input-4x
input-x

图 5.23　OneThink 提供了多种样式定义不同宽度的输入框

表单宽度样式从 x 而非 1x 开始，为 input-x 到 input-8x。

除了输入框 input 外，文本域 textarea 的样式则只需要增加一个 class 属性 textarea 即可。

5.5.6　上传图片到服务器

框架自带了上传插件，借助 Ajax 可以方便地实现异步上传。在表单结构中增加图片上传代码，结构如下：

```
<div class="form-item">
        <label class="item-label">图集缩略图<span class="check-tips"></span>
</label>
        <div class="controls">
            <input type="file" id="upload_picture_img_id">
            <input type="hidden" name="img_id" id="cover_id_img_id" value=
"{$info.img_id}"/>
            <div class="upload-img-box">
            <notempty name="info">
                <div class="upload-pre-item"><img src="__ROOT__
{$info.img_id|get_cover='path'}"/></div>
            </notempty>
            </div>
        </div>
        <script type="text/javascript">
        //上传图片
        /* 初始化上传插件 */
        $("#upload_picture_img_id").uploadify({
            "height"    : 30,
            "swf"       : "__STATIC__/uploadify/uploadify.swf",
            "fileObjName" : "download",
            "buttonText"  : "上传图片",
            "uploader"                                              :
"{:U('File/uploadPicture',array('session_id'=>session_id()))}",
            "width"       : 120,
            'removeTimeout'  : 1,
            'fileTypeExts'   : '*.jpg; *.png; *.gif;',
            "onUploadSuccess" : uploadPictureimg_id,
```

```
            'onFallback' : function() {
                alert('未检测到兼容版本的 Flash.');
            }
        });
        function uploadPictureimg_id(file, data){
            var data = $.parseJSON(data);
            var src = '';
            if(data.status){
                $("#cover_id_img_id").val(data.id);
                src = data.url || '__ROOT__' + data.path
                $("#cover_id_img_id").parent().find('.upload-img-box').html(
                    '<div class="upload-pre-item"><img src="' + src + '"/></div>'
                );
            } else {
                updateAlert(data.info);
                setTimeout(function(){
                    $('#top-alert').find('button').click();
                    $(that).removeClass('disabled').prop('disabled',false);
                },1500);
            }
        }
    </script>
</div
```

当用户选择文件上传操作时，通过 Flash 控件异步提交文件信息到 FileController 控制器中的 uploadPicture()方法，其中代码如下：

```
public function uploadPicture(){
    /* 返回标准数据 */
    $return = array('status' => 1, 'info' => '上传成功', 'data' => '');

    /* 调用文件上传组件上传文件 */
    $Picture = D('Picture');
    $pic_driver = C('PICTURE_UPLOAD_DRIVER');
    $info = $Picture->upload(
        $_FILES,
        C('PICTURE_UPLOAD'),
        C('PICTURE_UPLOAD_DRIVER'),
        C("UPLOAD_{$pic_driver}_CONFIG")
    ); //TODO:上传到远程服务器

    /* 记录图片信息 */
    if($info){
        $return['status'] = 1;
        $return = array_merge($info['download'], $return);
    } else {
        $return['status'] = 0;
        $return['info']   = $Picture->getError();
    }

    /* 返回 JSON 数据 */
    $this->ajaxReturn($return);
}
```

设置表单 action 属性如下：

```
<form action="{:U('update')}" method="post" class="form-horizontal">
```

设置隐藏域存储编辑状态下的记录 id：

```
<input type="hidden" name="id" value="{$info.id}">
```

5.5.7　使用自定义模型处理数据

在根目录 Application/Admin/Model 下创建自定义模型 PhotosModel.class.php，来实现对表单数据的自动创建、自动验证和自动完成。模型代码如下：

```
<?php
namespace Admin\Model;
use Think\Model;

class PhotosModel extends Model{
    // 自动验证
    protected $_validate = array(
        array('name', 'require', '图集名称不能为空', self::EXISTS_VALIDATE, 'regex',
self::MODEL_BOTH),              //验证 name 是否为空
        array('content', 'require', '标识已经存在', self::EXISTS_VALIDATE, 'regex',
self::MODEL_BOTH),              //验证 content 是否为空
        array('img_id', 'require', '图集图片不能为空', self::EXISTS_VALIDATE, 'regex',
self::MODEL_BOTH),              //验证 img_id 是否为空
        array('content', '1,255', '图集简介不能超过 255 个字符', self::VALUE_VALIDATE,
'length', self::MODEL_BOTH),    //验证 content 字段是否超出长度限制
    );
    // 自动完成
    protected $_auto = array(
        array('create_time', NOW_TIME, self::MODEL_INSERT),//创建记录时完成值
        array('update_time', NOW_TIME, self::MODEL_BOTH),  //更新记录时完成值
        array('status', '1', self::MODEL_BOTH),            //创建或者更新都完成
    );
}
```

其中自动验证$_validate 定义格式为：

```
array(
        array(验证字段 1,验证规则,错误提示,[验证条件,附加规则,验证时间]),
        array(验证字段 2,验证规则,错误提示,[验证条件,附加规则,验证时间]),
    ......
);
```

特别注意的是，验证条件包含如下 3 种类型：

❑　Model::EXISTS_VALIDATE 或者 0：存在字段就验证（默认）。

❑　Model::MUST_VALIDATE 或者 1：必须验证。

❑　Model::VALUE_VALIDAT 或者 2 ：值不为空的时候验证。

完成自定义模型的开发后，在 Application/Admin/Controller 的 PhotosController.class.php 控制器文件中新增 update()方法，用来对用户提交的表单数据进行处理。其核心代码如下：

```
// 保存图集信息
public function update()
{
    if(IS_POST)
    {
```

```
$id = I('id');              //通过 ID 判断是新增还是编辑
$model = D('Photos');       // 实例化自定义模型
$data = $model->create();   //自动创建数据
if(!$data)
{
    //展示自定义模型返回的错误信息
    $this->error($model->getError());
}
if($id)
{
    // 更新信息
    $model->where(array('id'=>$id))->save();
}
else
{
    // 新增信息
    $model->add();
}

// 执行完毕跳转到列表页
$this->success('保存成功！' ,U('Photos/index'));
    }
}
```

在编辑图集信息界面，若有未填写的信息，单击"确定"按钮后，系统会给予相应的提示，若数据填写正确，则会保存到数据库。非空验证的提示效果如图 5.24 所示。

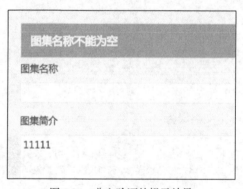

图 5.24　非空验证的提示效果

5.6　思考与练习

通过本章的学习，读者可以快速掌握 OneThink 框架的基本使用规范。学习完成后请思考与练习以下内容。

思考：OneThink 后台管理系统如何备份数据库？

练习：在图集模块中加入用户行为日志的统计代码。

第6章

微信网页授权 OAuth2.0

上一章介绍了 PHP 内容管理框架 OneThink，开发者借助开发框架可以缩短开发流程，减少开发成本，投入更多的精力和时间到实际的业务逻辑中去。本章在此基础上继续介绍微信公众平台另一种常用开发技术——微信网页授权，借助此技术可以帮助开发者更加高效地开发符合业务逻辑的应用网页。

本章主要涉及的知识点有：

❑ OAuth2.0：了解什么是 OAuth2.0 标准，流程都有哪些。
❑ 微信网页授权基础：了解如何配置微信网页授权回调域名等常见问题。
❑ 微信网页授权流程：了解如何从引导用户授权到获取用户微信基本信息的全部开发流程。
❑ 微信授权自动登录案例：了解如何使用微信网页授权实现用户信息的自动注册和登录。

6.1 微信网页授权配置

本节以微信公众平台测试号为例，讲解在使用微信网页授权前需要进行的相关配置和注意事项，是使用微信网页授权相关技术的基础。

6.1.1 概述

如果用户在微信客户端中访问第三方网页，微信公众平台可以通过微信网页授权机制，来获取用户基本信息，进而实现业务逻辑。例如，通过获取微信用户的 OpenID 来实现自动注册功能，同时也可以获取用户的微信昵称、微信头像等其他信息保存到第三方的网站服务器。这样用户可以用最少的步骤来实现自动登录效果。

微信网页授权遵循的技术标准为 OAuth2.0。首先了解一下什么是 OAuth 标准：OAuth 是一个关于授权（authorization）的开放网络标准，在全世界得到广泛应用，目前最新的版本是 2.0 版。

OAuth 在"客户端"与"服务提供商"之间，设置了一个授权层（authorization layer）。"客户端"不能直接登录"服务提供商"，只能登录授权层，以此将用户与客户端区分开来。"客户端"登录授权层所用的令牌（token），与用户的密码不同。用户可以在登录的时候，指定授权层令牌的权限范围和有效期。

OAuth 2.0 的运行流程如图 6.1 所示。

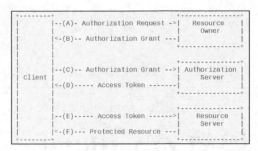

图 6.1　OAuth 2.0 的运行流程

6.1.2　配置微信网页授权回调域名

本小节以微信公众平台的测试服务号为例，根据前几章中提到的步骤申请一个新的测试号为基础，在测试号管理界面中的"体验权限接口表"找到"网页授权获取用户基本信息"一行，如图 6.2 所示。

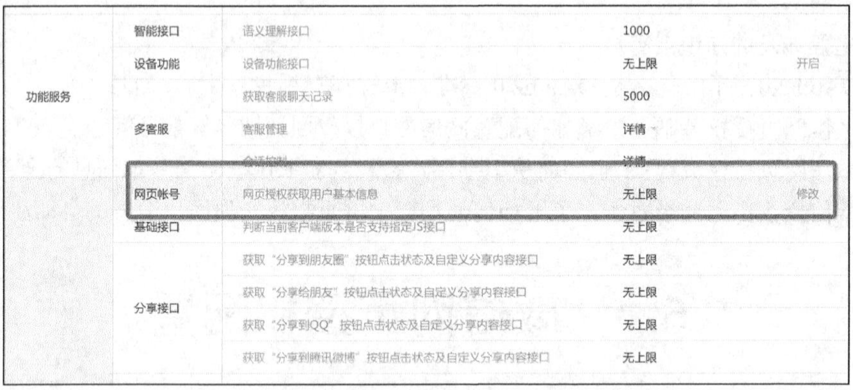

功能服务	智能接口	语义理解接口	1000	
	设备功能	设备功能接口	无上限	开启
	多客服	获取客服聊天记录	5000	
		客服管理	详情	
		会话控制	详情	
	网页帐号	网页授权获取用户基本信息	无上限	修改
	基础接口	判断当前客户端版本是否支持指定JS接口	无上限	
	分享接口	获取"分享到朋友圈"按钮点击状态及自定义分享内容接口	无上限	
		获取"分享给朋友"按钮点击状态及自定义分享内容接口	无上限	
		获取"分享到QQ"按钮点击状态及自定义分享内容接口	无上限	
		获取"分享到腾讯微博"按钮点击状态及自定义分享内容接口	无上限	

图 6.2　找到修改授权回调地址入口

单击"修改"按钮后会弹出回调地址的输入框，如图 6.3 所示。

图 6.3　填写授权回调页面域名

授权回调域名配置规范为全域名格式，例如，需要网页授权的域名为"www.qq.com"，配置以后此域名下面的页面 http://www.qq.com/music.html、http://www.qq.com/login.html 等都可以进行 OAuth2.0 鉴权。但如 http://pay.qq.com、http://music.qq.com 和 http://qq.com 等域名格式无法进行 OAuth2.0 鉴权。

注意

沙盒号回调地址支持域名和 ip，但正式公众号回调地址只支持域名。

6.1.3　微信网页授权步骤

完成上一小节中微信网页授权回调地址配置后，就可以根据相应的业务逻辑进行相应的授权页面开发了。微信网页的授权步骤为：

（1）引导用户进入授权页面同意授权，获取 code。

（2）通过步骤（1）中获取到的 code 换取网页授权专用 access_token（与基础支持中的 access_token 不同）。

（3）开发者可以在 access_token 过期前刷新并重新获取 access_token。

（4）通过网页授权 access_token 和 OpenID 获取用户基本信息（支持 UnionID 机制）。

6.2　微信网页授权开发流程

本节在使用 OneThink 框架的基础上，讲解如何一步步地使用微信网页授权开发。

6.2.1　框架搭建

首先，使用 OneThink 在本地环境创建名为 wxauth 的项目，在 wxauth 项目的 Application 目录下新增模块 Wechat，新增基础目录 Controller、Conf、Common、View 和 Lib 目录文件夹。为了方便微信公众平台服务器的基本配置，在 Lib 目录下新建 Wx 文件夹并引入微信基础接口类 WxBase.class.php（可在源代码中获得，后面会详细介绍如何实现），用于基础的微信接口使用支持。

其次，在 index.php 入口文件中新增自定义常量 APP_ID 和 APP_SECRET（也可定义在 config.php 配置文件中，使用 C()方法获取），用于基础的开发者配置：

```
// 微信公众平台开发者信息
define('APP_ID' , 'wXXXXXXXX');
define('APP_SECRET' , 'XXXXXXXX');
```

在项目根目录下的 Application/Wechat/Controller 中新建 WechatController.class.php 父类控制器，核心代码如下：

```php
<?php
namespace Wechat\Controller;
use Think\Controller;
/**
*/
class WechatController extends Controller
{
    // 初始化方法
    protected function _initialize(){

    }
}
```

为了方便随后的项目开发，我们在 Application/Wechat/Lib/Wx 下新增 WxAuth.class.php 类文件，微信网页授权的相关方法与步骤都会在这里面实现。先定义属性和构造函数核心代码如下：

```
<?php
```

```
// 微信网页授权类

class WxAuth
{
    // 用户微信唯一标识
    private $openid;
    private $access_token;

    // 开发者账号信息
    private $appid;
    private $appsecret;

    // 用户微信基本信和回调地址
    private $userinfo;
    private $returnurl;

    // 构造方法
    public function __construct($appid = '' , $appsecret = '')
    {
        if(!$appid || !$appsecret)
        {
            exit('Param Error!');
        }
        $this->appid = $appid;
        $this->appsecret = $appsecret;
    }
}
```

新增的项目（如 Wechat）结构符合 ThinkPHP 的开发规范即可，可以根据实际项目需求进行灵活修改。

6.2.2　引导用户授权并获取 code 值

在确保微信公众平台账号拥有微信网页授权权限（获取高级权限的接口）的前提下，根据实际需求可以引导用户访问以下路径：

https://open.weixin.qq.com/connect/oauth2/authorize?appid=APPID&redirect_uri=REDIRECT_URI&response_type=code&scope=SCOPE&state=STATE#wechat_redirect。

其中各个参数说明见表 6.1。

表 6.1　　　　　　　　　　　　　用户引导授权请求地址参数说明

参数	是否必须	说明
appid	是	公众号的唯一标识
redirect_uri	是	授权后重定向的回调链接地址，请使用 urlencode() 方法对链接进行处理
response_type	是	返回类型，请填写 code
scope	是	应用授权作用域，snsapi_base（不弹出授权页面，直接跳转，只能获取用户 OpenID），snsapi_userinfo（弹出授权页面，可通过 OpenID 获取昵称、性别、所在地。即使在未关注的情况下，只要用户授权，也能获取其信息）

参数	是否必须	说明
status	否	重定向后会带上 state 参数，开发者可以填写 a~z、A~Z、0~9 的参数值，最多 128 字节，可以用于其他业务验证
#wechat_redirect	是	无论直接打开还是做页面 302 重定向时候，必须带此参数

由于授权操作安全等级较高，所以在发起授权请求时，微信会对授权链接做正则强匹配校验，如果链接的参数顺序不对，授权页面将无法正常访问。

微信网页授权提供了两种不同的 scope 方式，以应对不同的应用场景：

❑ snsapi_base：以 snsapi_base 为 scope 发起的网页授权，是用来获取进入页面的用户的 OpenID 的，并且是静默授权并自动跳转到回调页的。用户感知的就是直接进入了回调页（往往是业务页面）。

❑ snsapi_userinfo：以 snsapi_userinfo 为 scope 发起的网页授权，是用来获取用户的基本信息的。但这种授权需要用户手动同意，并且由于用户同意过，所以无须关注，就可在授权后获取该用户的基本信息。

根据上面的讲解，可以了解到网页授权开发的第一个步骤就是要创建符合标准的访问地址。首先在 WxAuth.class.php 类中涉及以下两个方法：

❑ 设置回调地址方法：实例化类后使用此方法设置授权访问的回调地址。

❑ 设置授权访问地址方法：用来创建符合当前公众平台账号的用户访问授权地址。

在 WxAuth.class.php 类中新增以上两个方法，核心代码如下：

```php
// 设置回调地址
// @param url:U(控制器/方法) http_type:网址类型 0:http,1:https
public function setReturnUrl($url , $http_type = 0)
{
    if(!$url)
    {
        return false;
    }
    $this->returnurl =( $http_type ? 'https://' : 'http://' ) ._$SERVER['SERVER_NAME'] .
$url ;
    return true;
}
// 创建授权地址
// @param scope_type, scope 类型, 0:
public function createWxAuthUrl( $scope_type = 0 )
{
    if(!$this->appid || !$this->returnurl)
    {
        return false;
    }
    $url = "https://open.weixin.qq.com/connect/oauth2/authorize?";
    $url .= "appid=".$this->appid;                      //APP_ID
    $url .= "&redirect_uri=".$this->returnurl;          //授权回调地址
    $url .= "&response_type=code";
    $url .= "&scope=". ( $scope_type == 0 ? 'snsapi_userinfo' : 'snsapi_base' );
```

```
        $url .= "&state=STATE#wechat_redirect";
        return $url;
    }
    // GET 访问 URL 获取返回值
    private function getDataByUrl($url)
    {
        if(!isset($url))
        {
            return false;
        }
        return json_decode(file_get_contents($url) , true);
    }
```

其中封装了 getDataByUrl()方法来专门以 GET 的方式请求网页，核心方法使用了 PHP 中的系统函数 file_get_contents()。

在 Application/Wechat/Controller 目录下新建 IndexController.class.php 控制器文件，获取授权地址的测试方法 getAuthURL()的核心代码如下：

```
<?php
namespace Wechat\Controller;
class IndexController extends WechatController
{
    // 获取授权地址
    public function getAuthURL()
    {
        import("@.Lib.Wx.WxAuth");                    // 引入 Lib 目录下的 WxAuth 类库
        $wx = new \WxAuth(APP_ID ,APP_SECRET);        // 实例化 WxAuth 类
        $wx->setReturnUrl(U('Auth/getUserInfo'));     // 设置回调地址
        echo $wx->createWxAuthUrl(1);                 // 获取用户访问授权地址信息
    }
}
```

在浏览器中访问 http://127.0.0.1/wxauth/index.php/Wechat/Index/getAuthURL，可以获取微信网页授权地址。在配置了微信公众平台测试号的服务器上线 wxauth 项目，并在线获取授权地址后，在微信客户端上访问此页面，如图 6.4 所示。

图 6.4　微信网页授权用户确认界面

用户同意授权后，页面将跳转至 redirect_uri/?code=CODE&state=STATE。若用户禁止授权，则重定向后不会带上 code 参数，仅会带上 state 参数 redirect_uri?state=STATE。

> code 作为换取 access_token 的票据，每次用户授权带上的 code 将不一样，code 只能使用一次，5 分钟未被使用则自动过期。

接下来讲解如何接收到微信公众平台发送过来的 code 值。在 Application/Wechat/Controller 目录下新建 AuthController.class.php 控制器文件，新增回调处理方法 getUserInfo()，核心代码如下：

```php
// 微信回调方法
public function getUserInfo()
{
    header('Content-type:text/html;charset=utf-8');
    // 第一步：获取微信回调的 code 值
    $code = I('code');
    if($code)
    {
        dump($code);
    }
    else
    {
        $this->error('获取 Code 失败！请稍后再试！');
    }
}
```

提交到正式测试号服务器后，通过在线访问 Index/getWxURL 地址获得授权地址后，通过微信客户端访问，服务器接到的 code 值如图 6.5 所示。

图 6.5　服务器接到的 code 值

6.2.3　通过 code 换取网页授权 access_token

需要注意的是，这里通过 code 换取的是一个特殊的网页授权 access_token，与基础支持中的

access_token（该 access_token 用于调用其他微信接口）不同。微信公众平台账号可通过下述接口来获取网页授权 access_token。如果网页授权的作用域为 snsapi_base，则本步骤在获取网页授权 access_token 的同时，也获取了 OpenID，即完成了网页的授权流程。

获取 code 后，通过以下链接获取 access_token：

https://api.weixin.qq.com/sns/oauth2/access_token?appid=APPID&secret=SECRET&code=CODE&grant_type=authorization_code。

参数说明参见表 6.2。

表 6.2　　　　　　　　　　根据 code 获取 access_token 接口请求参数表

参数	是否必须	说明
appid	是	公众号的唯一标识
secret	是	公众号的 appsecret
code	是	填写第一步获取的 code 参数
grant_type	是	填写为 authorization_code

正确时返回的 JSON 数据包如下：

```
{
    "access_token":"ACCESS_TOKEN",
    "expires_in":7200,
    "refresh_token":"REFRESH_TOKEN",
    "openid":"OPENID",
    "scope":"SCOPE"
}
```

返回值参数说明见表 6.3。

表 6.3　　　　　　　　　　根据 code 获取 access_token 接口返回参数表

参数	描述
access_token	网页授权接口调用凭证，注意：此 access_token 与基础支持的 access_token 不同
expires_in	access_token 接口调用凭证超时时间，单位为秒
refresh_token	用户刷新 access_token
openid	用户唯一标识，请注意，在未关注公众号时，用户访问公众号的网页，也会产生一个用户和公众号唯一的 OpenID
scope	用户授权的作用域，使用逗号（,）分隔

错误时微信返回的 JSON 格式如下：

```
{"errcode":40029,"errmsg":"invalid code"}                    // code 参数错误
```

在了解了基本的使用方法后，本小节还是先继续完善 WxAuth 类，首先在 WxAuth.class.php 中增加方法 getAccessTokenByCode() 来获取 access_token 等数据。该方法的核心代码如下：

```
// 根据 Code 获取 access_token
public function getAccessTokenByCode($code){
    if(!isset($code))
    {
        return false;
```

```
    }
    $url = "https://api.weixin.qq.com/sns/oauth2/access_token?appid="
.$this->appid."&secret=".$this->appsecret."&code=".$code."&grant_type=authorization
_code";
    $data = $this->getDataByUrl($url);
    switch ($data['errcode']) {
        case '40029':
            return false;
            break;
    }
    $this->access_token = $data['access_token'];
    $this->openid = $data['openid'];
    return $data;
}
```

为了方便测试,在 Application/Wechat/Controller/AuthController.class.php 文件中修改 getUserInfo()
方法,增加根据 code 获取 access_token 等值的相关实现代码如下:

```
// 第一步:访问授权获取 code 值
$code = I('code');
if($code)
{
    import("@.Lib.Wx.WxAuth");
    $wx = new \WxAuth(APP_ID ,APP_SECRET);
    // 第二步:根据 code 获取 access_token;
    $this->access_data = $wx->getAccessTokenByCode($code);
    dump($this->access_data);              //打印接口返回值
}
......
```

上线到微信公众平台的测试号服务器后,重新获取授权访问地址并在微信客户端访问,返回
值效果如图 6.6 所示。

图 6.6　根据 code 获取 access_token 等数据

本小节中的授权方式为静默授权(snsapi_base)。

6.2.4 使用 refresh_token 刷新 access_token

要想在不重新授权的情况下，再次获取 access_token（解决过期问题），就需要用到 refresh_token（根据 code 获取）的刷新机制了。因为 refresh_token 拥有更长的有效期（7 天、30 天、60 天和 90 天）。当然，当 refresh_token 也失效后，就需要用户重新授权了。

请求地址如下：

https://api.weixin.qq.com/sns/oauth2/refresh_token?appid=APPID&grant_type=refresh_token&refresh_token=REFRESH_TOKEN

其中参数说明见表 6.4。

表 6.4　　　　　　　　　　　　　　刷新 access_token 接口参数说明

参数	是否必须	说明
appid	是	公众号的唯一标识
grant_type	是	填写为 refresh_token
refresh_token	是	填写通过 access_token 获取到的 refresh_token 参数

其返回值 JSON 数据格式（成功与错误）与通过 code 获取 access_token 等数据一致。这里就不再重复展示了。

在 WxAuth.class.php 类中增加方法 refreshToken()，核心代码如下：

```php
/**
* 刷新并获取 access_token
**/
public function refreshToken($refresh_token)
{
    if(empty($refresh_token))
    {
        return false;
    }
    $url = 'https://api.weixin.qq.com/sns/oauth2/refresh_token?appid='
    .$this->appid. '&grant_type=refresh_token&refresh_token=' . $refresh_token;
    $data = $this->getDataByUrl($url);
    switch ($data['errcode']) {
        case '40029':
            $this->error('验证失败');
            return false;
            break;
    }
    return $data;
}
```

其中，参数 refresh_token 为通过 code 获取的初始值。

在 Application/Wechat/Controller/IndexController.class.php 文件中新增 getNewAccessToken()方法，用来刷新 access_token。其核心代码如下：

```php
// 通过 refresh_token 获取 access_token
public function getNewAccessToken()
{
    // 存储在服务器的 refresh_token
```

```
    $refreshToken                                                              =
'm2SBRxMjEE0IAR3d-g432qmuGv68YxmOAU5fgQsdkMitsGh1dwG5zrwvwOCPxru8esSWbipt4vGGwBI150L6Fn
BHk4Ab0Qxw7BdRcOKwZO4';
    import("@.Lib.Wx.WxAuth");
    $wx = new \WxAuth(APP_ID ,APP_SECRET);
    echo "<pre>";
    dump($wx->refreshToken($refreshToken));              // 获取最新 access_token 等数据
  }
```

其中，$refreshToken 为上一步骤中获取的 refresh_token 值。因为这一步骤不需要强制使用微信客户端进行访问，所以可以在本地直接访问以下地址进行测试：http://127.0.0.1/wxauth/index.php/Wechat/Index/getNewAccessToken。返回结果如图 6.7 所示。

```
array(5) {
  ["openid"] => string(28) "ocmElwVcKCAOqGRRivalmJZ77sBc"
  ["access_token"] => string(107) "qZkvL3S4ukpuUNi4bgAYrPoV
  ["expires_in"] => int(7200)
  ["refresh_token"] => string(107) "m2SBRxMjEE0IAR3d-g432qm
  ["scope"] => string(28) "snsapi_base,snsapi_userinfo,"
}
```

图 6.7　通过 refresh_token 刷新 access_token

6.2.5　拉取用户信息

当完成以上几个步骤后，开发者已经获取到了 access_token 与 OpenID 两个数据值。根据微信公众平台提供的接口，使用这两个值就可以拉取用户的基本信息了。

接口请求方法如下定义：

https://api.weixin.qq.com/sns/userinfo?access_token=ACCESS_TOKEN&openid=OPENID&lang=zh_CN。

接口的参数说明见表 6.5。

表 6.5　　　　　　　　　　　　　　获取用户信息接口参数说明

参数	描述
access_token	网页授权接口调用凭证。注意：此 access_token 与基础支持的 access_token 不同
openid	微信用户的唯一标识
lang	返回国家地区语言版本，zh_CN 简体，zh_TW 繁体，en 英语

正确时返回的 JSON 数据格式如下：

```
{
    "openid":" OPENID",
    " nickname": NICKNAME,
    "sex":"1",
    "province":"PROVINCE"
    "city":"CITY",
    "country":"COUNTRY",
    "headimgurl":
"http://wx.qlogo.cn/mmopen/g3MonUZtNHkdmzicIlibx6iaFqAc56vxLSUfpb6n5WKSYVY0ChQKkiaJSgQ1
dZuTOgvLLrhJbERQQ4eMsv84eavHiaiceqxibJxCfHe/46",
    "privilege":[
```

```
    "PRIVILEGE1"
    "PRIVILEGE2"
    ],
    "unionid": "o6_bmasdasdsad6_2sgVt7hMZOPfL"
}
```

返回值格式的参数说明见表 6.6。

表 6.6　　　　　　　　　　可获取用户信息字段参数说明表

参数	描述
openid	用户的唯一标识
nickname	用户昵称
sex	用户的性别，值为 1 时是男性，值为 2 时是女性，值为 0 时是未知
province	用户个人资料填写的省份
city	普通用户个人资料填写的城市
country	国家，如中国为 CN
headimgurl	用户头像，最后一个数值代表正方形头像大小（有 0、46、64、96、132 等几种数值可选，0 代表 640×640 正方形头像），用户没有头像时该项为空。若用户更换头像，原有头像 URL 将失效
privilege	用户特权信息，JSON 数组，如微信沃卡用户为（chinaunicom）
unionid	只有在用户将公众号绑定到微信开放平台账号后，才会出现该字段

继续完善 WxAuth.class.php 类，增加获取用户信息的方法 getUserInfoByOpenID()，核心代码如下：

```php
// 根据 access_token 和 openid 获取用户基本信息
public function getUserInfoByOpenID()
{
    if(!$this->access_token || !$this->openid)
    {
        return false;
    }
    $url = "https://api.weixin.qq.com/sns/userinfo?access_token=".
$this->access_token
        ."&openid=".$this->openid."&lang=zh_CN";
    $data = $this->getDataByUrl($url);
    return $data;
}
```

在 Application/Wechat/Controller/AuthController.class.php 文件中修改 getUserInfo() 方法，修改后的代码如下：

```php
// 第一步：获取微信回调的 code 值
$code = I('code');
if($code)
{
    import("@.Lib.Wx.WxAuth");
    $wx = new \WxAuth(APP_ID ,APP_SECRET);
    // 第二步：根据 code 获取 access_token；
```

```
$this->access_data = $wx->getAccessTokenByCode($code);
// 第三步：拉取用户信息
$this->userinfo = $wx->getUserInfoByOpenID();
echo "<pre>";
dump($this->userinfo);                          // 打印获取到的用户信息
}
```

上线到微信公众平台的测试号服务器后，重新获取授权访问地址并在微信客户端访问，如图 6.8 所示。

图 6.8　根据 access_token 和 openid 获取用户信息

这里要简单说明一下 UnionID 机制：开发者可通过 OpenID 来获取用户基本信息。特别需要注意的是，如果开发者拥有多个移动应用、网站应用和公众账号，可通过获取用户基本信息中的 UnionID 来区分用户的唯一性，因为只要是同一个微信开放平台账号下的移动应用、网站应用和公众账号，用户的 UnionID 是唯一的。换句话说，同一用户对于同一个微信开放平台下的不同应用，UnionID 是相同的。

> 如果开发者有在多个公众号，或在公众号、移动应用之间统一用户账号的需求，需要前往微信开放平台（open.weixin.qq.com）绑定公众号，才可利用 UnionID 机制来满足上述需求。

6.3　实战：PHP 微信网页授权自动登录

在学习了微信网页授权的基本流程后，我们已经可以把相关步骤集成到开发应用中了。本节将结合前两节讲解的知识，实现第三方网页用户的自动注册和自动授权登录的实例。

6.3.1　项目概述

实现自动注册和自动授权登录的核心就是 OpenID，因为对于某个公众号它具有唯一性。所以第三方应用就可以用 OpenID 来和数据库中的用户唯一标识进行关联，只要两者存在唯一对应关系，就可以在微信网页授权成功后直接根据 OpenID 查询到此用户，若查询到用户记录，则直接执行用户自动登录，反之则新增用户记录并关联 OpenID。

使用微信网页授权实现自动注册、登录的流程如图 6.9 所示。

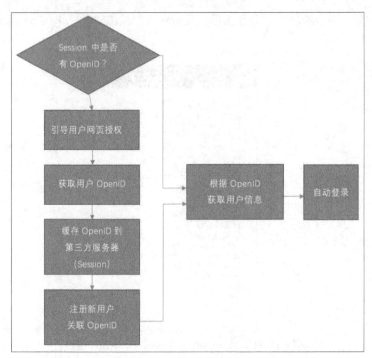

图 6.9　微信网页授权自动注册、登录

6.3.2　自动注册与自动登录

本小节实例以 6.2 节的 wxauth 项目为基础进行扩展开发。首先，为了实现程序在自动注册用户信息的时候绑定 OpenID，需要为 member 会员信息表增加 openid、headurlimg 等字段，新增字段与通过 access_token 和 openid 拉取的微信用户基本信息一致即可。数据库新增字段修改语句如下：

```
ALTER TABLE 'db_member' ADD 'openid' VARCHAR(100) NOT NULL AFTER 'status', ADD 'language'
VARCHAR(20) NOT NULL AFTER 'openid', ADD 'city' VARCHAR(50) NOT NULL AFTER 'language', ADD
'province' VARCHAR(50) NOT NULL AFTER'city', ADD 'country' VARCHAR(60) NOT NULL AFTER
'province', ADD 'headimgurl' VARCHAR(255) NOT NULL AFTER 'country';
```

在新增了数据表新字段后，修改项目 Application/Wechat/Controller 下的 IndexController.class.php 控制器文件，新增 login()方法模拟用户访问登录的唯一入口，代码如下：

```php
// 用户登录唯一入口
public function login()
{
    // 监测是否已经授权
    $this->checkUserWxLogin();
    // 跳转到用户个人中心页面
    $this->redirect('Index/ucenter');
}
```

```
// 检查是否已经授权并引导授权方法
private function checkUserWxLogin()
{
    if(!session('openid'))                              // 判断是否已经成功授权
    {
        import("@.Lib.Wx.WxAuth");                      // 引入 WxAuth 类库
        $wx = new \WxAuth(APP_ID ,APP_SECRET);          // 实例化对象
        $wx->setReturnUrl(U('Auth/getUserInfo'));       // 设置回调地址
        redirect($wx->createWxAuthUrl(1));              // 构建静默授权地址并跳转
    }
}
```

其中 login()方法首先调用了私有方法 checkUserWxLogin()，此方法通过判断 session 中是否有 OpenID 来进行相应的操作，若没有则构建授权地址并进行页面重定向。所以在 Auth 控制器中的 getUserInfo()方法就需要对获取的 OpenID 进行写入 session 操作，找到 Application/Wechat/Controller 下的 AuthController.class.php 文件，新增 cacheOpenID()方法，代码如下：

```
// 把获取到的用户信息缓存到 session
private function cacheOpenID()
{
    if($this->access_data !== null && $this->access_data['access_token'])
    {
        session('openid' , $this->access_data['openid']);       //缓存 openid
        session('userinfo' , $this->userinfo);                  //缓存用户信息
    }
    else
    {
        $this->error('缓存 OpenID 失败！');
    }
}
```

新增 saveUserInfo()方法，根据获取到的 OpenID 查询用户信息，用以判断是注册还是更新用户信息，核心代码如下：

```
// 新增或者更新用户信息
private function saveUserInfo()
{
    // 查询 member 表中是否有关联 openid 的用户
    $map['openid'] = $this->userinfo['openid'];
    $member_info = M('member')->where($map)->find();
    if($member_info !== null)
    {
        // 已存在用户更新用户信息，如头像昵称等
        $data = $this->userinfo;
        M('member')->where($map)->save($data);
        return true;
    }
    else
    {
        // 新增基础用户信息
        $ucenter_data['username'] = 'wx'.date('Ymd').mt_rand(1000 , 9999);
        $ucenter_data['email'] = $ucenter_data['username']."@test.com";
        $ucenter_data['reg_time'] = time();
        $ucenter_data['reg_ip'] = get_client_ip(1);
```

```
        $ucenter_data['status'] = 1;
        $insertId = M('ucenter_member')->add($ucenter_data);

        // 新增用户其他信息
        if($insertId !== false)
        {
            $member_data = $this->userinfo;
            $member_data['uid'] = $insertId;
            $member_data['status'] = 1;
            $member_data['reg_time'] = time();
            $member_data['reg_ip'] = get_client_ip(1);
            M('member')->add($member_data);
            return true;
        }
    }
}
```

将以上方法整合到 getUserInfo() 方法中去, 实现 OpenID 的存储和用户信息的注册, 核心代码如下:

```
// 微信回调地址
public function getUserInfo()
{
    header('Content-type:text/html;charset=utf-8');
    // 第一步: 获取微信回调的 code 值
    $code = I('code');
    if($code)
    {
        import("@.Lib.Wx.WxAuth");
        $wx = new \WxAuth(APP_ID ,APP_SECRET);
        // 第二步: 根据 code 获取 access_token;
        $this->access_data = $wx->getAccessTokenByCode($code);
        // 第三步: 拉取用户信息
        $this->userinfo = $wx->getUserInfoByOpenID();
        // 第四步: 缓存 openid 到 session 中去
        $this->cacheOpenID();
        // 第五步: 新增/更新用户信息
        if($this->saveUserInfo())
        {
            // 第六步: 页面重定向到指定地址
            redirect(U('Index/ucenter'));
        }
    }
    else
    {
        $this->error('获取 Code 失败!, 请稍后再试! ');
    }
}
```

修改 Application/Wechat/Controller 下的 IndexController.class.php 文件, 新增 ucenter() 方法, 此方法为网页授权自动登录后的重定向地址。这里的核心代码如下:

```
// 用户个人信息页
public function ucenter()
{
```

```
        dump(session('userinfo'));// 打印输出用户信息
    }
```

完成后将代码上传到微信公众平台测试号配置的服务器，访问地址"http://主机地址/wxauth/index.php/Wechat/Index/login"，经过两次页面跳转后，注册用户信息后跳转到用户信息展示页面。根据 member 表查询结果，判断是否有新增的注册用户，效果如图 6.10 所示。

```
mysql> select * from db_member where uid = 5\G
*************************** 1. row ***************************
           uid: 5
      nickname: 鲁国行人甲
           sex: 1
      birthday: 0000-00-00
            qq:
         score: 0
         login: 0
        reg_ip: 1870979668
      reg_time: 1470902953
 last_login_ip: 0
last_login_time: 0
        status: 1
        openid: ocmElwVcKCAOqGRRiva1mJZ77sBc
      language: zh_CN
          city: 海淀
      province: 北京
       country: 中国
    headimgurl: http://wx.qlogo.cn/mmopen/oLU121BePGlWcEVcQQGM2fGTYC
l7hxicBj7cGMQ/0
1 row in set (0.01 sec)
```

图 6.10　在 MySQL 命令行中查看新增的用户信息

在使用命令行访问 MySQL 并进行查询操作时，可以使用指令 set names 来指定终端输出编码格式，例如，set names utf8。

6.3.3　在网页上展示用户信息

通过上一小节的学习，可以了解到在开发中如何通过微信网页授权进行自动注册和自动登录。本小节继续实例，实现在移动端展示获取到的用户信息。

以 wxauth 项目为例，首先引入在前几章中提到的样式开发库 WeUI，在 Application/Wechat/View 目录中新建文件夹 Index，并在 Index 文件夹下新建 ucenter.html 文件。增加代码如下：

```
<!DOCTYPE html> <html>
<head>
<meta charset="UTF-8">
<meta name="viewport" content="width=device-width,initial-scale=1,user-scalable=0">
<title>用户中心页</title>
<link rel="stylesheet" href="__PUBLIC__/Wechat/css/weui.min.css"/>
<script src="__STATIC__/jquery-2.0.3.min.js"></script>
</head>
<body>
    <div style="padding:10px;">
        <img    src="{$info.headimgurl}"    style="display:block;width:100px;margin:0
auto;">
    </div>
    <div class="weui_cells_title">用户基本信息: </div>
    <div class="weui_cells">
        <div class="weui_cell">
```

```
            <div class="weui_cell_bd weui_cell_primary">
                <p>微信昵称：{$info.nickname}</p>
            </div>
        </div>
        <div class="weui_cell">
            <div class="weui_cell_bd weui_cell_primary">
                <p>性别：{$info.sex|get_sex_title}</p>
            </div>
        </div>
        <div class="weui_cell">
            <div class="weui_cell_bd weui_cell_primary">
                <p>省市地区：{$info.country}-{$info.province}-{$info.city}</p>
            </div>
        </div>
    </div>
</body>
</html>
```

修改 Application/Wechat/Controller 下 IndexController.class.php 文件，更新 ucenter()方法，把获取到的用户信息通过变量置换到模板中去，核心代码如下：

```
// 用户个人信息页
public function ucenter()
{
    // 微信登录授权验证
    $this->checkUserWxLogin();
    // 从 session 缓存或者数据库中查询出用户基本信息
    $this->assign('info' , session('userinfo'));
    $this->display();
}
```

更新系统后，在线访问"http://主机地址/wxauth/index.php/Wechat/Index/login"，如图 6.11 所示。

图 6.11　在网页上展示用户信息

6.4　思考与练习

本章实现了一个完整的基于微信网页授权注册和登录的实例，在学习完成后思考与练习以下内容。

思考：本实例中使用的 scope 授权类型是哪种？

思考：微信网页授权为何不用输入用户密码？

练习：在个人用户页面增加一个按钮，用户单击后可以重新实现微信网页授权流程。

第7章

微信公众平台消息管理

上一章中我们了解了微信网页授权的相关技术,本章将会继续讲解微信公众平台的消息机制。通过微信客户端不停迭代升级,用户可以使用的消息类型越来越多,用户不仅可以发送语音和文字,还可以发送地址位置和小视频,极大地丰富了消息的展示形式。本章通过了解不同的微信公众平台消息类型,讲解开发者模式下对消息的各种操作。

本章主要涉及的知识点有:

❑ 消息类型:了解微信常见的消息类型,如文本、图片和地理位置等。

❑ 接收消息:掌握如何在开发者模式下接收微信公众平台发送给服务器的消息。

❑ 回复消息:掌握根据不同的消息和事件类型进行相应的回复操作。

❑ 实战 PHP 微信消息处理类:掌握如何在框架中开发一个通用的 PHP 微信消息处理类。

7.1   接收消息

本节主要讲解在开发者模式下,如何使用框架接收用户在微信客户端发送给公众平台的消息,同时了解不同消息的不同返回类型。

7.1.1   基础配置与框架搭建

在微信公众平台管理后台开启开发者模式后,用户给关注的微信公众账号发送的消息都会被微信服务器转发给绑定的第三方服务器。第三方开发者可以接收、处理和回复微信发送的消息请求。

类似上一章中的 wxauth 测试项目,首先在本地使用 OneThink 框架安装一个名为 wxmsg 的项目。安装完毕后,在根目录 Application 下新增模块目录 Wechat,在该目录下新增 Controller 目录,新增基础控制器 WechatController.class.php。

继续新增业务处理控制器文件 IndexController.class.php。新增微信公众平台开发者模式 Token 验证方法 configToken(),修改微信公众平台提供的 Token 验证实例为 token_auth()方法。这里的核心代码如下:

```php
<?php
namespace Wechat\Controller;
class IndexController extends WechatController
{
    // 服务器本地 Token 信息
    private $token = "weixin";
```

```
// 微信服务器发送的消息
private $data = null;

// 配置服务器 Token，微信请求数据入口
public function configToken()
{
    // 验证 Token 是否正确
    if(!$this->token_auth($this->token))
    {
        exit('error');
    }
    exit($_GET['echostr']);
}

// 验证签名是否正确
private static function token_auth($token)
{
    // 获取数据
    $data = array($_GET['timestamp'], $_GET['nonce'], $token);
    $sign = $_GET['signature'];

    // 对数据进行字典排序
    sort($data, SORT_STRING);

    // 生成签名
    $signature = sha1(implode($data));
    return $signature === $sign;
}
}
```

本节继续使用微信公众平台测试号，上线 wxmsg 项目到测试号绑定服务器，在微信公众平台测试号管理后台重新配置第三方服务器信息。配置成功效果如图 7.1 所示。

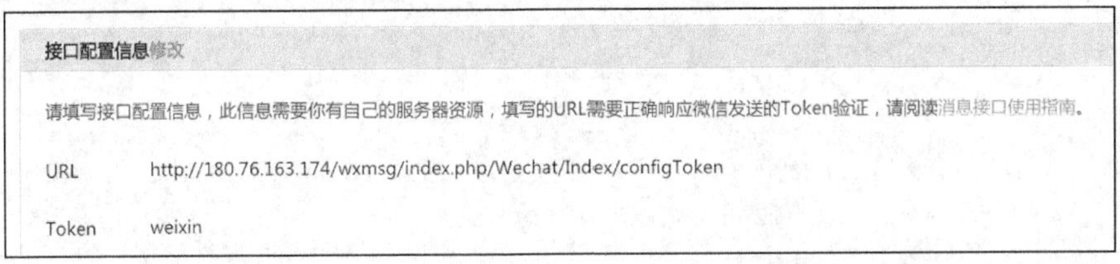

图 7.1 接口配置信息修改

配置成功以后，当关注微信公众平台测试号的用户发送信息给公众平台时，微信服务器都会转发消息到新配置的第三方服务器接口上。

7.1.2 缓存微信服务器请求消息

当普通微信用户向公众账号发消息时，微信服务器将 POST 消息的 XML 数据包到开发者填写的 URL 上。微信服务器在 5 秒内收不到响应会断掉连接，并且重新发起请求，总共重试 3 次。假如服务器无法保证在 5 秒内处理并回复，可以直接回复任意字符串，如 success 等，微信服务器不会对此做任何处理，并且不会发起重试。

为了直观地查看每种消息类型的特性,继续修改 Application/Wechat/Controller 下的 IndexController.class.php 控制器。

因为 PHP 对数组的处理效率较高,所以新增静态方法 xml2data()转换 XML 文件格式为数组格式,核心代码如下:

```php
//xml 转换为数组
private static function xml2data($xml)
{
    $xml = new \SimpleXMLElement($xml);
    if(!$xml){
        throw new \Exception('非法 XXML');
    }
    $data = array();
    foreach ($xml as $key => $value) {
        $data[$key] = strval($value);
    }
    return $data;
}
```

因为在 Token 配置时,微信服务器发送的请求为 GET 数据类型,而转发消息的时候为 POST 数据类型,所以就可判断在何时进行 Token 验证,何时进行消息数据包的处理。修改 configToken()方法如下:

```php
// 配置服务器 Token,微信请求数据入口
public function configToken()
{
    if(!$this->token_auth($this->token))
    {
        exit('error');
    }
    // 判断是 Token 验证还是用户消息转发
    if($_GET['echostr']){
        exit($_GET['echostr']);
    }
    else
    {
        // 数据包接收
        $xml = file_get_contents("php://input");
        // 转换 XML 格式为数组格式
        $data = self::xml2data($xml);
        // 保存数据到 data 属性
        $this->data = $data;
        // 把接收到的数据写入本地文件
        file_put_contents('./wechat_data.json', json_encode($data));
        // 无业务逻辑则响应任意字符串
        exit('success');
    }
}
```

在实例中,为了更方便地接收 XML 格式的数据包,使用了 php://input 的方式来接收 POST 的请求数据,代码如下:

```php
$xml = file_get_contents("php://input");
```

为了方便查看消息的类型,保存每次请求信息为 json 格式文件。这里的代码如下:

```
file_put_contents('./wechat_data.json', json_encode($data));
```

随后新增方法对 json 文件进行读取和查看，代码如下：

```
// 展示 json 格式数据
public function showWxData()
{
    header('Content-type:text/html;charset=utf 8');
    $json_data = file_get_contents('./wechat_data.json');
    if(!empty($json_data))
    {
        echo "<pre>";
        print_r(json_decode($json_data , true));
    }
}
```

上线到关联微信公众平台测试服务号的服务器后，服务器就可以记录所有的用户发送消息信息到本地 json 文件。

当表单提交设置属性 enctype="multipart/form-data" 时，php://input 是无效的。

7.1.3　接收文本消息

文本消息是最为常见的消息类型，指的是用户在微信客户端的文本输入框编辑并发送的消息类型。当用户发送了文本消息后，微信服务器会转发文本消息类型的 XML 数据包给第三方服务器，XML 格式如下：

```
<xml>
<ToUserName><![CDATA[toUser]]></ToUserName>
<FromUserName><![CDATA[fromUser]]></FromUserName>
<CreateTime>1348831860</CreateTime>
<MsgType><![CDATA[text]]></MsgType>
<Content><![CDATA[this is a test]]></Content>
<MsgId>1234567890123456</MsgId>
</xml>
```

XML 格式字段说明见表 7.1。

表 7.1　　　　　　　　　　　　　文本消息格式字段说明

参数	描述
ToUserName	开发者微信号
FromUserName	发送方账号（一个 OpenID）
CreateTime	消息创建时间 （整型）
MsgType	text
Content	文本消息内容
MsgId	消息 ID，64 位整型

用户关注了微信公众平台的测试号后，在文本框里输入任意文本并发送，如图 7.2 所示。

图 7.2   向公众平台发送文本类型消息

此时在线服务器已经存储了微信服务器转发的消息，访问"http://180.76.163.174/wxmsg/index.php/Wechat/Index/showWxData"，（IP 可以更换为实际地址或者域名），如图 7.3 所示。

```
Array
(
    [ToUserName] => gh_543a380885e7
    [FromUserName] => ocmElwTZUWa9nQ4v7zVQCQW8Dous
    [CreateTime] => 1471489027
    [MsgType] => text
    [Content] => 发送测试文本
    [MsgId] => 6319997247800731193
)
```

图 7.3   文本消息类型数据包

因为第三方服务器也可以接收用户发送的完整文本（字段 Content），所以可以根据不同的文本编写处理不同的业务逻辑。

7.1.4   接收图片消息

用户可以发送实时拍摄的照片或者手机本地存储的图片到微信公众平台，这样会被识别成 image 图片类型。图片消息的格式和文本消息格式类似，代码如下：

```xml
<xml>
<ToUserName><![CDATA[toUser]]></ToUserName>
<FromUserName><![CDATA[fromUser]]></FromUserName>
<CreateTime>1348831860</CreateTime>
<MsgType><![CDATA[image]]></MsgType>
<PicUrl><![CDATA[thisisaurl]]></PicUrl>
<MediaId><![CDATA[media_id]]></MediaId>
<MsgId>1234567890123456</MsgId>
</xml>
```

图片消息格式字段说明见表 7.2。

表 7.2　　　　　　　　　　　　图片消息格式字段说明

参数	描述
ToUserName	开发者微信号
FromUserName	发送方账号（一个 OpenID）
CreateTime	消息创建时间 （整型）
MsgType	image
PicUrl	图片链接（由系统生成）
MediaId	图片消息媒体 ID，可以调用多媒体文件下载接口拉取数据
MsgId	消息 ID，64 位整型

　　与文本消息格式不同，图片消息格式返回了更多的信息。在微信客户端中选中图片并发送给微信公众平台测试号，如图 7.4 所示。

图 7.4　发送图片到微信公众平台测试号

　　发送图片成功后，在线服务器会接收信息并存储到 json 文件中。访问 "http://180.76.163.174/wxmsg/index.php/Wechat/Index/showWxData"（IP 可以更换为实际地址或者域名），保存的数据效果如图 7.5 所示。

```
Array
(
    [ToUserName] => gh_543a380885e7
    [FromUserName] => ocmElwTZUWa9nQ4v7zVQCQW8Dous
    [CreateTime] => 1471490859
    [MsgType] => image
    [PicUrl] => http://mmbiz.qpic.cn/mmbiz_jpg/PQ6cyAlGNKvECogdW
    [MsgId] => 6320005116180818003
    [MediaId] => jX3brlSAM2g_p-8Y5ySxv9KCpUROipXOlt-mDre5xlFb2hr
)
```

图 7.5　图片消息类型数据包

　　除了 MsgType 值为 image 外，微信服务器还返回了 PicUrl 和 MsgId 两个字段值。PicUrl 存储的是用户发送图片在微信图床可以访问的图片链接，而 MsgId 则是用户发送图片存储在微信服务器的唯一标识，第三方服务器通过此 ID 可以获得图片的下载路径。

注意

微信服务器保存用户上传的图片具有时效性，过了一定时间后图片会被自动清除。

7.1.5 接收语音消息

除了文本和图片外，微信语音短消息也是常用的通信类型，此种方式甚至减少了很多用户在传统电话上的通话时长。消息格式如下：

```
<xml>
<ToUserName><![CDATA[toUser]]></ToUserName>
<FromUserName><![CDATA[fromUser]]></FromUserName>
<CreateTime>1357290913</CreateTime>
<MsgType><![CDATA[voice]]></MsgType>
<MediaId><![CDATA[media_id]]></MediaId>
<Format><![CDATA[Format]]></Format>
<MsgId>1234567890123456</MsgId>
</xml>
```

语音消息格式字段说明见表 7.3。

表 7.3　　　　　　　　　　　　　语音消息格式字段说明

参数	描述
ToUserName	开发者微信号
FromUserName	发送方账号（一个 OpenID）
CreateTime	消息创建时间 （整型）
MsgType	voice
Format	图片链接（由系统生成）
MediaId	语音格式，如 amr、speex 等
MsgId	消息 ID，64 位整型

发送一个语音消息到微信公众平台测试号，效果如图 7.6 所示。

图 7.6　发送语音到微信公众平台测试号

语音发送成功后访问 "http://180.76.163.174/wxmsg/index.php/Wechat/Index/showWxData"（IP 可以更换为实际地址或者域名），保存的数据效果如图 7.7 所示。

```
Array
(
    [ToUserName] => gh_543a380885e7
    [FromUserName] => ocmElwT2UWa9nQ4v7zVQCQW8Dous
    [CreateTime] => 1471491613
    [MsgType] => voice
    [MediaId] => PyE4DQlqFrgZngbMqtBipPyN38yI0pOgPjBpsqTnYtKbcplmGbKq
    [Format] => amr
    [MsgId] => 6320008354586159366
    [Recognition] =>
)
```

图 7.7　语音消息类型数据包

7.1.6　接收视频消息

在发送图片消息的时候，微信客户端还提供了发送视频文件的功能，除了可以用相机直接拍摄视频文件，还可以选择本地已经存在的视频文件。消息格式如下：

```
<xml>
<ToUserName><![CDATA[toUser]]></ToUserName>
<FromUserName><![CDATA[fromUser]]></FromUserName>
<CreateTime>1357290913</CreateTime>
<MsgType><![CDATA[video]]></MsgType>
<MediaId><![CDATA[media_id]]></MediaId>
<ThumbMediaId><![CDATA[thumb_media_id]]></ThumbMediaId>
<MsgId>1234567890123456</MsgId>
</xml>
```

视频消息格式字段说明见表 7.4。

表 7.4　　　　　　　　　　　　　　视频消息格式字段说明

参数	描述
ToUserName	开发者微信号
FromUserName	发送方账号（一个 OpenID）
CreateTime	消息创建时间（整型）
MsgType	video
MediaId	视频消息媒体 ID，可以调用多媒体文件下载接口拉取数据
ThumbMediaID	视频消息缩略图的媒体 ID，可以调用多媒体文件下载接口拉取数据
MsgId	消息 ID，64 位整型

发送一个视频类型消息到微信公众平台测试号，效果如图 7.8 所示。

成功后访问地址 "http://180.76.163.174/wxmsg/index.php/Wechat/Index/showWxData"（IP 可以更换为实际地址或者域名），保存的数据效果如图 7.9 所示。

图 7.8　发送视频格式消息给微信公众平台测试号

```
Array
(
    [ToUserName] => gh_543a380885e7
    [FromUserName] => ocmElwTZUWa9nQ4v7zVQCQW8Dous
    [CreateTime] => 1471500456
    [MsgType] => video
    [MediaId] => vVIb96lM25OIgQVJiAultIH_PllL94gkWnzXFDSmlJ916AYFZuReuD6epM_pTlXq
    [ThumbMediaId] => -LFwS2FgUo5q6wvWy_oyOkAC9AINilmGbv7Cob_ZeAc1O4DlEQJTywlK8_lQ3o10
    [MsgId] => 6320046334981962044
)
```

图 7.9　视频消息类型数据包

微信服务器返回了 ThumbMediaId 字段值，可以通过微信高级接口获取视频的缩略图。而使用 MediaId 则可以通过接口获取视频文件的存储地址。

7.1.7　获取小视频消息

微信客户端在版本迭代中增加了小视频功能模块，与直接发送视频不同，用户只能发送实时拍摄的视频，时长也有限制，但也更有利于用户抓拍和抢拍，直接按住相应按钮即可拍摄发送。小视频 XML 消息格式如下：

```xml
<xml>
<ToUserName><![CDATA[toUser]]></ToUserName>
<FromUserName><![CDATA[fromUser]]></FromUserName>
<CreateTime>1357290913</CreateTime>
<MsgType><![CDATA[shortvideo]]></MsgType>
<MediaId><![CDATA[media_id]]></MediaId>
<ThumbMediaId><![CDATA[thumb_media_id]]></ThumbMediaId>
<MsgId>1234567890123456</MsgId>
</xml>
```

小视频消息格式与视频消息格式一致，字段说明见表 7.5。

表 7.5　　　　　　　　　　　　　小视频消息格式字段说明

参数	描述
ToUserName	开发者微信号
FromUserName	发送方账号（一个 OpenID）

续表

参数	描述
CreateTime	消息创建时间（整型）
MsgType	shortvideo
MediaId	视频消息媒体 ID，可以调用多媒体文件下载接口拉取数据
ThumbMediaId	视频消息缩略图的媒体 ID，可以调用多媒体文件下载接口拉取数据
MsgId	消息 ID，64 位整型

发送一个小视频类型消息到微信公众平台测试号，效果如图 7.10 所示。

图 7.10　发送小视频格式消息给微信公众平台测试号

成功后访问"http://180.76.163.174/wxmsg/index.php/Wechat/Index/showWxData"（IP 可以更换为实际地址或者域名），保存的数据效果如图 7.11 所示。

```
Array
(
    [ToUserName] => gh_543a380885e7
    [FromUserName] => ocmElwTZUWa9nQ4v7zVQCQW8Dous
    [CreateTime] => 1471501886
    [MsgType] => shortvideo
    [MediaId] => 2jzqGcsIkACQ5lYG_28ztX8DRhr5Bp6hu3aE6pvfsRbihycMFb4gwNYaLbay3v6T
    [ThumbMediaId] => YGswL3BjjQnEGVPptches3LXOj4c9NBJOkxO6k0ayvijxOCR9QmcF1UUoA3R2YBX
    [MsgId] => 6320052476785195573
)
```

图 7.11　小视频消息类型数据包

注意

　　　视频消息和小视频消息的返回字段一致，可以通过 MsgType 值来区分消息类型。

7.1.8　接收地理位置消息

微信客户端集成了腾讯地图核心功能，用户可以定位到当前的位置，也可以根据关键字进行具体地理位置查询并发送消息。地理位置消息格式如下：

```
<xml>
<ToUserName><![CDATA[toUser]]></ToUserName>
<FromUserName><![CDATA[fromUser]]></FromUserName>
<CreateTime>1351776360</CreateTime>
<MsgType><![CDATA[location]]></MsgType>
<Location_X>23.134521</Location_X>
<Location_Y>113.358803</Location_Y>
<Scale>20</Scale>
<Label><![CDATA[位置信息]]></Label>
<MsgId>1234567890123456</MsgId>
</xml>
```

地理位置消息格式字段说明见表 7.6。

表 7.6 　　　　　　　　　　地理位置消息格式字段说明

参数	描述
ToUserName	开发者微信号
FromUserName	发送方账号（一个 OpenID）
CreateTime	消息创建时间（整型）
MsgType	location
Location_X	地理位置纬度
Location_Y	地理位置经度
Scale	地图缩放大小
Label	地理位置信息
MsgId	消息 ID，64 位整型

发送一个地理位置类型消息到微信公众平台测试号，效果如图 7.12 所示。

图 7.12　选择并发送地理位置消息

成功后访问地址 "http://180.76.163.174/wxmsg/index.php/Wechat/Index/showWxData"（IP 可以

更换为实际地址或者域名），保存的数据效果如图 7.13 所示。

```
Array
(
    [ToUserName] => gh_543a380885e7
    [FromUserName] => ocmElwTZUWa9nQ4v7zVQCQW8Dous
    [CreateTime] => 1471502270
    [MsgType] => location
    [Location_X] => 40.363419
    [Location_Y] => 116.026520
    [Scale] => 16
    [Label] => 北京市延庆区八达岭镇
    [MsgId] => 6320054126052637310
)
```

图 7.13　地理位置消息类型数据包

数据包中不仅包含了经纬度的信息，还包含了地理位置和地图缩放比例。可以通过相关的地图接口还原出用户具体的地理位置信息。

7.1.9　接收链接信息

若需要给微信公众平台发送链接消息，可以在"我的收藏"中选择已经收藏过的网页链接发送。微信公众平台在接收到消息后，会给第三方服务器返回相应的 XML 数据包格式：

```xml
<xml>
<ToUserName><![CDATA[toUser]]></ToUserName>
<FromUserName><![CDATA[fromUser]]></FromUserName>
<CreateTime>1351776360</CreateTime>
<MsgType><![CDATA[link]]></MsgType>
<Title><![CDATA[公众平台官网链接]]></Title>
<Description><![CDATA[公众平台官网链接]]></Description>
<Url><![CDATA[url]]></Url>
<MsgId>1234567890123456</MsgId>
</xml>
```

链接消息格式字段说明见表 7.7。

表 7.7　　　　　　　　　　　　　链接消息格式字段说明

参数	描述
ToUserName	开发者微信号
FromUserName	发送方账号（一个 OpenID）
CreateTime	消息创建时间（整型）
MsgType	link
Title	消息标题
Description	消息描述
Url	消息链接
MsgId	消息 ID，64 位整型

发送一个链接类型消息到微信公众平台测试号，如图 7.14 所示。

图 7.14 在"我的收藏"中找到并发送链接消息

成功后访问地址"http://180.76.163.174/wxmsg/index.php/Wechat/Index/showWxData"（IP 可以更换为实际地址或者域名），保存的数据效果如图 7.15 所示。

```
Array
(
    [ToUserName] => gh_543a380885e7
    [FromUserName] => ocmElwTZUWa9nQ4v7zVQCQW8Dous
    [CreateTime] => 1471847691
    [MsgType] => link
    [Title] => PlayStation®VR 开始预约
    [Description] => http://weixin.csmc-cloud.com/sony20/psvr/index.
    [Url] => http://weixin.csmc-cloud.com/sony20/psvr/index.htm?bid=
    [MsgId] => 6321537697951048246
)
```

图 7.15 链接消息类型数据包

直接发送 URL 访问地址（如 http://www.baidu.com）会被识别为文本消息类型。

7.2 消息回复

本节继续讲解第三方服务器如何根据微信公众平台发送来的消息类型格式，回复相应的信息给微信用户。

7.2.1 消息概述

在上一节中，我们已经可以接收并查看微信公众平台发送过来的 XML 格式消息，其请求类型为 POST，开发者可以以 GET 的方式响应此请求，返回特定的 XML 数据包，以实现对该消息的响应（现支持回复文本、图片、图文、语音、视频和音乐 6 种响应类型）。

而消息回复所用到的 XML 数据包与接收的格式非常类似。以回复文本消息为例，其格式如下：

```
<!--回复文本消息-->
<xml>
<ToUserName><![CDATA[toUser]]></ToUserName>
<FromUserName><![CDATA[fromUser]]></FromUserName>
<CreateTime>12345678</CreateTime>
<MsgType><![CDATA[text]]></MsgType>
<Content><![CDATA[你好]]></Content>
</xml>
```

而图片的回复消息的 XML 格式如下：

```
<!--回复图片消息-->
<xml>
<ToUserName><![CDATA[toUser]]></ToUserName>
<FromUserName><![CDATA[fromUser]]></FromUserName>
<CreateTime>12345678</CreateTime>
<MsgType><![CDATA[image]]></MsgType>
<Image>
<MediaId><![CDATA[media_id]]></MediaId>
</Image>
</xml>
```

根据对以上几种回复格式的对比可以发现，其中 ToUserName、FromUserName、CreateTime
和 MsgType4 个标签在每种消息类型里面都存在，所以在编写相应方法的时候可以固定这 4 个字
段，而针对不同的消息回复类型直接增加特定的字段即可。

7.2.2　PHP 消息回复处理类

为了方便开发,继续使用上节中处理消息的 wxmsg 项目。在项目根目录 Application/Wechat/Lib
下新增 Wx 目录，新增 WxBase.class.php 类文件，用来进行消息处理和回复操作。

首先为 WxBase 类增加基本代码结构，定义处理类所需的常量和属性，代码如下：

```php
<?php
class WxBase
{
    // 消息类型常量（接收/回复）
    const MSG_TYPE_TEXT       = 'text';              // 文本
    const MSG_TYPE_IMAGE      = 'image';             // 图片
    const MSG_TYPE_VOICE      = 'voice';             // 声音
    const MSG_TYPE_VIDEO      = 'video';             // 视频
    const MSG_TYPE_MUSIC      = 'music';             // 音乐
    const MSG_TYPE_NEWS       = 'news';              // 图文
    // 消息类型常量（只接收）
    const MSG_TYPE_SHORTVIDEO = 'shortvideo';        // 短视频（只接收）
    const MSG_TYPE_LOCATION   = 'location';          // 地理位置（只接收）
    const MSG_TYPE_LINK       = 'link';              // 链接 （只接收）
    // 服务器接收到的 XML 消息
    private $data = array();
    // 构造方法
    public function __construct()
    {
    }
    // 设置服务器接收到的 XML 消息
    public function setData($data)
```

```
    {
        $this->data = $data;
    }
}
```

根据上一小节的思路，只需要定义一个公共方法就可以直接构建 ToUserName 等 4 个字段值，然后根据不同类型进行字段补全，所以在类中定义 response()方法，来统一进行 XML 格式的构建和输出。这里的核心代码如下：

```
// 自动回复
public function response($content, $type = self::MSG_TYPE_TEXT)
{
    // 基础数据
    $data = array(
        'ToUserName' => $this->data['FromUserName'],
        'FromUserName' => $this->data['ToUserName'],
        'CreateTime' => time(),
        'MsgType' => $type,
    );

    // 按类型添加额外数据
    $content = call_user_func(array(self, $type), $content);

    if($type == self::MSG_TYPE_TEXT || $type == self::MSG_TYPE_NEWS){
        $data = array_merge($data, $content);
    } else {
        $data[ucfirst($type)] = $content;
    }

    // 转换数据为 XML
    $xml = new \SimpleXMLElement('<xml></xml>');
    self::data2xml($xml, $data);
    exit($xml->asXML());
}
```

其中，数据构建的核心方法为 call_user_func()，是一种特殊的函数调用方式，实例如下：

```
<?php
// 回调函数定义
function nowamagic($a,$b)
{
    echo $a;
    echo $b;
}
call_user_func('nowamagic', "111","222");        // 第一个参数为回调函数名
call_user_func('nowamagic', "333","444");
//显示 111 222 333 444
?>
```

而在类中调用，call_user_func()的第一个参数需要传入 array 数组，数组包含两个参数，一个是类名或调用方式，而另外一个则是回调方法名。再来看以下代码：

```
$content = call_user_func(array(self, $type), $content);
```

若 type 参数传入的为字符串 image，则需要在当前类中定义静态方法 image()，这样即可使用 call_user_func()方法在 type 参数不同的情况下，调用不同的方法来实现不同类型格式的处理合并。

而除了文本格式以外，其他消息回复格式都是多级 XML 标签，所以处理代码如下：

```
if($type == self::MSG_TYPE_TEXT || $type == self::MSG_TYPE_NEWS){
    $data = array_merge($data, $content);
} else {
    $data[ucfirst($type)] = $content;
}
```

ucfirst()函数可以对传入的字符串首字母大写。

7.2.3　回复文本消息

在微信公众平台中，文本消息类型的使用最为常见。在构建了基础的 PHP 消息回复处理类后，还需要继续补全相应的消息处理方法来实现基本的消息回复。

首先新增文本消息类型构建方法：

```
// 文本消息类型，content 为回复给用户的文本值
private static function text($content){
    $data['Content'] = $content;
    return $data;
}
```

然后结合 response()方法，新增消息回复方法 replyText()，核心代码如下：

```
// 回复文本消息
public function replyText($text){
    return $this->response($text, self::MSG_TYPE_TEXT);
}
```

最后修改 Application/Wechat/Controller 下 IndexController.class.php 控制器的 configToken()方法，引入 WxBase 类实例化后根据消息类型进行判断回复。这里的核心代码如下：

```
// 数据包接收
$xml = file_get_contents("php://input");
// 引入 PHP 消息处理类库并实例化
import("@.Lib.Wx.WxBase");
$wx = new \WxBase();
// 转换 XML 格式为数组格式
$data = $wx::xml2data($xml);
$wx->setData($data);
// 保存数据到 data 属性
$this->data = $data;
// 把接收到的数据写入本地文件
file_put_contents('./wechat_data.json', json_encode($data));
// 自动回复文本消息
if($this->data['MsgType'] == 'text')
{
    // 根据用户输入的文本进行判断与回复
    if($this->data['Content'] == 'baidu')
    {
        $wx->replyText('地址: http://www.baidu.com');
    }
    elseif($this->data['Content'] == 'sina')
    {
```

```
        $wx->replyText('地址：http://www.sina.com.cn');
    }
    else
    {
        $wx->replyText('收到的文本内容：'.$this->data['Content']);
    }
}
else
{
    // 未知类型的消息响应
    exit('success');
}
```

上线到微信公众平台测试号配置的服务器后，发送不同文本消息会获得不同的回复，如图 7.16 所示。

图 7.16　根据文本不同进行不同回复

7.2.4　回复图片消息

当用户发送图片给微信公众平台时，微信服务器会自动存储图片文件并返回给第三方服务器一个 MediaId，此标识除了可以通过高级接口获取图片的实际访问链接外，还可以用于消息回复。

本小节将实现用户发送图片即可接收到相同图片的消息回复效果，并把接收到的 MediaId 实时地回复给用户，如图 7.17 所示。

首先完善 WxBase 类，增加图片类型方法 image()和图片消息回复方法 replyImage()，核心代码如下：

```
// 回复图片消息
public function re plyImage($media_id){
    return $this->response($media_id, self::
MSG_TYPE_IMAGE);
```

图 7.17　回复用户图片类型消息

```
}

// 构造图片信息
private static function image($media){
    $data['MediaId'] = $media;
    return $data;
}
```

随后修改 Application/Wechat/Controller 下 IndexController.class.php 控制器的 configToken()方法，通过对 MsgType 进行判断来进行图片消息的回复。这里的核心代码如下：

```
// 自动回复文本消息
    if($this->data['MsgType'] == 'text')
    {
        ……
    }
    elseif($this->data['MsgType'] == 'image')                    // 通过类型判断进行消息回复
    {
        $wx->replyImage($this->data['MediaId']);
    }
    else
    {
        // 未知类型的消息响应
        exit('success');
    }
```

注意　可以根据具体需求编写业务逻辑，不一定对用户发送的文件进行原样回复。

7.2.5　回复语音消息

回复语音消息类型和回复图片消息类型的核心都是响应给微信公众平台服务器请求一个 MediaId，其中回复 XML 格式数据包示例如下：

```
<!--回复语音消息-->
<xml>
<ToUserName><![CDATA[toUser]]></ToUserName>
<FromUserName><![CDATA[fromUser]]></FromUserName>
<CreateTime>12345678</CreateTime>
<MsgType><![CDATA[voice]]></MsgType>
<Voice>
<MediaId><![CDATA[media_id]]></MediaId>
</Voice>
</xml>
```

当用户发送一段语音给微信公众平台后，会接收到同样的语音消息回复，如图 7.18 所示。

为了实现相应的效果，继续完善 WxBase 类，增加语音类型方法 voice()和语言消息回复方法 replyVoice()，核心代码如下：

```
// 构造音频消息
private static function voice($media){
```

图 7.18　回复语音音频格式类型消息

```
    $data['MediaId'] = $media;
    return $data;
}
// 回复音频消息
public function replyVoice($media_id){
    return $this->response($media_id, self::MSG_TYPE_VOICE);
}
```

随后修改 Application/Wechat/Controller 下 IndexController.class.php 控制器的 configToken()方法，通过对 MsgType 进行判断来进行语音消息的回复。这里的核心代码如下：

```
……
elseif($this->data['MsgType'] == 'voice')                    // 当 MsgType 为 voice 时回复
{
    $wx->replyVoice($this->data['MediaId']);
}
……
```

7.2.6 回复视频消息

给微信公众平台发送视频格式消息主要有两种途径，一种是本地的视频文件（拍摄或者其他途径获得），另外一种就是微信客户端自带的小视频。

第三方服务器若需要回复视频格式消息，XML 格式规范如下：

```
<!--回复视频消息-->
<xml>
<ToUserName><![CDATA[toUser]]></ToUserName>
<FromUserName><![CDATA[fromUser]]></FromUserName>
<CreateTime>12345678</CreateTime>
<MsgType><![CDATA[video]]></MsgType>
<Video>
<MediaId><![CDATA[media_id]]></MediaId>
<Title><![CDATA[title]]></Title>
<Description><![CDATA[description]]></Description>
</Video>
</xml>
```

回复视频格式类型消息的效果如图 7.19 所示。

图 7.19 回复视频格式类型消息

在 WxBase 类上增加视频类型方法，核心代码如下：

```
// 构建视频类型
private static function video($video){
    $data = array();
    list(
        $data['MediaId'],
        $data['Title'],
        $data['Description'],
    ) = $video;
    return $data;
}
```

因为回复视频类型不仅可以带上 MediaId 字段值，还可以有 Title 和 Description 两个字段值，所以使用 list() 方法来处理多个参数的值并构建数组类型变量。

回复视频消息方法的核心代码如下：

```
// 回复视频类型消息
public function replyVideo($media_id, $title, $discription){
    return $this->response(func_get_args(), self::MSG_TYPE_VIDEO);
}
```

其中，使用了 func_get_args() 方法来获取多个参数并传入 response() 方法。

继续修改控制器 IndexController.class.php 文件中的 configToken() 方法，增加自动回复视频消息的代码如下：

```
……
elseif($this->data['MsgType'] == 'voice')
{
    $wx->replyVoice($this->data['MediaId']);
}
elseif($this->data['MsgType'] == 'video' || $this->data['MsgType'] == 'shortvideo')
{
    $wx->replyVideo($this->data['MediaId'] ,'标题' , '内容');
}
else
{
    // 未知类型的消息响应
    exit('success');
}
……
```

7.2.7　回复音乐消息

在回复图片、语音或者视频消息的时候，必须使用微信公众平台统一管理的 MediaId，而回复音乐消息则提供了不同的方式，用户可以回复第三方服务器上的文件地址。其 XML 格式如下：

```
<!--回复音乐消息-->
<xml>
<ToUserName><![CDATA[toUser]]></ToUserName>
<FromUserName><![CDATA[fromUser]]></FromUserName>
<CreateTime>12345678</CreateTime>
<MsgType><![CDATA[music]]></MsgType>
<Music>
<Title><![CDATA[TITLE]]></Title>
```

```
<Description><![CDATA[DESCRIPTION]]></Description>
<MusicUrl><![CDATA[MUSIC_Url]]></MusicUrl>
<HQMusicUrl><![CDATA[HQ_MUSIC_Url]]></HQMusicUrl>
<ThumbMediaId><![CDATA[media_id]]></ThumbMediaId>
</Music>
</xml>
```

其中，Title 和 Description 字段分别代表标题和描述；MusicUrl 和 HQMusicUrl 分别代表普通音质音频文件访问地址和高品质音频文件访问地址；ThumbMediaId 则是音频的展示缩略图文件。

当用户发送文本消息 yongforyou 时，可以接收到音乐类型消息，如图 7.20 所示。

图 7.20　回复音乐类型消息

首先在 wxmsg 项目下新增 Muisc 目录，并保存 MP3 音频文件 YoungForYou MP3.mp3，然后将其提交到微信公众平台测试号配置服务器。

在 WxBase 类中增加 music() 方法构造消息类型：

```
// 构建音乐消息类型
private static function music($music){
    $data = array();
    list(
        $data['Title'],
        $data['Description'],
        $data['MusicUrl'],
        $data['HQMusicUrl'],
        $data['ThumbMediaId'],
    ) = $music;
    return $data;
}
```

回复方法 replyMusic() 的核心代码如下：

```
// 音乐消息回复方法
public function replyMusic($title, $discription, $musicurl, $hqmusicurl, $thumb_
media_id){
    return $this->response(func_get_args(), self::MSG_TYPE_MUSIC);
}
```

在 configToken() 方法中增加文本类型消息判断与回复：

```
if($this->data['Content'] == 'yongforyou')
{
    $wx->replyMusic(
        'yongforyou 音乐',                                      //标题
        'yongforyou 描述',                                      //描述
        'http://180.76.163.174/wxmsg/Muisc/YoungForYouMP3.mp3',  //普通音质音乐文件
        'http://180.76.163.174/wxmsg/Muisc/YoungForYouMP3.mp3',  //高品质音乐文件
'VJNC9Q2aF0c4BybGRpEFprHm6JEnBR2b_u0BXuVLcwnSBzGSSxWoX6aT02VDU1bT'
    );
}
else
{
    $wx->replyText('收到的文本内容：'.$this->data['Content']);
}
```

接收到音乐消息后，可以直接单击消息体上的“播放”按钮等进行音乐的播放。

7.2.8　回复图文消息

回复图文消息的 XML 结构如下：

```
<!--回复图文消息-->
<xml>
<ToUserName><![CDATA[toUser]]></ToUserName>
<FromUserName><![CDATA[fromUser]]></FromUserName>
<CreateTime>12345678</CreateTime>
<MsgType><![CDATA[news]]></MsgType>
<ArticleCount>2</ArticleCount>
<Articles>
<item>
<Title><![CDATA[title1]]></Title>
<Description><![CDATA[description1]]></Description>
<PicUrl><![CDATA[picurl]]></PicUrl>
<Url><![CDATA[url]]></Url>
</item>
<item>
<Title><![CDATA[title]]></Title>
<Description><![CDATA[description]]></Description>
<PicUrl><![CDATA[picurl]]></PicUrl>
<Url><![CDATA[url]]></Url>
</item>
</Articles>
</xml>
```

其中各个字段的说明见表 7.8。

表 7.8　　　　　　　　　　　　　图文消息格式字段说明

参数	是否必须	说明
ToUserName	是	接收方账号（收到的 OpenID）
FromUserName	是	开发者微信号

参数	是否必须	说明
CreateTime	是	消息创建时间 （整型）
MsgType	是	news
ArticleCount	是	图文消息个数，限制为 10 条以内
Articles	是	多条图文消息信息，默认第一个 item 为大图。注意，如果图文数超过 10，则将会无响应
Title	否	图文消息标题
Description	否	图文消息描述
PicUrl	否	图片链接，支持 JPG、PNG 格式，较好的效果为大图 360×200，小图 200×200
Url	否	单击图文消息跳转链接

第三方服务器回复消息所包含的图文信息可以是一条，也可以是多条，如图 7.21 所示。

图 7.21　回复图文类型消息

为 WxBase 新增构建图文消息格式的方法 news()，核心代码如下：

```
/**
 * 构造图文信息
 * @param  array $news 要回复的图文内容
 * [
 *     0 => 第一条图文信息[标题，说明，图片链接，全文链接]，
 *     1 => 第二条图文信息[标题，说明，图片链接，全文链接]，
 *     2 => 第三条图文信息[标题，说明，图片链接，全文链接]，
 * ]
 */
private static function news($news){
    $articles = array();
    foreach ($news as $key => $value) {
        list(
```

```
            $articles[$key]['Title'],
            $articles[$key]['Description'],
            $articles[$key]['Url'],
            $articles[$key]['PicUrl']
        ) = $value;

        if($key >= 9) break; //最多只允许 10 条图文信息
    }
    $data['ArticleCount'] = count($articles);
    $data['Articles'] = $articles;

    return $data;
}
```

因为图文消息又分为单条和多条两种，所以新增两个不同的方法来处理不同的回复类型。这里的核心代码如下：

```
/**
* 回复图文消息，一个参数代表一条信息
* @param  array  $news      图文内容 [标题，描述，URL，缩略图]
* @param  array  $news1     图文内容 [标题，描述，URL，缩略图]
* @param  array  $news2     图文内容 [标题，描述，URL，缩略图]
*
*                  ...  ...
* @param  array  $news9     图文内容 [标题，描述，URL，缩略图]
*/
public function replyNews($news, $news1, $news2, $news3){
    return $this->response(func_get_args(), self::MSG_TYPE_NEWS);
}
/**
* 回复一条图文消息
* @param  string  $title         文章标题
* @param  string  $discription   文章简介
* @param  string  $url           文章链接
* @param  string  $picurl        文章缩略图
*/
public function replyNewsOnce($title, $discription, $url, $picurl){
    return $this->response(array(func_get_args()), self::MSG_TYPE_NEWS);
}
```

修改 IndexController.class.php 文件中的 configToken()方法，可以实现根据用户发送的不同文本消息判断返回单条图文消息还是多条图文消息。这里的核心代码如下：

```
……
elseif($this->data['MsgType'] == 'text' && $this->data['Content'] == 'allnews')
{
    // 多个图文信息
    $wx->replyNews(
        array(
            '测试文章标题 1',
            '测试文章内容 1',
            'http://www.baidu.com',
            'http://180.76.163.174/wxmsg/Muisc/logo.jpeg'
        ),
        array(
            '测试文章标题 2',
```

```
                '测试文章内容 2',
                'http://www.baidu.com',
                'http://180.76.163.174/wxmsg/Muisc/logo.jpeg'
            ),
            array(
                '测试文章标题 3',
                '测试文章内容 3',
                'http://www.baidu.com',
                'http://180.76.163.174/wxmsg/Muisc/logo.jpeg'
            )
        );
    }
    elseif($this->data['MsgType'] == 'text' && $this->data['Content'] == 'news')
    {
        // 单个图文信息
        $wx->replyNewsOnce(
                '测试文章标题',
                '测试文章内容',
                'http://www.baidu.com',
                'http://180.76.163.174/wxmsg/Muisc/logo.jpeg'
            );
    }
    ......
```

注意

单次回复的图文消息最多包含 10 条记录。

7.3 思考与练习

通过本章的学习，读者了解了如何在第三方服务器接收与回复微信公众平台发送的消息，实现了 PHP 的基础消息处理类。学习完成后请思考与练习以下内容。

思考：除了在收藏中可以给微信公众平台发送链接消息之外，还可以使用何种方式？

练习：尝试把配置 Token 接口验证的方法自行集成到 WxBase 基础消息处理类中。

第 8 章
微信公众平台自定义菜单

通过上一章的学习，开发者可以通过微信公众平台所提供的高级接口来接收和回复用户发送的消息，通过对消息内容和消息类型的判断，可以实现不同的业务需求。本章将进一步探讨如何使用高级接口实现自定义菜单的创建、查询和删除，同时掌握微信公众平台菜单功能的不同事件机制及相应使用办法。

本章主要涉及的知识点有：

❑ 自定义菜单类型：掌握微信公众平台提供的可以自定义的菜单类型和种类。
❑ 创建、查看和删除自定义菜单：掌握如何使用高级接口实现自定义菜单的创建、查看和删除。
❑ 自定义菜单事件推送：掌握如何监听和处理常见的菜单事件，如 click、view 等。

8.1　自定义菜单概述

本节讲解自定义菜单的类型和使用自定义菜单时的注意事项，帮助用户快速了解微信公众平台的自定义菜单的相关机制。

8.1.1　自定义菜单类型

用户在微信公众平台管理后台，可以非常方便地为订阅号、服务号添加菜单。而一旦开启了开发者模式，管理后台预先定义好的菜单规则就会被清除。而此时若需要继续使用微信公众平台的菜单系统，就必须使用高级接口（或者微信公众平台开发者调试工具）来自定义菜单。常见的微信公众平台用户菜单如图 8.1 所示。

图 8.1　常见的微信公众平台用户菜单

自定义菜单的相关接口可以实现多种类型的按钮，其中最常使用的有 click 和 view 两种，这两种类型对各个版本的微信客户端都支持良好。对它们的说明与介绍见表 8.1。

表 8.1   click 与 view 菜单类型说明

菜单类型	菜单说明
click	单击推事件。用户单击 click 类型按钮后，微信服务器会通过消息接口推送消息类型为 event 的结构给开发者（参考消息接口指南），并且带上按钮中开发者填写的 key 值，开发者可以通过自定义的 key 值与用户进行交互
view	跳转 URL。用户单击 view 类型按钮后，微信客户端将会打开开发者在按钮中填写的网页 URL，可与网页授权获取用户基本信息接口结合，获得用户基本信息

除了常见的菜单类型，在较新的微信客户端版本上，微信公众平台提供了更多类型的菜单可以使用。不同类型菜单的说明与介绍见表 8.2。

表 8.2   不同类型的菜单说明

菜单类型	菜单说明
scancode_push	扫码推事件。用户单击按钮后，微信客户端将调起扫一扫工具，完成扫码操作后显示扫描结果（如果是 URL，将进入 URL），且会将扫码的结果传给开发者，开发者可以下发消息
scancode_waitmsg	扫码推事件且弹出"消息接收中"提示框。用户单击按钮后，微信客户端将调起扫一扫工具，完成扫码操作后，将扫码的结果传给开发者，同时收起扫一扫工具，然后弹出"消息接收中"提示框，随后可能会收到开发者下发的消息
pic_sysphoto	弹出系统拍照发图。用户单击按钮后，微信客户端将调起系统相机，完成拍照操作后，会将拍摄的相片发送给开发者，并推送事件给开发者，同时收起系统相机，随后可能会收到开发者下发的消息
pic_photo_or_album	弹出拍照或者相册发图。用户单击按钮后，微信客户端将弹出选择器供用户选择"拍照"或者"从手机相册选择"。用户选择后即走其他两种流程
pic_weixin	弹出微信相册发图器。用户单击按钮后，微信客户端将调起微信相册，完成选择操作后，将选择的相片发送给开发者的服务器，并推送事件给开发者，同时收起相册，随后可能会收到开发者下发的消息
location_select	弹出地理位置选择器。用户单击按钮后，微信客户端将调起地理位置选择工具，完成选择操作后，将选择的地理位置发送给开发者的服务器，同时收起位置选择工具，随后可能会收到开发者下发的消息
media_id	下发消息（除文本消息）。用户单击 media_id 类型按钮后，微信服务器会将开发者填写的永久素材 ID 对应的素材下发给用户，永久素材类型可以是图片、音频、视频、图文消息。请注意：永久素材 ID 必须是在"素材管理/新增永久素材"接口上传后获得的合法 ID
view_limited	跳转图文消息 URL。用户单击 view_limited 类型按钮后，微信客户端将打开开发者在按钮中填写的永久素材 ID 对应的图文消息 URL，永久素材类型只支持图文消息。请注意：永久素材 ID 必须是在"素材管理/新增永久素材"接口上传后获得的合法 ID

自定义菜单最多包括 3 个一级菜单，每个一级菜单最多包含 5 个二级菜单。一级菜单最多 4 个汉字，二级菜单最多 7 个汉字，多出来的部分将会以"…"代替。

8.1.2　PHP 基础框架搭建

为了方便开发，本章继续沿用 OneThink 开发框架。在本地根目录安装完成名为"wxmenu"的开发项目，在 Application 下新增 Wechat 模块目录。

Wechat 目录结构与上一章中 wxmsg 的 Wechat 模块结构保持一致。除了基础控制器和首页控制器外，引入 WxBase.class.php 类库实现对消息处理的基本支持。Wechat 项目基本结构如图 8.2 所示。

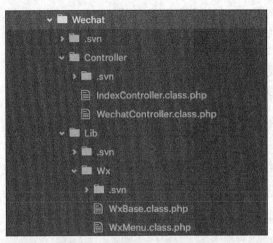

图 8.2　Wechat 项目基本结构

在 Wx 目录下新增 WxMenu.class.php 类文件，提供对自定义菜单的相关操作。

8.1.3　获取通用 access_token

在使用微信公众平台的高级接口前，首先需要获取通用的 access_token，获取方法和缓存方法在前面已有详细介绍，本小节将直接展示如何在 WxMenu.class.php 类库中定义和使用。这里的核心代码如下：

```php
class WxMenu
{
    // 定义 access_token 为属性
    private $access_token = null;
    // 构造函数传入 appid 等应用信息
    public function __construct($appid , $appsecret)
    {
        if(!$appid || !$appsecret)
        {
            exit('Param Error!');
        }
        // 获取 access_token 并给类属性赋值
        $this->access_token = self::getAccessTokenByAppInfo($appid , $appsecret);
    }

    // 获取 access_token 并缓存
    private static function getAccessTokenByAppInfo($appid , $appsecret)
    {
```

```
            if($appid && $appsecret)
            {
                // 查找本地是否存在缓存的 access_token
                $cache_info = file_get_contents('./access_token.json');
                $cache_info_arr = json_decode($cache_info , true);
                // 查看本地缓存的 access_token 是否过期
                if((time() - $cache_info_arr['create_time']) < 3600)
                {
                    return $cache_info_arr['access_token'];
                }
                else
                {
                    // 通过微信公众平台接口获取 access_token
                    $url                                                    =
'https://api.weixin.qq.com/cgi-bin/token?grant_type=client_credential&appid='.$appid.'&
secret='.$appsecret;
                    $return = file_get_contents($url);
                    $access_token_arr = json_decode($return , true);
                    $access_token_arr['create_time'] = time();
                    // 把 access_token 写入到文件缓存

    file_put_contents('./access_token.json',json_encode($access_token_arr));
                    return $access_token_arr['access_token'];
                }
            }
            return false;
        }
        // 获取 access_token
        public function getAccessToken()
        {
            return $this->access_token;
        }
    }
```

在 IndexController.class.php 控制器中新增方法 showAccessToken()，引入 WxMenu 类后获取 access_token。这里的核心代码如下：

```
//获取 access_token
public function showAccessToken()
{
    import('@.Lib.Wx.WxMenu');
    $wx = new \WxMenu(APP_ID , APP_SECRET);
    dump($wx->getAccessToken());
}
```

执行方法在浏览器中可以查看，成功获取的 access_token 如下：

```
XugoYBPgVxofPtq_ifstNZjLZfjKPwgiJ2n-15qcSJqjYm_Rx1NtJWgTEjquqP-3H5ZD_c8hJMnKoRki4aU
GyHS4z9Igwxu_yQbz6-SCX1AAQUgAGAIYC
```

为了方便演示，本实例把 access_token 缓存在根目录（access_token.json 文件），有较高的安全风险，建议生产项目中缓存在数据库或者内存缓存中。

8.2 创建、查看与删除自定义菜单

在完成了基础 PHP 框架类库的搭建和 access_token 的获取后，本小节继续讲解如何使用 PHP CURL 进行菜单的创建、查看与删除等操作。

8.2.1 自定义菜单格式

获得 access_token 信息后就可以通过高级接口来创建菜单了。其中创建菜单的接口地址如下：
`https://api.weixin.qq.com/cgi-bin/menu/create?access_token=ACCESS_TOKEN`。

除了在 URL 上带上 access_token 外，还需要以 POST 的方式发送请求数据。数据为 JSON 格式，格式例子如下：

```
{
"button":[
    {
        "type":"click",
        "name":"今日歌曲",
        "key":"V1001_TODAY_MUSIC"
    },
    {
        "name":"菜单",
        "sub_button":[
        {
            "type":"view",
            "name":"搜索",
            "url":"http://www.soso.com/"
        },
        {
            "type":"view",
            "name":"视频",
            "url":"http://v.qq.com/"
        },
        {
            "type":"click",
            "name":"赞一下我们",
            "key":"V1001_GOOD"
        }
        ]
    }]
}
```

其中 JSON 格式说明见表 8.3。

表 8.3   创建自定义菜单 JSON 数据字段说明

参数	是否必须	说明
button	是	一级菜单数组，个数应为 1~3 个
sub_button	否	二级菜单数组，个数应为 1~5 个

参数	是否必须	说明
type	是	菜单的响应动作类型
name	是	菜单标题，不超过 16 个字节，子菜单不超过 60 个字节
key	click 等单击类型必须	菜单 key 值，用于消息接口推送，不超过 128 字节
url	view 类型必须	网页链接，用户点击菜单可打开链接，不超过 1024 字节
media_id	media_id 类型和 view_limited 类型必须	调用新增永久素材接口返回的合法 media_id

8.2.2　使用 PHP CURL 创建菜单

为了实现此功能，继续完善 WxMenu.class.php 类库，新增 createMenu()方法来实现菜单的创建操作，核心代码如下：

```
// 创建菜单
public function createMenu($data)
{
    $ch = curl_init();
    curl_setopt($ch,                                    CURLOPT_URL,
"https://api.weixin.qq.com/cgi-bin/menu/create?access_token=".$this->access_token);
    curl_setopt($ch, CURLOPT_CUSTOMREQUEST, "POST");
    curl_setopt($ch, CURLOPT_SSL_VERIFYPEER, FALSE);
    curl_setopt($ch, CURLOPT_SSL_VERIFYHOST, FALSE);
    curl_setopt($ch, CURLOPT_USERAGENT, 'Mozilla/5.0 (compatible; MSIE 5.01; Windows
NT 5.0)');
    curl_setopt($ch, CURLOPT_FOLLOWLOCATION, 1);
    curl_setopt($ch, CURLOPT_AUTOREFERER, 1);
    curl_setopt($ch, CURLOPT_POSTFIELDS, $data);
    curl_setopt($ch, CURLOPT_RETURNTRANSFER, true);
    $return = curl_exec($ch);
    if (curl_errno($ch)) {
        return curl_error($ch);
    }
    curl_close($ch);
    return $return;
}
```

代码中使用的 CURL 是一个非常强大的开源库，支持很多协议（包括 HTTP、FTP、TELNET 等），用户可以使用它来发送 HTTP 请求。使用 CURL 的好处是可以通过灵活的选项设置不同的 HTTP 协议参数，并且支持 HTTPS。

使用 CURL 的 PHP 扩展完成一个 HTTP 请求的发送一般有以下 4 个步骤：

（1）初始化连接句柄。

（2）设置 CURL 选项。

（3）执行并获取结果。

（4）释放 VURL 连接句柄。

其中，初始化连接句柄的方法如下：

```
$ch = curl_init();
```

设置请求方式、请求地址和请求数据等的代码如下：

```
curl_setopt($ch,                                                    CURLOPT_URL,
"https://api.weixin.qq.com/cgi-bin/menu/create?access_token=".$this->access_token);
    curl_setopt($ch, CURLOPT_CUSTOMREQUEST, "POST");
    curl_setopt($ch, CURLOPT_SSL_VERIFYPEER, FALSE);
    curl_setopt($ch, CURLOPT_SSL_VERIFYHOST, FALSE);
    curl_setopt($ch, CURLOPT_USERAGENT, 'Mozilla/5.0 (compatible; MSIE 5.01; Windows NT
5.0)');
    curl_setopt($ch, CURLOPT_FOLLOWLOCATION, 1);
    curl_setopt($ch, CURLOPT_AUTOREFERER, 1);
    curl_setopt($ch, CURLOPT_POSTFIELDS, $data);
    curl_setopt($ch, CURLOPT_RETURNTRANSFER, true);
```

执行获取结果并释放连接句柄的代码如下：

```
$return = curl_exec($ch);
if (curl_errno($ch)) {
    return curl_error($ch);
}
curl_close($ch);
```

在 IndexController.class.php 文件中新增 menu()方法，引入 WxMenu 类库和并进行菜单的创建操作，核心代码如下：

```
// 创建/查看/删除 菜单
public function menu()
{
    $data = '{
    "button":[
        {
            "type":"view",
            "name":"百度",
            "url":"http://www.baidu.com/"
        },
        {
            "type":"view",
            "name":"新浪",
            "url":"http://www.sina.com.cn/"
        },
        {
            "type":"view",
            "name":"网易",
            "url":"http://www.163.com/"
        },
    ]}';
    import('@.Lib.Wx.WxMenu');
    $wx = new \WxMenu(APP_ID , APP_SECRET);
    dump($wx->createMenu($data));
}
```

在本地浏览器中执行 menu()方法后，可以看到在微信公众平台测试号中已经成功创建了自定义菜单。创建成功的提示效果如图 8.3 所示。

```
string(27) "{"errcode":0,"errmsg":"ok"}"
```

图 8.3　成功创建自定义菜单

若因为参数错误而导致请求失败，接口会返回不同的错误值，例如：

```
{"errcode":40018,"errmsg":"invalid button name size"}
```

在微信公众平台测试号中，自定义菜单效果如图 8.4 所示。

图 8.4　在公众平台中查看自定义菜单

创建自定义菜单后，菜单的刷新策略是，在用户进入公众号会话页或公众号 profile 页时，如果发现上一次拉取菜单的请求在 5 分钟以前，就会拉取一下菜单，如果菜单有更新，就会刷新客户端的菜单。测试时可以尝试取消关注公众账号后再次关注，则可以看到创建后的效果。

8.2.3　查询自定义菜单

通过接口创建完成自定义菜单后，可以使用高级接口获取当前公众平台的菜单规则。高级接口访问方式如下：

```
http 请求方式：GET
https://api.weixin.qq.com/cgi-bin/menu/get?access_token=ACCESS_TOKEN
```

和创建自定义菜单不同的是，访问查询菜单接口只需要发送 GET 请求即可，所以只需要使用 file_get_contents()系统函数就可以满足需求。继续扩展 WxMenu 类，新增获取菜单方法 getMenu()，实现代码如下：

```
//获取菜单
public function getMenu(){
    $return
file_get_contents("https://api.weixin.qq.com/cgi-bin/menu/get?access_token=".$this->access_
token);
    return json_decode($return , true);
}
```

需要注意的是，微信高级接口返回的都是 JSON 格式数据，而为了方便在 getMenu()方法中直接使用 json_decode()函数，要把接口返回值转换为 PHP 常用的数据类型。

在 IndexController.class.php 控制器中新增方法 getWxMenu()来测试获取菜单功能，核心代码如下：

```
// 获取当前公众号的菜单规则
public function getWxMenu()
{
    import('@.Lib.Wx.WxMenu');
    $wx = new \WxMenu(APP_ID , APP_SECRET);
    dump($wx->getMenu($data));
}
```

在浏览器中执行 getWxMenu()方法后，菜单信息如图 8.5 所示。

```
array(1) {
  ["menu"] => array(1) {
    ["button"] => array(3) {
      [0] => array(4) {
        ["type"] => string(4) "view"
        ["name"] => string(6) "百度"
        ["url"] => string(21) "http://www.baidu.com/"
        ["sub_button"] => array(0) {
        }
      }
      [1] => array(4) {
        ["type"] => string(4) "view"
        ["name"] => string(6) "新浪"
        ["url"] => string(23) "http://www.sina.com.cn/"
        ["sub_button"] => array(0) {
        }
      }
      [2] => array(4) {
        ["type"] => string(4) "view"
        ["name"] => string(6) "网易"
        ["url"] => string(19) "http://www.163.com/"
        ["sub_button"] => array(0) {
        }
      }
    }
  }
}
```

图 8.5 获取微信公众平台的菜单信息

8.2.4 删除自定义菜单

若需要删除所有的自定义菜单，可以使用以下接口：

```
http 请求方式：GET
https://api.weixin.qq.com/cgi-bin/menu/delete?access_token=ACCESS_TOKEN
```

扩展 WxMenu 类，新增 deleteMenu() 方法，核心代码如下：

```
//删除菜单
function deleteMenu(){
    $return                                                            =
file_get_contents("https://api.weixin.qq.com/cgi-bin/menu/delete?access_token=".$this->
access_token);
    return json_decode($return , true);
}
```

在 IndexContrller.class.php 控制器中新增删除菜单方法 delWxMenu()，实现代码如下：

```
// 删除当前公众号的菜单规则
public function delWxMenu()
{
    import('@.Lib.Wx.WxMenu');
    $wx = new \WxMenu(APP_ID , APP_SECRET);
    dump($wx->deleteMenu($data));
}
```

在浏览器中执行 delWxMenu() 方法后，删除成功效果如图 8.6 所示。

```
array(2) {
  ["errcode"] => int(0)
  ["errmsg"] => string(2) "ok"
}
```

图 8.6 成功删除自定义菜单

删除接口会删除所有的自定义菜单，使用前请自行备份相关信息。

8.3　实践自定义菜单事件推送

在开发者模式下，用户使用菜单触发的相应事件都会触发微信公众平台服务器的消息推送，本节将讲解常见的菜单事件推送。

8.3.1　单击菜单获取图文音乐消息

当自定义菜单中有 click 类型的菜单，用户单击此菜单的时候，微信公众平台服务器会接收事件状态并转发给开发者的第三方服务器，请求的格式为如下 XML：

```xml
<xml>
<ToUserName><![CDATA[toUser]]></ToUserName>
<FromUserName><![CDATA[FromUser]]></FromUserName>
<CreateTime>123456789</CreateTime>
<MsgType><![CDATA[event]]></MsgType>
<Event><![CDATA[CLICK]]></Event>
<EventKey><![CDATA[EVENTKEY]]></EventKey>
</xml>
```

参数说明见表 8.4。

表 8.4　　　　　　　　　　　　单击菜单事件推送格式包说明

参数	描述
ToUserName	开发者微信号
FromUserName	发送方账号（一个 OpenID）
CreateTime	消息创建时间 （整型）
MsgType	消息类型，event
Event	事件类型，click
EventKey	事件 key 值，与自定义菜单接口中 key 值对应

第三方服务器在收到消息中的 Event 和 EventKey 字段值后，就可以进行相应的判断和业务逻辑实现。

当用户单击"新闻"和"音乐"菜单按钮后，微信公众平台回复的不同消息类型的效果如图 8.7 所示。

因为要处理微信公众平台推送过来的 XML 消息，所以这里就用到了上一章中实现的 WxBase 消息处理类。在 IndexController.class.php 类中的 configToken()方法中实现 Token 的验证和 WxBase 处理类的集成。

首先定义并创建自定义菜单方法 myMenu()，菜单事件类型都为 click，事件唯一标识 key 值分别为 "news" 和 "music"，代码如下：

```php
public function myMenu()
{
```

图 8.7　单击不同菜单按钮返回不同
类型消息

```
    $data = '{
    "button":[
        {
            "type":"click",
            "name":"新闻",
            "key":"news"
        },
        {
            "type":"click",
            "name":"音乐",
            "key":"music"
        }
    ]}';
    import('@.Lib.Wx.WxMenu');                     // 引入菜单处理类
    $wx = new \WxMenu(APP_ID , APP_SECRET);        // 实例化菜单处理类
    dump($wx->createMenu($data));                  // 执行菜单创建方法
}
```

菜单创建成功后，接收消息推送和逻辑处理的实现代码在 configToken() 方法中定义：

```
// CLICK 事件处理
if($this->data['MsgType'] == 'event' && $this->data['Event'] == 'CLICK')  //事件判断
{
    if($this->data['EventKey'] == 'news')                                //新闻判断
    {
        // 单个图文信息
        $wx->replyNewsOnce(
            '测试文章标题',
            '测试文章内容',
            'http://www.baidu.com',
            'http://180.76.163.174/wxmsg/Muisc/logo.jpeg'
        );
    }
    if($this->data['EventKey'] == 'music')                               //音乐判断
    {
        $wx->replyMusic(
            'yongforyou 音乐',                                           //标题
            'yongforyou 描述',                                          //描述
            'http://180.76.163.174/wxmsg/Muisc/YoungForYouMP3.mp3',     //普通音质
            'http://180.76.163.174/wxmsg/Muisc/YoungForYouMP3.mp3',     //高品质音乐
'VJNC9Q2aF0c4BybGRpEFprHm6JEnBR2b_u0BXuVLcwnSBzGSSxWoX6aT02VDU1bT'
        );
    }
}
```

8.3.2　点击菜单页面跳转访问量统计

当自定义菜单类型为 view 的时候，微信公众平台服务器会把菜单的事件类型（view）和 URL
访问地址一并发送到第三方服务器。消息格式如下：

```
<xml>
<ToUserName><![CDATA[toUser]]></ToUserName>
<FromUserName><![CDATA[FromUser]]></FromUserName>
<CreateTime>123456789</CreateTime>
```

```
<MsgType><![CDATA[event]]></MsgType>
<Event><![CDATA[VIEW]]></Event>
<EventKey><![CDATA[www.qq.com]]></EventKey>
<MenuId>MENUID</MenuId>
</xml>
```

参数说明见表 8.5。

表 8.5 访问菜单事件推送格式包说明

参数	描述
ToUserName	开发者微信号
FromUserName	发送方账号（一个 OpenID）
CreateTime	消息创建时间 （整型）
MsgType	消息类型，event
Event	事件类型，view
EventKey	事件 key 值，设置的跳转 URL
MenuID	指菜单 ID，如果是个性化菜单，则可以通过这个字段，知道是哪个规则的菜单被单击了

本小节通过获取到事件推送消息中的 URL 地址信息和本地文件操作,实现菜单按钮访问量的统计，效果如图 8.8 所示。

```
stdClass Object
(
    [url] => http://www.baidu.com
    [pv] => 12
)
```

图 8.8 通过 view 事件消息推送统计菜单访问量

首先，重写 IndexController.class.php 控制器文件中的 myMenu()方法，修改微信公众平台测试号的菜单为 view 类型。这里的代码如下：

```php
// 创建/查看/删除 菜单
public function myMenu()
{
    $data = '{
    "button":[
        {
            "type":"view",
            "name":"查看新闻",
            "url":"http://www.baidu.com"
        }
    ]}';
    import('@.Lib.Wx.WxMenu');
    $wx = new \WxMenu(APP_ID , APP_SECRET);
    dump($wx->createMenu($data));
}
```

其次，在 configToken()方法里面新增的对 view 类型事件进行处理的代码如下：

```php
//View 事件处理
if($this->data['MsgType'] == 'event' && $this->data['Event'] == 'VIEW')
```

```
{
    // 读取本地文件存储的访问量统计数据
    $view_info = file_get_contents('./website_pv_count.json');
    $new_arr['url'] = $this->data['EventKey'];
    $view_arr = json_decode($view_info , true);
    // 若存在则 pv 访问量增加 1，若不存在则写入默认值
    if($view_info !== false)
    {
        $new_arr['pv'] = $view_arr['pv'] + 1;
    }
    else
    {
        $new_arr['pv'] = 1;
    }
    // 把访问量统计写入到本地
    file_put_contents('./website_pv_count.json', json_encode($new_arr));
}
```

当用户单击了菜单访问按钮后，系统根据事件类型判断先找到本地是否有存储的访问量统计文件：

```
$view_info = file_get_contents('./website_pv_count.json');
```

再把统计数据进行累加或者初始化：

```
if($view_info !== false)
{
    $new_arr['pv'] = $view_arr['pv'] + 1;
}
else
{
    $new_arr['pv'] = 1;
}
```

然后更新本地的统计信息存储文件：

```
file_put_contents('./website_pv_count.json', json_encode($new_arr));
```

增加 showWebSitePv() 方法后，可以方便地在浏览器查看相应的统计数据：

```
// 查看网址访问量
public function showWebSitePv()
{
    header('Content-type:text/html;charset=utf-8');
    echo "<pre>";
    print_r(json_decode(file_get_contents('./website_pv_count.json')));
    die;
}
```

如果需要统计更多维度的用户访问信息，建议存储到 MySQL 数据库。

8.3.3　扫码事件消息推送

扫码事件推送主要包括以下两种：

❑ scancode_push：用户完成扫描后，系统会自动跳转访问二维码保存的地址信息。同时服

务器会向第三方发送事件消息推送。

- □ scancode_waitmsg：用户访完成扫描后，系统会弹出"消息接收中"提示框。同时服务器会向第三方发送事件消息推送。

scancode_push 推送 XML 数据包示例如下：

```
<xml><ToUserName><![CDATA[gh_e136c6e50636]]></ToUserName>
<FromUserName><![CDATA[oMgHVjngRipVsoxg6TuX3vz6glDg]]></FromUserName>
<CreateTime>1408090502</CreateTime>
<MsgType><![CDATA[event]]></MsgType>
<Event><![CDATA[scancode_push]]></Event>
<EventKey><![CDATA[6]]></EventKey>
<ScanCodeInfo><ScanType><![CDATA[qrcode]]></ScanType>
<ScanResult><![CDATA[1]]></ScanResult>
</ScanCodeInfo>
```

scancode_push 数据包的参数说明见表 8.6。

表 8.6　　scancode_push 扫码事件推送格式包说明

参数	描述
ToUserName	开发者微信号
FromUserName	发送方账号（一个 OpenID）
CreateTime	消息创建时间 （整型）
MsgType	消息类型，event
Event	事件类型，scancode_push
EventKey	事件 key 值，由开发者在创建菜单时设定
ScanCodeInfo	指菜单 ID，如果是个性化菜单，则可以通过这个字段，知道是哪个规则的菜单被单击了
ScanType	扫描类型，一般是 qrcode
ScanResult	扫描结果，即二维码对应的字符串信息

scancode_waitmsg 推送 XML 数据包示例如下：

```
<xml><ToUserName><![CDATA[gh_e136c6e50636]]></ToUserName>
<FromUserName><![CDATA[oMgHVjngRipVsoxg6TuX3vz6glDg]]></FromUserName>
<CreateTime>1408090606</CreateTime>
<MsgType><![CDATA[event]]></MsgType>
<Event><![CDATA[scancode_waitmsg]]></Event>
<EventKey><![CDATA[6]]></EventKey>
<ScanCodeInfo><ScanType><![CDATA[qrcode]]></ScanType>
<ScanResult><![CDATA[2]]></ScanResult>
</ScanCodeInfo>
</xml>
```

scancode_waitmsg 数据包的参数说明见表 8.7。

表 8.7　　scancode_waitmsg 扫码事件推送格式包说明

参数	描述
ToUserName	开发者微信号
FromUserName	发送方账号（一个 OpenID）

续表

参数	描述
CreateTime	消息创建时间 （整型）
MsgType	消息类型，event
Event	事件类型，scancode_waitmsg
EventKey	事件 key 值，由开发者在创建菜单时设定
ScanCodeInfo	指菜单 ID，如果是个性化菜单，则可以通过这个字段，知道是哪个规则的菜单被单击了
ScanType	扫描类型，一般是 qrcode
ScanResult	扫描结果，即二维码对应的字符串信息

以 scancode_waitmsg 事件推送为例，实现当用户完成扫码后主动提示用户"扫码成功"消息，如图 8.9 所示。

图 8.9　扫码成功提示消息

找到 IndeController.class.php 控制器文件，修改 configToken()方法，新增以下代码：

```php
// 扫码事件处理
if($this->data['MsgType'] == 'event' && $this->data['Event'] == 'scancode_waitmsg')
{
    if($this->data['EventKey'] == 'show_success' )
    {
        $wx->replyText('扫码成功！');
    }
}
```

创建两种推送的菜单 JSON 格式如下：

```json
{
    "name": "扫码",
    "sub_button": [
        {
            "type": "scancode_waitmsg",
            "name": "扫码带提示",
```

```
                "key": "show_success",
                "sub_button": [ ]
            },
            {

                "type": "scancode_push",
                "name": "扫码推事件",
                "key": "rselfmenu_0_1",
                "sub_button": [ ]
            }
        ]
    },
```

8.3.4　发送图片事件消息推送

触发发送图片消息事件推送主要有以下 3 种菜单类型：

❏　pic_sysphoto：弹出系统拍照发图的事件推送。

❏　pic_photo_or_album：弹出拍照或者相册发图的事件推送。

❏　pic_weixin：弹出微信相册发图器的事件推送。

以上 3 种不同的菜单，用户使用中只是图片选择的途径不同，最终发送给微信公众平台的都是图片类型格式，所以微信公众平台推送的也就是图片消息类型格式，如图 8.10 所示。

```
stdClass Object
(
    [ToUserName] => gh_543a380885e7
    [FromUserName] => ocmElwVcKCAOqGRRivalmJ
    [CreateTime] => 1472712116
    [MsgType] => image
    [PicUrl] => http://mmbiz.qpic.cn/mmbiz_j
    [MsgId] => 6325250375055981771
    [MediaId] => pCgVFyh3eNH_QkY0IjKyJTNP-yl
)
```

图 8.10　接收图片类型消息数据

其中，创建菜单的 JSON 格式代码如下：

```
{
    "name": "发图",
    "sub_button": [
    {
        "type": "pic_sysphoto",
        "name": "系统拍照发图",
        "key": "rselfmenu_1_0",
        "sub_button": [ ]
    },
    {
        "type": "pic_photo_or_album",
        "name": "拍照或者相册发图",
        "key": "rselfmenu_1_1",
        "sub_button": [ ]
    },
    {
        "type": "pic_weixin",
        "name": "微信相册发图",
        "key": "rselfmenu_1_2",
```

```
            "sub_button": [ ]
        }
    ]
},
```

8.3.5 地理位置选择事件消息推送

若需要用户使用菜单直接弹出地理选择器，则需要定义菜单类型为 location_select，菜单创建格式代码如下：

```
{
    "name": "发送位置",
    "type": "location_select",
    "key": "rselfmenu_2_0"
}
```

其中，事件推送给第三方服务器的 XML 格式消息示例如下：

```
<xml><ToUserName><![CDATA[gh_e136c6e50636]]></ToUserName>
<FromUserName><![CDATA[oMgHVjngRipVsoxg6TuX3vz6glDg]]></FromUserName>
<CreateTime>1408091189</CreateTime>
<MsgType><![CDATA[event]]></MsgType>
<Event><![CDATA[location_select]]></Event>
<EventKey><![CDATA[6]]></EventKey>
<SendLocationInfo><Location_X><![CDATA[23]]></Location_X>
<Location_Y><![CDATA[113]]></Location_Y>
<Scale><![CDATA[15]]></Scale>
<Label><![CDATA[ 广州市海珠区客村艺苑路 106 号]]></Label>
<Poiname><![CDATA[]]></Poiname>
</SendLocationInfo>
</xml>
```

参数说明见表 8.8。

表 8.8　　　　　　　　　　　　　　地理选择器事件推送格式包说明

参数	描述
ToUserName	开发者微信号
FromUserName	发送方账号（一个 OpenID）
CreateTime	消息创建时间 （整型）
MsgType	消息类型，event
Event	事件类型，location_select
EventKey	事件 key 值，由开发者在创建菜单时设定
SendLocationInfo	发送的位置信息
Location_X	X 坐标信息
Location_Y	Y 坐标信息
Scale	精度，可理解为精度或者比例尺，越精细则 scale 越高
Label	地理位置的字符串信息
Poiname	朋友圈 POI 的名字，可能为空

发送地理位置信息到微信公众平台的效果如图 8.11 所示。

图 8.11　通过菜单选择并发送地理位置信息

8.4　思考与练习

本章介绍了自定义菜单的各方面知识，学习完成后请思考与练习以下内容。

思考：若自定义菜单内容更新频繁，如何有效合理地备份上一次菜单内容？

练习：为了方便管理，尝试把自定义菜单内容保存到数据库，创建菜单时直接使用数据库中的数据内容。

第9章

微信网页开发工具包 JS-SDK

在了解微信公众平台的自定义菜单机制后，本章继续介绍在微信开发中非常重要的网页开发库——JS-SDK。微信 JS-SDK 是微信公众平台面向网页开发者提供的，基于微信内的网页开发工具包。通过使用微信 JS-SDK，网页开发者可借助微信高效地使用拍照、选图、语音、位置等手机系统的能力，同时可以直接使用微信分享、扫一扫、卡券、支付等微信特有的能力，为微信用户提供更优质的网页体验。

本章主要涉及的知识点有：

❏ 基础配置：掌握在微信公众平台内配置域名等使用前的基础工作。
❏ 类库引入：掌握如何将 JS-SDK 相关类库集成到实际项目中去。
❏ 基础接口：掌握如何使用接口检测、页面分享和地理位置获取等接口。
❏ 图像接口：掌握如何使用微信上传、获取和下载等图像操作。

9.1 在项目中使用 JS-SDK

本节讲解如何在微信公众平台中配置域名，以及在项目中集成相应的 JS、PHP 类库，完成使用前的基础配置。

9.1.1 公众微信平台域名配置

在引入 JS-SDK 相应的类库前，需要先在微信公众平台的管理后台配置域名。首先在左侧功能菜单栏找到"设置"中的"公众号设置"按钮，如图 9.1 所示。

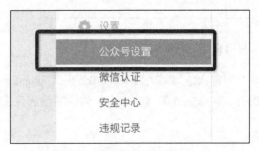

图 9.1 微信公众平台设置入口

单击"公众号设置"按钮后进入信息设置页面，找到并单击"功能设置"按钮，在页面下方可以看到 JS 接口安全域名设置的入口，如图 9.2 所示。

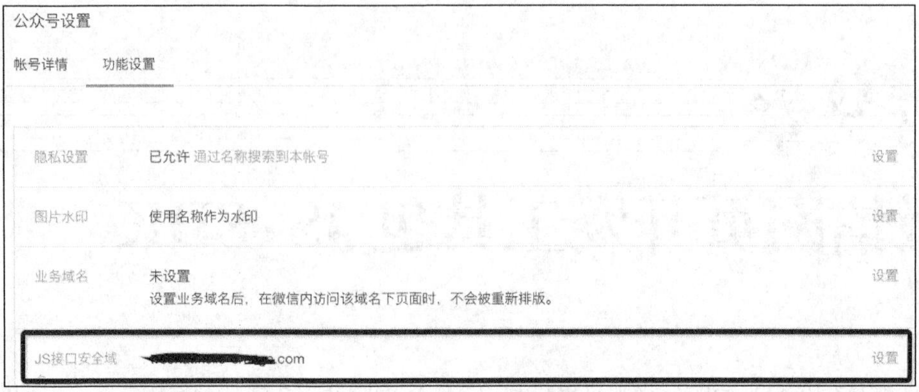

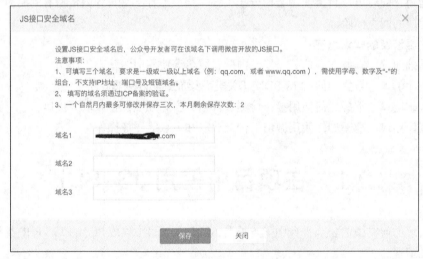

图 9.2　找到设置域名的入口

单击 JS 接口安全域一行的"设置"按钮，可以对安全域名进行设置，如图 9.3 所示。

图 9.3　设置 JS 安全域名

输入已备案的域名并单击"保存"按钮即可完成安全域名设置。

　　　　项目必须部署在安全域名下的服务器上才可以正常使用 JS-SDK 的相关功能。

9.1.2　引入 JS-SDK 的 JS 文件

首先使用 OneThink 框架创建本地测试项目 wxjssdk，在 Application 目录下新增 Wechat 项目，引入前几章讲解过的 WxBase、WxMenu 等基础类库文件，项目的目录结构如图 9.4 所示。

图 9.4　wxjssdk 项目 Wechat 模块结构

在 IndexController.class.php 控制器文件中定义 configToken()等 Token、消息处理方法后，新增 index()方法来演示 JS 类库的引入。这里的代码如下：

```
public function index()
{
    $this->display();
}
```

同时在 View 中新增 Index 目录和 index.html 文件，核心代码如下：

```
<!DOCTYPE html> <html>
<head>
<meta charset="UTF-8">
<meta name="viewport" content="width=device-width,initial-scale=1,user-scalable=0">
<title>WeUI</title>
<link rel="stylesheet" href="__PUBLIC__/static/weui.min.css"/>
<script src="__PUBLIC__/static/jquery-2.0.3.min.js"></script>
<script src="http://res.wx.qq.com/open/js/jweixin-1.0.0.js"></script>
</head>
<body>
</body>
</html>
```

其中，以下代码实现了 JS 文件的引入：

```
<script src="http://res.wx.qq.com/open/js/jweixin-1.0.0.js"></script>
```

除此之外，为了方便演示和开发，还引入了 jQuery 和 WeUI 类库文件。这里的核心代码如下：

```
<script src="__PUBLIC__/static/jquery-2.0.3.min.js"></script>
<script src="http://res.wx.qq.com/open/js/jweixin-1.0.0.js"></script>
```

其中，__PUBLIC__ 指的是项目根目录下的 Public 文件夹，其中存放着所有的前端静态文件（JavaScript、图片和 CSS 样式表等）。

注意

JS 类库文件支持使用 AMD/CMD 标准模块加载方法加载。

9.1.3　引入 PHP 类库并初始化配置信息

所有需要使用 JS-SDK 的页面必须先注入配置信息，否则将无法调用。所以在引入 JS 文件后，

使用前需要进行以下的接口权限验证,配置规范如下:

```
wx.config({
    debug: true, // 开启调试模式,调用的所有 API 的返回值会在客户端 alert 出来,若要查看传入的参
数,可以在 PC 端打开,参数信息会通过 log 打出,仅在 PC 端时才会打印
    appId: '',    // 必填,公众号的唯一标识
    timestamp: , // 必填,生成签名的时间戳
    nonceStr: '',// 必填,生成签名的随机串
    signature: ''// 必填,签名,见附录1
    jsApiList: []// 必填,需要使用的 JS 接口列表,所有 JS 接口列表见附录2
});
```

以上基础配置中,各个字段的信息可以通过 PHP 生成。其中,微信公众平台提供了 PHP 的 demo 实例,下载地址如图 9.5 所示。

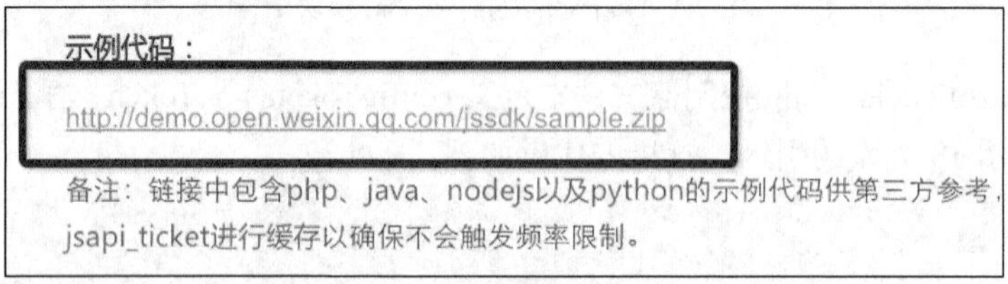

示例代码:

http://demo.open.weixin.qq.com/jssdk/sample.zip

备注:链接中包含php、java、nodejs以及python的示例代码供第三方参考,jsapi_ticket进行缓存以确保不会触发频率限制。

图 9.5　下载 PHP demo 示例文件

下载后解压,发现存在多个语言版本的类库,找到 PHP 目录下的文件 jssdk.php,修改为 WxJsSdk.class.php 文件(其中原 JSSDK 类名修改为 WxJsSdk),然后复制到 Wechat/Lib/Wx 目录下。

修改 IndexController.class.php 文件的 index()方法,引入 WxJsSdk 类文件,实例化对象并获取配置信息,核心代码如下:

```
public function index()
{
    import('@.Lib.Wx.WxJsSdk');
    $jssdk = new \WxJsSdk(APP_ID, APP_SECRET);        // 实例化对象
    $signPackage = $jssdk->GetSignPackage();          // 获取 wx 验证参数
    $this->assign('signPackage' , $signPackage);      // 变量置换
    $this->display();
}
```

修改 View/Index 下的 index.html 文件,把 PHP 类获得的配置信息置换到 JavaScript 代码中:

```
wx.config({
    debug: true,                              //开启调试模式
    appId: '<?php echo $signPackage["appId"];?>',
    timestamp: <?php echo $signPackage["timestamp"];?>,
    nonceStr: '<?php echo $signPackage["nonceStr"];?>',
    signature: '<?php echo $signPackage["signature"];?>',
    jsApiList: [
    // 所有要调用的 API 都要加到这个列表中
    'chooseImage',                              // 选择图片上传 API
    ]
});
wx.ready(function () {
// 在这里调用 API
});
```

完成 JS-SDK 的基本配置后,就可以使用 JS-SDK 接口相关的内容了。

9.2 JS–SDK 基础接口

本节主要讲解 JS-SDK 基础接口的配置和使用，其中包含了基础验证接口、各种分享接口和其他常用接口。

9.2.1 判断当前客户端版本是否支持指定 JS 接口

所有接口通过 wx 对象（也可使用 jWeixin 对象）来调用，参数是一个对象，除了每个接口本身需要传递的参数之外，还有以下通用参数：

❑ success：接口调用成功时执行的回调函数。

❑ fail：接口调用失败时执行的回调函数。

❑ complete：接口调用完成时执行的回调函数，无论成功或失败都会执行。

❑ cancel：用户点击取消时的回调函数，仅部分有用户取消操作的 API 才会用到。

❑ trigger：监听 Menu 中的按钮点击时触发的方法，该方法仅支持 Menu 中的相关接口。

若想了解当前微信客户端版本是否支持某个 JS 接口，可以在代码中使用以下代码：

```
wx.checkJsApi({
    jsApiList: ['chooseImage'], // 需要检测的 JS 接口列表，所有 JS 接口列表见附录 2，
    success: function(res) {
        // 以键值对的形式返回，可用的 API 值 true，不可用为 false
        // 如：{"checkResult":{"chooseImage":true},"errMsg":"checkJsApi:ok"}
    }
});
```

为了方便演示，本小节将实现用户单击按钮后提示是否支持图像接口的效果，如图 9.6 所示。

图 9.6 查看当前客户端是否支持某接口

为实现以上效果，修改 View/index 下的 index.html 文件，增加以下代码：

```
<a href="javascript:;" class="weui_btn weui_btn_primary show_api_status">查看 API 支持
状态</a>
```

```
<script>
$(function(){
    // 查看接口是否可用
    $('.show_api_status').click(function(){
        wx.checkJsApi({
        jsApiList: ['chooseImage'], // 需要检测的 JS 接口列表,监测图像接口是否可用
        success: function(res) {
            alert('chooseImage:' + res.errMsg);
        }
        });
    })
})
</script>
```

在微信公众平台中访问此页面,若用户单击"查看 API 支持状态"按钮后,弹出的 alert 警告框中包含以下提示字段信息,则说明当前客户端支持在 jsApiList 里面的接口:

```
checkJsApi:ok
```

其中使用了 WeUI 来定义按钮样式:

```
<a href="javascript:;" class="weui_btn weui_btn_primary show_api_status">查看 API 支持
状态</a>
```

 checkJsApi 接口是客户端 6.0.2 新引入的一个预留接口,第一期开放的接口均可不使用 checkJsApi 来检测。

9.2.2 自定义分享内容接口

目前用户可以通过多种途径对微信公众平台的网页进行分享,JS-SDK 提供了 5 种自定义分享内容的接口,包含:

❑ 分享到朋友圈:wx.onMenuShareTimeline 接口。

❑ 分享到微信好友:wx.onMenuShareAppMessage 接口。

❑ 分享到 QQ 客户端:wx.onMenuShareQQ 接口。

❑ 分享到腾讯微博客户端:wx.onMenuShareWeibo 接口。

❑ 分享到 QQ 空间:wx.onMenuShareQZone 接口。

其中接口的使用如下:

```
// 分享到朋友圈
wx.onMenuShareTimeline({
    title: '',          // 分享标题
    link: '',           // 分享链接
    imgUrl: '',         // 分享图标
    success: function () {
                        // 用户确认分享后执行的回调函数
    },
    cancel: function () {
                        // 用户取消分享后执行的回调函数
    }
});
// 分享到微信好友
wx.onMenuShareAppMessage({
```

```
        title: '',          // 分享标题
        desc: '',           // 分享描述
        link: '',           // 分享链接
        imgUrl: '',         // 分享图标
        type: '',           // 分享类型, music、video 或 link, 不填则默认为 link
        dataUrl: '',        // 如果 type 是 music 或 video, 则要提供数据链接, 默认为空
        success: function () {
                            // 用户确认分享后执行的回调函数
        },
        cancel: function () {
                            // 用户取消分享后执行的回调函数
        }
});
// 分享到 QQ
wx.onMenuShareQQ({
        title: '',          // 分享标题
        desc: '',           // 分享描述
        link: '',           // 分享链接
        imgUrl: '',         // 分享图标
        success: function () {
                            // 用户确认分享后执行的回调函数
        },
        cancel: function () {
                            // 用户取消分享后执行的回调函数
        }
});
//分享到腾讯微博
wx.onMenuShareWeibo({
        title: '',          // 分享标题
        desc: '',           // 分享描述
        link: '',           // 分享链接
        imgUrl: '',         // 分享图标
        success: function () {
                            // 用户确认分享后执行的回调函数
        },
        cancel: function () {
                            // 用户取消分享后执行的回调函数
        }
});
// 分享到 QQ 空间
wx.onMenuShareQZone({
        title: '',          // 分享标题
        desc: '',           // 分享描述
        link: '',           // 分享链接
        imgUrl: '',         // 分享图标
        success: function () {
                            // 用户确认分享后执行的回调函数
        },
        cancel: function () {
                            // 用户取消分享后执行的回调函数
        }
});
```

不要有诱导分享等违规行为，对于诱导分享行为将永久回收公众号接口权限。

9.2.3 实战：自定义分享网页给微信好友

因为自定义分享内容接口在使用上类似，所以本小节以分享页面给微信好友为例，讲解如何实现分享接口。

首先，在 IndexController.class.php 控制器文件中新增 share()方法，引入 WxJsSdk 类库并实例化，获取 JS-SDK 初始化参数信息后将变量置换到模板中。这里的核心代码如下：

```php
// 网页分享
public function share()
{
    import('@.Lib.Wx.WxJsSdk');
    $jssdk = new \WxJsSdk(APP_ID, APP_SECRET);        // 实例化对象
    $signPackage = $jssdk->GetSignPackage();          // 获取 wx 验证参数
    $this->assign('signPackage' , $signPackage);      // 变量置换
    $this->display();
}
```

在 View/Index 模板目录下，新增 index.html 文件，代码如下：

```html
<!DOCTYPE html>
<html>
<head>
<meta charset="UTF-8">
<meta name="viewport" content="width=device-width,initial-scale=1,user-scalable=0">
<title>WeUI</title>
<link rel="stylesheet" href="__PUBLIC__/static/weui.min.css"/>
<script src="__PUBLIC__/static/jquery-2.0.3.min.js"></script>
<script src="http://res.wx.qq.com/open/js/jweixin-1.0.0.js"></script>
</head>
<body style="padding:10px;">
    <h2>需要分享的页面内容</h2>
    <script>
    wx.config({
        debug: true,
        appId: '<?php echo $signPackage["appId"];?>',
        timestamp: <?php echo $signPackage["timestamp"];?>,
        nonceStr: '<?php echo $signPackage["nonceStr"];?>',
        signature: '<?php echo $signPackage["signature"];?>',
        jsApiList: [
        // 所有要调用的 API 都要加到这个列表中
        'onMenuShareAppMessage',   // 分享到微信好友
        ]
    });
    wx.ready(function () {
        // 在这里调用 API
        // 分享给微信好友
        wx.onMenuShareAppMessage({
            title: '分享到微信好友测试标题',          // 分享标题
```

```
                desc: '分享到微信好友测试内容',       // 分享描述
                link: 'http://www.qq.com',        // 分享链接
                imgUrl: 'http://wechat.hello-orange.com/wxmsg/Muisc/logo.jpeg', // 分享
图标
                type: 'link',                     // 分享类型，music、video 或 link，不填则默认
为 link
                dataUrl: '',                      // 如果 type 是 music 或 video，则要提供数据链
接，默认为空
                success: function () {
                    // 用户确认分享后执行的回调函数
                    alert('分享成功！');
                },
                cancel: function () {
                    // 用户取消分享后执行的回调函数
                    alert('取消了分享操作！');
                }
            });
        });
    </script>
</body>
</html>
```

在微信公众平台上访问页面后，进行分享操作，如图 9.7 所示。

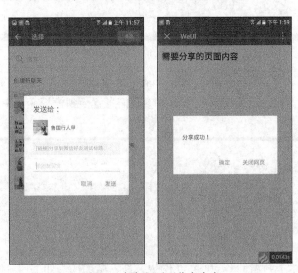

图 9.7　自定义页面分享内容

当用户分享成功后，会调用以下代码：

```
success: function () {
    // 用户确认分享后执行的回调函数
    alert('分享成功！');
},
```

若取消操作，则会调用以下代码：

```
cancel: function () {
    // 用户取消分享后执行的回调函数
    alert('取消了分享操作！');
}
```

9.2.4　获取网络状态

JS-SDK 提供了获取网络状态的接口，开发者可以根据不同的网络状态进行不同的业务逻辑处理。比如在页面下载时，可以通过判断用户网络是在无线局域网（Wi-Fi）下还是在蜂窝网络（2G/3G/4G）下，决定是否需要给予一定的提示等。

本小节实现通过接口获取当前网络连接状态的效果，如图 9.8 所示。

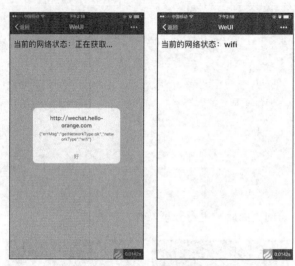

图 9.8　获取当前网络连接状态

为实现以上效果，首先在 IndexController.class.php 控制器文件中新增 network() 方法，然后引入 WxJsSdk 类库并实例化，最后将获取的配置参数信息置换到模板变量中。这里的代码如下：

```php
// 获取网络状态
public function network()
{
    import('@.Lib.Wx.WxJsSdk');
    $jssdk = new \WxJsSdk(APP_ID, APP_SECRET);      // 实例化对象
    $signPackage = $jssdk->GetSignPackage();        // 获取 wx 验证参数
    $this->assign('signPackage' , $signPackage);    // 变量置换
    $this->display();
}
```

在 View/Index 目录下新增 network.html 模板文件，增加代码如下：

```html
<!DOCTYPE html>
<html>
<head>
<meta charset="UTF-8">
<meta name="viewport" content="width=device-width,initial-scale=1,user-scalable=0">
<title>WeUI</title>
<link rel="stylesheet" href="__PUBLIC__/static/weui.min.css"/>
<script src="__PUBLIC__/static/jquery-2.0.3.min.js"></script>
<script src="http://res.wx.qq.com/open/js/jweixin-1.0.0.js"></script>
</head>
<body style="padding:10px;">
    <h2>当前的网络状态：<span id="show_info">正在获取...</span></h2>
    <script>
```

```
    wx.config({
        debug: true,
        appId: '<?php echo $signPackage["appId"];?>',
        timestamp: <?php echo $signPackage["timestamp"];?>,
        nonceStr: '<?php echo $signPackage["nonceStr"];?>',
        signature: '<?php echo $signPackage["signature"];?>',
        jsApiList: [
        //所有要调用的 API 都要加到这个列表中
        'getNetworkType', //获取设备连接状态
        ]
    });
    wx.ready(function () {
        // 在这里调用 API
        wx.getNetworkType({
            success: function (res) {
                var networkType = res.networkType; //返回网络类型 2g、3g、4g、Wi-Fi
                $('#show_info').html(networkType); //显示在页面中
            }
        });
    });
    </script>
</body>
</html>
```

其中页面显示代码如下：

```
<h2>当前的网络状态：<span id="show_info">正在获取...</span></h2>
```

获得状态并更改显示的代码如下：

```
var networkType = res.networkType;          //返回网络类型 2g、3g、4g、Wi-Fi
$('#show_info').html(networkType);          //显示在页面中
```

若页面消耗流量较多，可以在蜂窝数据网络连接下提示用户是否继续浏览。

9.2.5　获取与展示地理位置信息

借助 JS-SDK 开发者可以方便地获取用户当前所在的地理位置信息，同时也可以使用微信内置的地图查看实际的位置。

其中，获取地理位置信息的接口使用方式如下：

```
wx.getLocation({
        type: 'wgs84',                          // 默认为 wgs84 的 GPS 坐标，如果要返回直接给
openLocation 用的火星坐标，可传入'gcj02'
            success: function (res) {
            var latitude = res.latitude;   // 纬度，浮点数，范围为-90~90
            var longitude = res.longitude; // 经度，浮点数，范围为-180~-180
            var speed = res.speed;          // 速度，以米/秒计
            var accuracy = res.accuracy;    // 位置精度
        }
});
```

调用微信内部地图查看实际位置的接口用法如下：

```
wx.openLocation({
```

```
      latitude: 0, // 纬度, 浮点数, 范围为-90~-90
      longitude: 0,// 经度, 浮点数, 范围为-180~-180
      name: '',      // 位置名
      address: '',  // 地址详情说明
      scale: 1,      // 地图缩放级别, 整形值, 范围为1~28。默认为最大
      infoUrl: ''    // 在查看位置界面底部显示的超链接, 可点击跳转
});
```

为方便演示，本小节实现用户在网页上单击"获取地理信息"按钮后获取当前设备的地理信息，并自动调用接口发起微信内部地图查看实际位置，如图 9.9 所示。

图 9.9　获取并展示地理微信信息

首先在 IndexController.class.php 控制器中新增 location()方法，引入 WxJsSdk 类库并实例化，获取基础配置信息变量并置换到模板中。这里的核心代码如下：

```php
// 地理位置操作
public function location()
{
    import('@.Lib.Wx.WxJsSdk');
    $jssdk = new \WxJsSdk(APP_ID, APP_SECRET);        // 实例化对象
    $signPackage = $jssdk->GetSignPackage();          // 获取 wx 验证参数
    $this->assign('signPackage' , $signPackage);      // 变量置换
    $this->display();
}
```

然后在 View/Index 模板目录下，新增 location.html 模板文件，代码如下：

```html
<!DOCTYPE html>
<html>
<head>
<meta charset="UTF-8">
<meta name="viewport" content="width=device-width,initial-scale=1,user-scalable=0">
<title>WeUI</title>
<link rel="stylesheet" href="__PUBLIC__/static/weui.min.css"/>
<script src="__PUBLIC__/static/jquery-2.0.3.min.js"></script>
<script src="http://res.wx.qq.com/open/js/jweixin-1.0.0.js"></script>
</head>
<body style="padding:10px;">
```

```
        <h2>获取地理位置并打开: </h2>
        <a href="javascript:;" class="weui_btn weui_btn_primary getLocationInfo">获取地
理信息</a>
        <script>
        wx.config({
            debug: true,
            appId: '<?php echo $signPackage["appId"];?>',
            timestamp: <?php echo $signPackage["timestamp"];?>,
            nonceStr: '<?php echo $signPackage["nonceStr"];?>',
            signature: '<?php echo $signPackage["signature"];?>',
            jsApiList: [
            // 所有要调用的 API 都要加到这个列表中
            'getLocation',          // 获取地理位置信息接口
            'openLocation',         // 查看地址位置接口
            ]
        });
        wx.ready(function () {
            // 在这里调用 API
            $('.getLocationInfo').click(function(){
                wx.getLocation({
                type: 'wgs84', // 默认为 wgs84 的 GPS 坐标，如果要返回直接给 openLocation 用的火
星坐标，可传入'gcj02'
                success: function (res) {
                    var latitude = res.latitude;    // 纬度，浮点数，范围为-90~-90
                    var longitude = res.longitude;  // 经度，浮点数，范围为-180~-180
                    var speed = res.speed;          // 速度，以米/秒计
                    var accuracy = res.accuracy;    // 位置精度
                    wx.openLocation({
                        latitude: latitude,         // 纬度，浮点数，范围为-90~-90
                        longitude: longitude,       // 经度，浮点数，范围为-180~-180
                        name: '当前所在位置',        // 位置名
                        address: '',                // 地址详情说明
                        scale: 25,                  // 地图缩放级别，整形值，范围为 1~28。默认
为最大
                        infoUrl: ''                 // 在查看位置界面底部显示的超链接，可单击
跳转
                    });
                }
                });
            })
        });
        </script>
    </body>
    </html>
```

最后定义 a 标签实现按钮效果，并监听按钮的 click 单击事件：

```
<a href="javascript:;" class="weui_btn weui_btn_primary getLocationInfo">获取地理信息
</a>
……
$('.getLocationInfo').click(function(){});
```

在事件执行函数内，首先通过 wx.getLocation()方法获取详细的经纬度信息，然后在
wx.getLocation()方法执行成功的回调函数 success()内调用 wx.openLocation()接口，即可打开微信

客户端内置的地图。而地理位置信息数据的传递如下：

```
var latitude = res.latitude;   // 纬度，浮点数，范围为-90~-90
var longitude = res.longitude; // 经度，浮点数，范围为-180~-180
var speed = res.speed;         // 速度，以米/秒计
var accuracy = res.accuracy;   // 位置精度
```

在 wx.openLocation()接口中，scale 字段代表地图展示的缩放级别。需要注意的是，范围值越小，地图的比例就越大，如传入 1，则可以看到当前位置在整个中国地图上所在的位置。

此接口需要微信客户端拥有获取设备地理信息的权限才可以使用。

9.3 图像接口——用户上传证件信息实例

JS-SDK 提供的图像接口可能是最常用的接口，用户可以直接获取微信客户端拍照、相册等图片，通过图像接口实现图像的上传、下载和保存。

9.3.1 项目概述

若用户想在微信公众平台网页上实现头像上传、审核图片上传等功能，就需要用到 JS-SDK 的图像接口。本节通过实现用户上传证件信息的实例，来说明如何借助图像接口实现图片的上传、下载等操作。实例操作效果如图 9.10 所示。

图 9.10　上传图片到微信服务器后保存到本地

其中 JS-SDK 提供了以下 4 个图像处理相关的接口：

- ❑　拍照或从手机相册中选图接口：wx.chooseImage()接口。
- ❑　预览图片接口：wx.previewImage()接口。
- ❑　上传图片接口：wx.uploadImage()接口。
- ❑　下载图片接口：wx.downloadImage()接口。

　　因为上传到微信服务器的图片有保存的时效（一般为 3 天），属于临时素材，所以有了下载到本地服务器的需求。

9.3.2　新增用户上传证件信息页面

　　为了和其他演示实例区分开，在 Controller 目录下新增 UserController.class.php 控制器文件。新增 upload_cardimg()方法来初始化 JS-SDK 相关配置信息，并把变量信息置换到模板中去，核心代码如下：

```php
// 上传用户证件图片
public function upload_cardimg()
{
    import('@.Lib.Wx.WxJsSdk');
    $jssdk = new \WxJsSdk(APP_ID, APP_SECRET);      // 实例化对象
    $signPackage = $jssdk->GetSignPackage();         // 获取 wx 验证参数
    $this->assign('signPackage' , $signPackage);     // 变量置换
    $this->display();
}
```

　　在 View 目录下增加 User 目录，新增 upload_cardimg.html 文件。页面除了引入 JS-SDK 类库外，还引入 WeUI 来辅助构建网页布局。这里的核心代码如下：

```html
<!DOCTYPE html>
<html>
<head>
<meta charset="UTF-8">
<meta name="viewport" content="width=device-width,initial-scale=1,user-scalable=0">
<title>WeUI</title>
<link rel="stylesheet" href="__PUBLIC__/static/weui.min.css"/>
<script src="__PUBLIC__/static/jquery-2.0.3.min.js"></script>
<script src="http://res.wx.qq.com/open/js/jweixin-1.0.0.js"></script>
<style>
.cardimg_bd{border:1px solid #ddd;border-radius: 5px;min-height:200px;
text-align:center;line-height:200px;font-size:25px;color:#999;padding:5px;}
.preview_img{width:100%;display: block;}
</style>
</head>
<body style="padding:10px;">
    <div class="weui_cell_bd weui_cell_primary">
            <div class="weui_uploader">
                <div class="weui_uploader_hd weui_cell">
                    <div class="weui_cell_bd weui_cell_primary">上传证件照图片</div>
                    <div class="weui_cell_ft show_upload_num">0/1</div>
                </div>

                <div class="cardimg_bd upload_img" style="">
                    <span>点击上传证件照片</span>
                </div>
            </div>
    </div>
    <script>
    wx.config({
        debug: false,
```

```
            appId: '<?php echo $signPackage["appId"];?>',
            timestamp: <?php echo $signPackage["timestamp"];?>,
            nonceStr: '<?php echo $signPackage["nonceStr"];?>',
            signature: '<?php echo $signPackage["signature"];?>',
            jsApiList: [
            // 所有要调用的 API 都要加到这个列表中
            'chooseImage',            // 选择图片接口
            'uploadImage',            // 上传图片接口
            ]
        });
</script>
</body>
</html>
```

需要注意的是，这里并没有使用传统的 input 文件上传标签，而使用了一个 div 标签定义可选择上传的区域：

```
<div class="cardimg_bd upload_img" style="">
    <span>点击上传证件照片</span>
</div>
```

页面运行效果如图 9.11 所示。

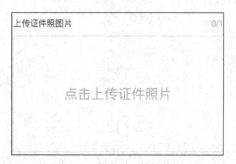

图 9.11   完成页面结构编写

9.3.3   拍照或者从相册中选择图片

完成页面布局的编写后，查看拍照或从手机相册中选图接口——wx.chooseImage()的用法如下：

```
wx.chooseImage({
    count: 1,                                    // 默认 9
    sizeType: ['original', 'compressed'],        // 可以指定是原图还是压缩图，默认二者都有
    sourceType: ['album', 'camera'],             // 可以指定来源是相册还是相机，默认二者都有
    success: function (res) {
        var localIds = res.localIds;             // 返回选定照片的本地 ID 列表，localId 可以作为
img 标签的 src 属性显示图片
    }
});
```

wx.chooseImage()接口默认为上传多张图片（最多 9 张），通过 count 参数进行设定。给上一小节中定义的图片选择区域添加 click 事件，并集成选择图片接口到其中，核心代码如下：

```
wx.ready(function () {
//在这里调用 API
    $('.upload_img').click(function(){
        $('.upload_img').find('span').text('正在处理...');
```

```
            // 选择图片接口
        wx.chooseImage({
            count: 1,
            sizeType: ['original', 'compressed'],
            sourceType: ['album', 'camera'],
            success: function (res) {
                var localIds = res.localIds;
                // 预览选中的图片
                $('.upload_img').html('<img class="preview_img" src=
"'+localIds+'">');
            }
        });
    })
});
```

其中，接口返回的 localIds 可以结合 img 标签进行预览使用：

```
$('.upload_img').html('<img class="preview_img" src="'+localIds+'">');
```

用户在客户端完成选择图片后，图片预览效果如图 9.12 所示。

图 9.12   选中并预览图片

localIds 变量为一个数组列表，当上传多个图片的时候需要遍历操作。

9.3.4   上传图片到微信服务器

在选中图片后，调用图片上传接口可以把图片上传到微信公众平台成为临时素材。图片上传成功后，系统会将图片的唯一标识 media_id 返回给开发者，开发者可以根据 media_id 进行图片的其他操作。

为了更直观地查看上传结果，首先在图片选择区域下方新增以下 html 结构：

```
<div>
    <h4>media_id:</h4>
    <p class="media_id">--</p>
    <h4>本地文件保存名称:</h4>
    <p class="file_name">--</p>
    <h4>本地文件保存完整路径:</h4>
    <p class="save_path">--</p>
</div>
```

其次，在选择图片接口成功回调方法里面调用图片上传接口：

```
wx.chooseImage({
```

```
        count: 1, // 默认9
        sizeType: ['original', 'compressed'], // 可以指定是原图还是压缩图，默认二者都有
        sourceType: ['album', 'camera'], // 可以指定来源是相册还是相机，默认二者都有
        success: function (res) {
            var localIds = res.localIds; // 返回选定照片的本地 ID 列表，localId 可以作为 img 标
签的 src 属性显示图片
            $('.upload_img').html('<img class="preview_img" src="'+localIds+'">');

            // 上传图片到微信服务器
            wx.uploadImage({
                localId: localIds[0],                 // 需要上传的图片的本地 ID，由
chooseImage 接口获得
                isShowProgressTips: 1,                // 默认为 1，显示进度提示
                success: function (res) {
                    var serverId = res.serverId;      // 返回图片的服务器端 ID
                    alert("上传图片到微信服务器成功！");
                    $('.show_upload_num').text('1/1');
                    $('.media_id').html(serverId);    // 展示微信返回的 media_id
                }
            });
        }
    });
```

上传成功后会返回 serverId，也就是 media_id。运行效果如图 9.13 所示。

图 9.13　图片上传成功后获取 media_id

9.3.5　使用获取临时素材接口下载图片

使用图片上传接口将图片上传到微信公众平台后，因为图片保存时效问题，开发者一般会把图片下载并保存到本地服务器上。这时就需要用到获取临时素材接口，接口的调用说明如下：

```
http 请求方式：GET，https 调用
https://api.weixin.qq.com/cgi-bin/media/get?access_token=ACCESS_TOKEN&media_id=MEDI
A_ID
```

请求示例（示例为通过 curl 命令获取多媒体文件）

```
curl                                                  -I                                              -G
https://api.weixin.qq.com/cgi-bin/media/get?access_token=ACCESS_TOKEN&media_id=MEDIA_ID
```

获取到 media_id 后，结合 access_token 即可下载图片到本地服务器。为了方便演示，本实例实现当图片上传成功后，使用 Ajax 把 media_id 传入后台 PHP 进行下载操作；下载并保存成功后，在前台显示保存的文件名和文件在服务器上的实际保存地址。

首先，在 UserController.class.php 控制器文件中新增公共方法 downloadImg()，用来接收 media_id 并进行下载操作。方法定义如下：

```php
// 下载图片到本地
public function downloadImg()
{
    if(IS_POST)
    {
        $media_id = I('media_id');                              // 获取 media_id
        if(!$media_id)                                          // 参数非空验证
        {
            $this->ajaxReturn(array('status'=> 0 ,'msg'=>'参数错误! '));
        }
        import('@.Lib.Wx.WxMenu');                              // 引入处理类
        $wx = new \WxMenu(APP_ID, APP_SECRET);                  // 获取 access_token
        // 构建图片下载地址
        $pic_url = 'https://api.weixin.qq.com/cgi-bin/media/get?
access_token='.$wx->getAccessToken().'&media_id='.$media_id;
        $data_time = date('Y-m-d',time());                      // 获取当日日期
        $dir = realpath('./')."/Uploads/Picture/".$data_time."/";
        if(!file_exists($dir))                                  // 判断目录是否存在
        {
            mkdir($dir,0777);
        }
        $time = time();
        $filename = 'wx_'.$time.rand(1000, 9000).'.jpg';        //定义图片文件名
        //将图片下载到项目服务器上
        $img = $this->getImage($pic_url,$dir,$filename);
        $img['today_time'] = $data_time;
        // 返回本地存储图片信息
        $this->ajaxReturn(array('status'=>1,'data'=>$img));
    }
}
```

在 downloadImg()方法中，首先接收 media_id，然后引入并使用 WxMenu 类库获取 access_token，这样就可以构建下载图片的地址。其中，获取 access_token 的方法如下：

```php
$wx->getAccessToken()
```

在本地使用 mkdir()方法创建图片存储目录，目录名称为标准日期格式：

```php
$data_time = date('Y-m-d',time());                      // 获取当日日期
$dir = realpath('./')."/Uploads/Picture/".$data_time."/";
if(!file_exists($dir))                                  // 判断目录是否存在
{
    mkdir($dir,0777);
}
```

下载文件使用了 getImage()方法，定义如下：

```php
// 下载远程文件到本地
```

```
private function getImage($url,$save_dir='',$filename='',$type=0)
{
    //根据 URL 获取远程文件
    $curl = curl_init();
    curl_setopt($curl, CURLOPT_RETURNTRANSFER, true);
    curl_setopt($curl, CURLOPT_TIMEOUT, 500);
    curl_setopt($curl, CURLOPT_SSL_VERIFYPEER, false);
    curl_setopt($curl, CURLOPT_SSL_VERIFYHOST, false);
    curl_setopt($curl, CURLOPT_URL, $url);
    $res = curl_exec($curl);
    curl_close($curl);
    // 把图片保存到指定目录下的指定文件
    file_put_contents($save_dir.$filename, $res);
    return array(
        'file_name'=>$filename,
        'save_path'=>$save_dir.$filename,
        'error'=>0
    );
}
```

getImage()方法先使用 PHP CURL 从下载临时素材接口获取文件流，再使用 file_put_contents() 方法把文件流写入指定的目录文件：

```
file_put_contents($save_dir.$filename, $res);
```

完成 downloadImg()方法后，在上传图片到微信公众平台接口的成功回调方法内使用 jQuery 内置的 Ajax 方法发送 POST 请求：

```
$.post("{:U('downloadImg')}" , {media_id : serverId , time:new Date().getTime()} ,
function(msg){
    $('.file_name').html(msg.data.file_name);           //展示图片名称
    $('.save_path').html(msg.data.save_path);           //展示图片实际存储路径
    alert('保存图片到本地成功！');
})
```

此时上传图片，程序会自动将其下载到本地服务器，图片文件名和存储的绝对路径效果如图 9.14 所示。

图 9.14　查看下载到本地的文件所在路径

其中，读取文件所在的完整路径时使用了 PHP 的 realpath()方法。

视频文件不支持 https 下载，调用下载临时素材接口需 http 协议。

9.4　思考与练习

　　本章学习了微信网页开发库 JS-SDK 的使用方法与常见接口，学习完成后请思考与练习以下内容。

　　思考：如何实时显示图片上传的进度？

　　练习：基于本章图片上传实例，实现一次上传多文件的效果。

第 **10** 章
微信公众平台支付

上一章讲解了微信网页开发样式库 JS-SDK。通过 JS-SDK 开发者可以方便地调用微信客户端的相应功能，其中也包括发起微信支付。微信支付是微信在 5.0 版本后推出的一项重大功能更新，旨在给用户提供快捷安全的支付工具，目前已经有很多网站应用和商家门店支持微信支付。

本章主要涉及的知识点有：

❑ 微信支付简介：了解微信支付的类型，以及微信支付可以用于哪些应用场景。

❑ 微信支付申请步骤：了解如何申请接入微信支付。

❑ 微信支付实例：掌握微信支付在开发时的配置、接口和实现。

10.1 微信支付简介

本节主要介绍微信支付常见的应用场景，以及微信常见的支付工具的简介。

10.1.1 微信支付常见应用场景

目前微信可以提供商户接入的类型主要有 4 种，基本涵盖了常见的应用场景，如图 10.1 所示。

图 10.1 常见的微信支付应用场景

1. 公众号支付

用户可以在微信公众平台的网页内完成支付过程，由 JS-SDK 发起。常见的例子有信内置的购物商城，用户支付的时候实际上就实现了类似公众号内网页支付的效果，如图 10.2 所示。

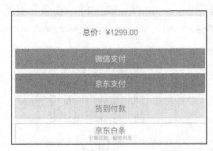

图 10.2　在公众平台内的应用网页上支付

2. App 支付

App 支付指的是通过开发者第三方集成微信开放平台 SDK 的应用（如 Android、iOS 等），来实现在支付的时候调用微信客户端完成支付的过程。常见在商城 App 内发起支付的过程如图 10.3 所示。

图 10.3　在第三方应用内发起微信支付操作

3. 扫码支付

扫码指的是通过使用微信客户端"扫一扫"功能扫描二维码而发起微信支付。扫码支付广泛应用于 PC 网页的微信支付、用户之间的转账操作和商家的收款服务。扫码支付极大地扩展了微信支付的应用场景范围。例如，通过二维码收款（支付）过程如图 10.4 所示。

图 10.4　通过二维码面对面收款

4. 刷卡支付

虽然可以通过扫码支付向商家付款，但是一个二维码只能对应一个金额，所以商家在收款的时候需要不停地根据用户实际支付金额变换二维码，十分不便。所以微信推出了刷卡支付功能，用户只需要展示条码，商家使用专用设备扫描完成后，就可完成支付。在微信客户端通过"收付款"功能可以进入商家付款模块，如图 10.5 所示。

图 10.5　通过条形码向商家付款

 刷卡支付必须绑定用户银行卡才可以成功支付。App 支付必须在设备上安装 5.0 及以上版本的微信客户端。

10.1.2　微信支付工具介绍

微信支付除了提供了多种支付方式，还推出了对应企业、个人的营销使用工具。常见的支付工具如图 10.6 所示。

图 10.6　微信常见的支付工具

不同的支付工具使用情况不同，简介如下：

1. 代金券或者立减优惠

微信支付代金券业务是基于微信支付的，为了协助商户方便地实现营销的优惠措施。针对部分有开发能力的商户，微信支付提供通过 API 接口实现运营代金券的功能。用户可以通过微信客户端的"卡包"功能来查看个人所拥有的卡券信息，如图 10.7 所示。

图 10.7　企业可以更加灵活地进行营销活动

2．现金红包

现金红包，是微信支付商户平台提供的营销工具之一。商户可以通过本平台向微信支付用户发放现金红包。用户领取红包后，资金到达用户微信支付零钱账户，和零钱包的其他资金有一样的使用出口（转账、提现和发红包等）。常见应用场景如图 10.8 所示。

图 10.8　普通用户发送微信红包

　若用户未领取，资金将会在 24 小时后退回商户的微信支付账户中。

3．企业付款

与用户之间互发红包不同，企业付款是企业到用户之间的支付行为。企业需先在商户平台进行充值，才可以发送。在登录微信商户平台后，在"交易中心"模块找到"资金管理"，单击"充值/转入"可以进行充值操作，如图 10.9 所示。

图 10.9　商户平台充值操作

以企业发红包为例，首先在"产品中心"开通"现金红包"功能，如图 10.10 所示。

图 10.10　开通企业"现金红包"功能

其次，在"营销中心"模块下的左侧导航区找到"现金红包"并添加模板，如图 10.11 所示。

图 10.11　增加现金红包模板

完成模板后，即可在左侧"红包发放"下进行红包发放，如图 10.12 所示。

图 10.12　根据不同规则发放红包

企业在发放红包的时候，可以选择使用模板、按规则发放或者接口发放等。

付款资金将进入目标用户的零钱。微信支付将给出零钱入账的通知，零钱收支明细会展示相应记录。

　　给同一个实名用户付款，单笔/单日限额 20000/20000。给同一个非实名用户付款，单笔/单日限额 2000/2000。

10.2　微信支付接入与开发配置

本节将介绍微信支付的基本接入流程，并说明在开发前的基础配置工作与注意事项。

10.2.1　微信支付公众平台申请流程

在上一节中介绍了微信支付的 4 种应用场景，其中，除了 App 支付外，其他 3 种应用场景（公众号支付、扫码支付和刷卡支付）接入微信支付都需要先申请微信公众平台的服务号并通过认证。而 App 支付则需要先申请微信开放平台，随后才能继续微信接入的相关步骤。本小节以公众号支付应用场景为例，讲解申请的流程和步骤。公众号支付申请的一般流程如图 10.13 所示。

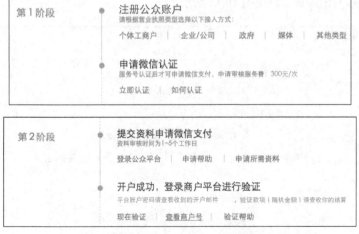

图 10.13　微信公众平台公众号支付申请的一般流程

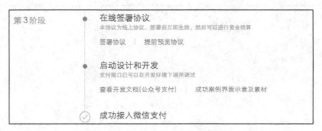

图 10.13 微信公众平台公众号支付申请的一般流程（续）

10.2.2 通过微信认证并提交审核资料

完成微信公众平台服务号的申请后，还需要申请并通过微信认证，如图 10.14 所示。

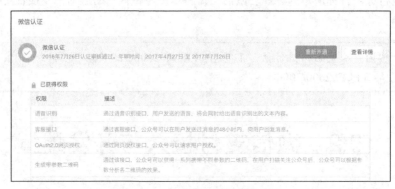

图 10.14 通过微信认证的服务号

微信认证的审核时间大约为 7 个工作日。服务号完成认证后就可以申请微信支付功能了，此时需要提供商户的详细资料，其中包含以下几类信息：

经营信息：其中包含基本的联系信息和经营信息，经营信息包含商户名称、经营类目等必填项。

商户信息：除了系统自动获取服务号注册时的基本信息外，还需要提供营业执照信息、组织机构代码信息和企业法人/经办人信息。

结算账户信息：需要提供企业的对公账号详细信息，如开户银行、银行账号等信息。

其中，需要填写的经营信息如图 10.15 所示。

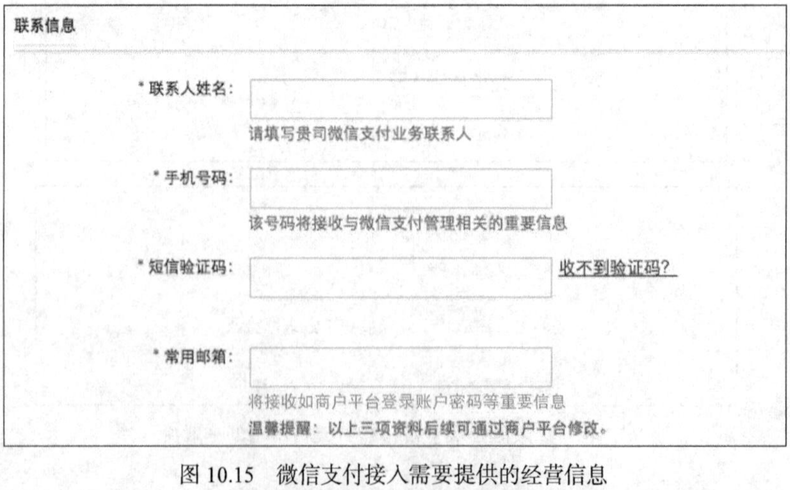

联系信息

* 联系人姓名：

　请填写贵司微信支付业务联系人

* 手机号码：

　该号码将接收与微信支付管理相关的重要信息

* 短信验证码：　　　　　　　　　　　　　　收不到验证码？

* 常用邮箱：

　将接收如商户平台登录账户密码等重要信息
温馨提醒：以上三项资料后续可通过商户平台修改。

图 10.15 微信支付接入需要提供的经营信息

* 经营类目： 您已选择：企业 > 综合商城 > 综合商城 如何选择正确的类目？
请选择
企业
个体工商户
事业单位
请选择
餐饮/食品
彩票
保险
公益
网络虚拟服务
软件
数字娱乐
其他
众筹
预付卡
请选择
综合商城
团购
海淘
* 特殊资质： 若不涉及特殊商品，此处请重复上传营业执照。

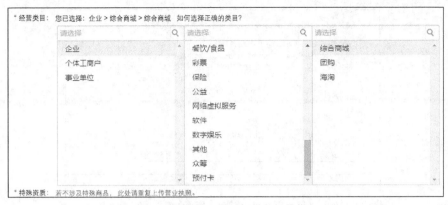

图 10.15 微信支付接入需要提供的经营信息（续）

需要提供的商户信息如图 10.16 所示。

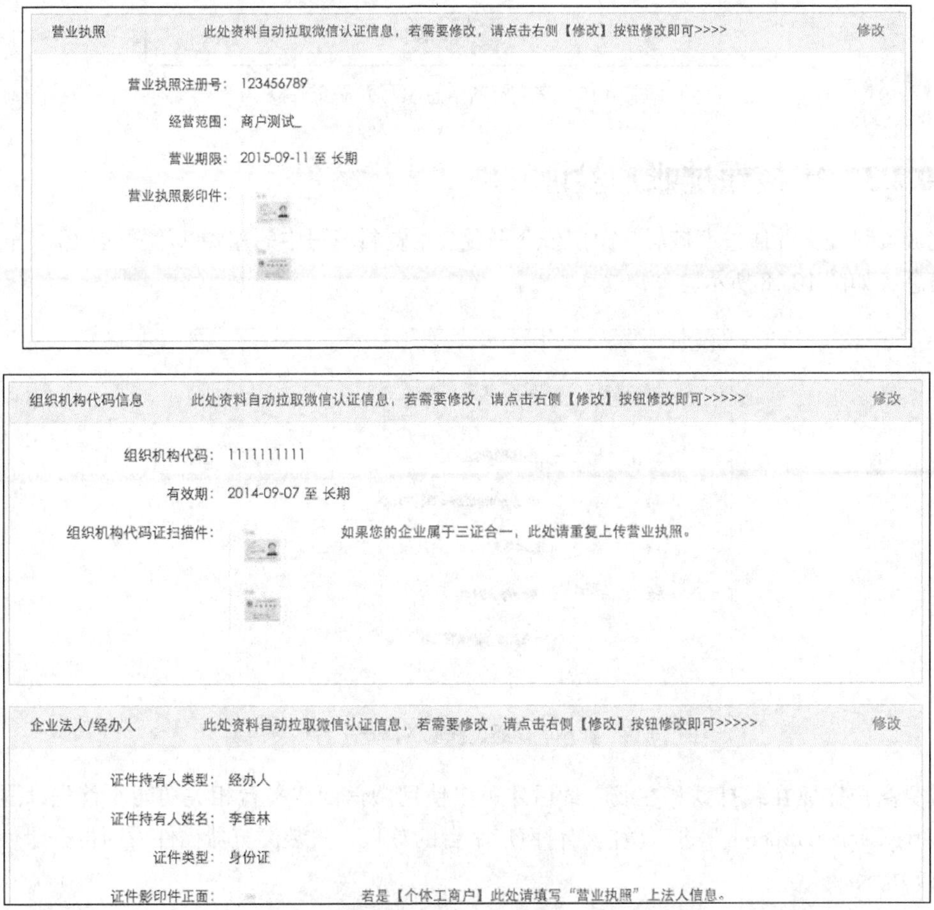

营业执照
此处资料自动拉取微信认证信息，若需要修改，请点击右侧【修改】按钮修改即可>>>>
修改
营业执照注册号： 123456789
经营范围： 商户测试_
营业期限： 2015-09-11 至 长期
营业执照影印件：
组织机构代码信息
此处资料自动拉取微信认证信息，若需要修改，请点击右侧【修改】按钮修改即可>>>>>
修改
组织机构代码： 1111111111
有效期： 2014-09-07 至 长期
组织机构代码证扫描件：
如果您的企业属于三证合一，此处请重复上传营业执照。
企业法人/经办人
此处资料自动拉取微信认证信息，若需要修改，请点击右侧【修改】按钮修改即可>>>>>
修改
证件持有人类型： 经办人
证件持有人姓名： 李佳林
证件类型： 身份证
证件影印件正面：
若是【个体工商户】此处请填写"营业执照"上法人信息。

图 10.16 微信支付接入需要提供的商户信息

最后，填写了企业的结算账户后就可以提交审核了，如图 10.17 所示。

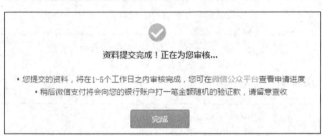

图 10.17 完成资料信息填写并提交审核

10.2.3 审核通过账户验证

完成资料提交并通过审核后，微信公众平台会给资料填写中的重要邮箱发送微信支付商户平台的信息，如图 10.18 所示。

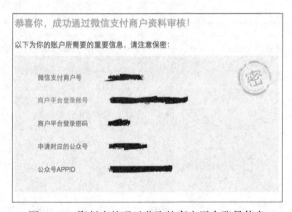

图 10.18 资料审核通过获取的商户平台账号信息

需要商户完成在线打款和在线签约后才可以使用微信商户平台相关功能。首先，通过访问"https://pay.weixin.qq.com"进入微信支付商户平台的首页，安装浏览器插件后即可登录使用。如图 10.19 所示。

图 10.19 登录微信支付商户平台

登录成功后，在"账户中心"中找到"账户概览"，进行账户验证与协议签署，如图 10.20 所示。

图 10.20　完成账户验证和协议签署

完成以上申请接入步骤后，微信支付的申请工作就已经完成，开发者可以通过相关设置来进行开发工作。

 　　商户平台的账号密码等信息请妥善保存，账户密码可以在微信支付商户平台进行修改。

10.3　微信支付基础开发配置

本节讲解在微信支付开发前的基本配置，了解如何设置微信商户秘钥，如何下载 API 证书，以及如何在微信公众平台内进行开发配置。

10.3.1　设置 API 秘钥并下载 API 证书

微信支付开发接入的时候，需要用到 API 密钥和 API 证书，这两部分需要用户登录微信支付商户平台自行设置和下载。

在使用微信支付相关接口的时候，为了防止别人恶意地进行数据篡改，API 接口在调用时需要按照指定的规则来对开发者的请求进行签名，服务器接到请求后会对签名做验证。

用户登录微信支付商家平台后，进入 "账户中心"下的"API 安全"界面，可以找到设置 API 密钥的入口，如图 10.21 所示。

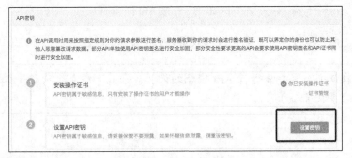

图 10.21　设置 API 密钥

单击"设置密钥"按钮，如图 10.22 所示。

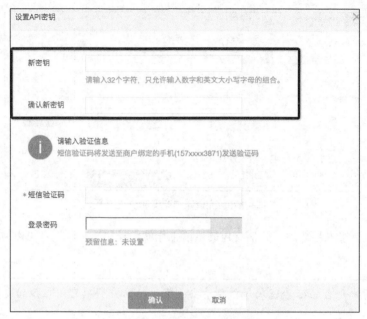

图 10.22　设置 API 的新密钥

需要注意的是，密钥的格式为 32 位长度的英文数字组合，可以有大小写。这个密钥可以借助 PHP 函数 md5() 来辅助生成。用户单击"确认"按钮即可完成 API 密钥的设置。

完成密钥设置后，在"API 安全"页面下找到下载证书的部分，单击"下载证书"按钮后会弹出证书说明，在证书说明页面单击"下载"按钮即可下载证书，如图 10.23 所示。

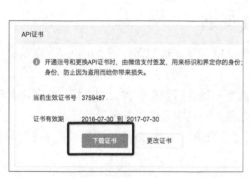

图 10.23　下载 API 证书

下载成功后，用户解压 zip 压缩包即可获取和使用 API 证书。

下载证书前需要先进行 API 密钥的设置。每次下载都会进行手机号验证（申请资料中提交的手机号码）。

10.3.2　微信公众号支付开发配置

在微信公众平台的管理后台找到左侧的"微信支付"按钮，单击进入后，单击标签页按钮"开发配置"，弹出的界面如图 10.24 所示。

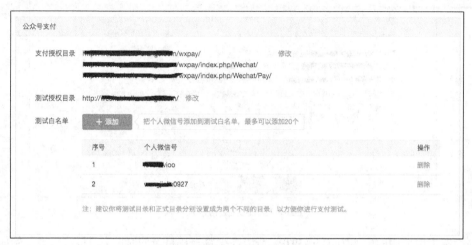

图 10.24　配置公众号支付授权目录

若需要在测试项目中使用公众号支付功能，找到并单击"测试授权目录"下的"修改"按钮，弹出的对话框如图 10.25 所示。

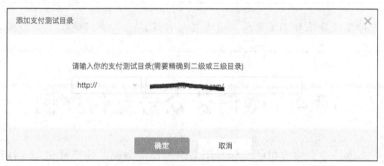

图 10.25　设置支付测试目录

单击"测试白名单"后的"添加"按钮，可以把参与项目的开发人员微信号添加进去，以方便公众号支付测试，如图 10.26 所示。

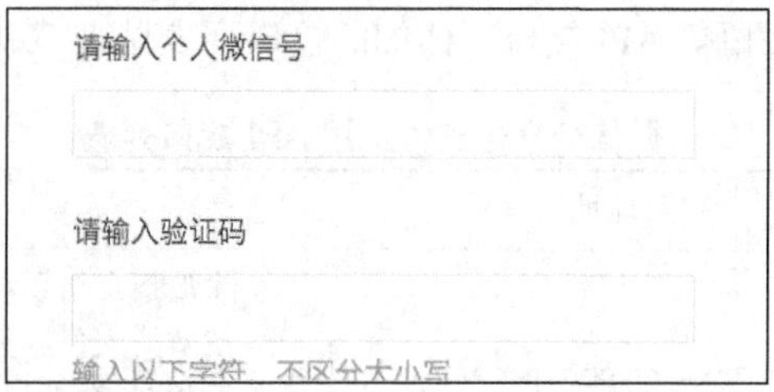

图 10.26　设置公众号支付测试白名单

若项目需要正式上线，则需要设置正式的支付授权目录。因为在一个项目中，可能会存在多处的公众号支付场景，所以后台提供了 3 处目录设置，如图 10.27 所示。

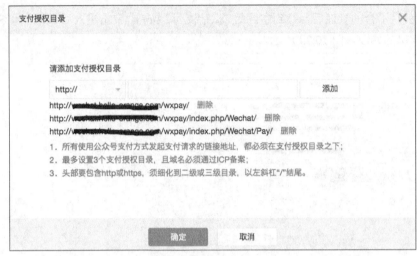

图 10.27　设置支付授权目录

因为本书中使用的框架为 ThinkPHP，所以在设置授权目录的时候尤其需要注意。例如，微信支付的相关代码在 Wechat 项目下的 Pay 控制器文件中，则需要填写的目录如下：

```
http://域名/wxpay/index.php/Wechat/Pay/
```

用户单击"确定"按钮提示无误后，支付目录即可配置完成。

支付授权目录和测试目录不能重复。目录设置必须以斜杠"/"结尾。

10.4　微信公众号支付案例

本节通过一个微信公众号支付的实际案例来讲解如何集成微信支付 SDK 到实际项目中去，最终完成一个基本的微信公众号支付完整流程。

10.4.1　微信公众号支付简介

微信公众号支付主要指的是在微信公众平台内通过网页发起的支付过程，微信公众号支付提供了下单、查询和下载对账单等 API 接口。详细的接口列表见表 10.1。

表 10.1　　　　　　　　　　　微信公众号支付常用 API 接口列表

接口名称	接口地址	简介
统一下单	https://api.mch.weixin.qq.com/pay/unifiedorder	除被扫支付场景以外，商户系统先调用该接口在微信支付服务后台生成预支付交易单，返回正确的预支付交易会话标识后再按扫码、JSAPI、App 等不同场景生成交易串调起支付

接口名称	接口地址	简介
查询订单	https://api.mch.weixin.qq.com/pay/orderquery	该接口提供所有微信支付订单的查询,商户可以通过查询订单接口主动查询订单状态,完成下一步的业务逻辑
关闭订单	https://api.mch.weixin.qq.com/pay/closeorder	以下情况需要调用关单接口:商户订单支付失败需要生成新单号重新发起支付,要对原订单号调用关单,避免重复支付;系统下单后,用户支付超时,系统退出不再受理,避免用户继续,请调用关单接口
申请退款	https://api.mch.weixin.qq.com/secapi/pay/refund	当交易发生之后一段时间内,由于买家或者卖家的原因需要退款时,卖家可以通过退款接口将支付款退还给买家,微信支付将在收到退款请求并且验证成功之后,按照退款规则将支付款按原路退到买家账号上
查询退款	https://api.mch.weixin.qq.com/pay/refundquery	提交退款申请后,通过调用该接口查询退款状态。退款有一定延时,用零钱支付的退款 20 分钟内到账,银行卡支付的退款可在 3 个工作日后重新查询退款状态
下载对账单	https://api.mch.weixin.qq.com/pay/downloadbill	商户可以通过该接口下载历史交易清单。比如掉单、系统错误等导致商户侧和微信侧数据不一致,通过对账单核对可校正支付状态
支付接口通知	开发者注册通知地址	支付完成后,微信会把相关支付结果和用户信息发送给商户,商户需要接收处理,并返回应答
交易保障	https://api.mch.weixin.qq.com/payitil/report	商户在调用微信支付提供的相关接口时,会得到微信支付返回的相关信息,并获得整个接口的响应时间。为提高整体的服务水平,协助商户一起提高服务质量,微信支付提供了相关接口调用耗时和返回信息的主动上报接口,微信支付可以根据商户侧上报的数据进一步优化网络部署,完善服务监控,和商户更好地协作,为用户提供更好的业务体验

　　以实现电子商城中的商品购买支付为例,开发一个最基本的支付过程,至少需要调用"统一下单"和"支付通知"这两个接口。若需要给用户提供订单退款的功能,则需要集成"申请退款"和"查询退款"这两个接口。

　　具体的业务流程时序图如图 10.28 所示。

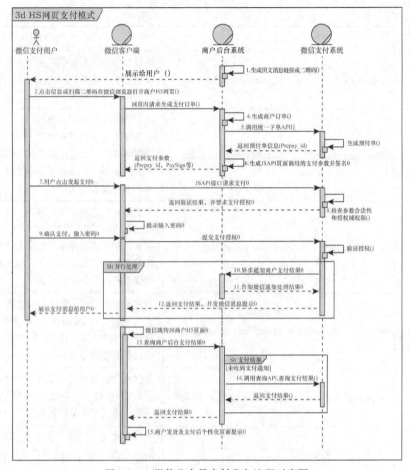

图 10.28　微信公众号支付业务流程时序图

10.4.2　搭建微信公众号支付项目

使用 OneThink 内容开发框架搭建名 Wxpay 的案例项目，在 Application 目录下创建 Wechat 模块，随后创建控制器目录、第三方类库目录和模板目录。项目的完整结构目录如图 10.29 所示。

图 10.29　微信公众号支付项目模块目录结构

其中 Lib/Wx 目录下引入了前几章中讲到的网页授权处理类（WxAuth）、消息处理类
（WxBase）、JS-SDK 处理类（WxJsSdk）和自定义菜单处理类（WxMenu）几个类文件。Lib/Wxpay
目录中引入的是微信支付相关的处理类文件（如何获取、修改和引入在后面小节会详细讲解）。

Controller 控制器目录下的 IndexController.class.php 文件引入 configToken()方法等基础配置方
法后，就可以配置到微信公众平台的服务号上进行相关测试了。

Wechat 的详细目录结构与前几章保持一致即可，如在 index.php 文件中定义 APP_ID
等，在这里不再一一说明。

10.4.3　集成微信支付 PHP SDK 到项目中

微信支付商户平台的开发者文档除了提供了详细的开发流程和 API 介绍外，还提供了多个语言
版本的 SDK 下载，这样可以极大地方便开发者集成和使用。下载 PHP SDK 的界面如图 10.30 所示。

平台和语言	说明	支付模式	操作
JAVA	【微信支付】API对应的SDK和调用示例	刷卡支付	下载
.NET C#	【微信支付】API对应的SDK和调用示例	刷卡支付、微信内网页支付、扫码支付	下载
PHP	【微信支付】API对应的SDK和调用示例	刷卡支付、微信内网页支付、扫码支付	下载

图 10.30　获取微信公支付 PHP SDK

下载完成后，将其解压到服务器根目录下，默认目录名为 WxpayAPI_php_v3（微信支付版本
v3）。目录结构说明如图 10.31 所示。

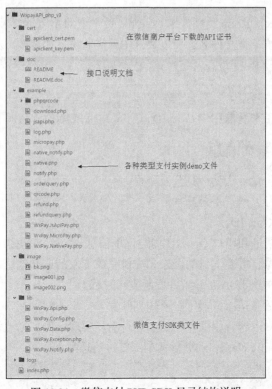

图 10.31　微信支付 PHP SDK 目录结构说明

其中 lib 目录下的各个文件说明如下：

- ❑ WxPay.Api.php：接口访问类，包含所有微信支付 API 列表的封装。
- ❑ WxPay.config.php：基本信息配置类，如证书地址、API 密钥等统一在这里配置。
- ❑ WxPay.Data.php：数据对象基础类，如请求信息、返回信息和数据处理都在这个类中定义。
- ❑ WxPay.Exception.php：微信 API 异常处理类。
- ❑ WxPay.Notify.php：通知回调处理类。对微信服务器发送的通知信息进行接收、验证和数据返回。

为了满足 ThinkPHP 框架的第三方类引入规则（类名.class.php），修改 lib 目录下的各个类文件并引入到 Wxpay 项目 Wechat 模块下的 Lib/Wxpay 目录下，并在 Wxpay 目录下新增 cert 目录存储 API 证书。修改后效果如图 10.32 所示。

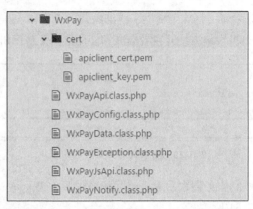

图 10.32　引入微信支付 PHP SDK 类文件

其中，WxPayJsApi.class.php 类文件由 example 目录下的 Wxpay.JsApiPay.php 文件修改而来。需要注意的是，因为修改了类文件名，所以文件中的类名也需要修改，其中原文件中的：

```
class JsApiPay
```

修改为：

```
class WxPayJsApi
```

此类定义了方法，用来获取用户 OpenID、生成 JS-API 调用支付所需参数等功能。

10.4.4　构建订单信息

以实现基本的微信公众号为例，其开发流程为：

（1）配置微信公众号、商户平台基本信息。

（2）获取微信用户 OpenID。

（3）根据基本配置信息和用户 OpenID 构建订单信息（统一下单接口），其中包括在开发者系统中具有唯一性的订单号、需要支付的金额和支付完成下发的通知地址等信息。

（4）根据订单信息构建 JS-API 参数并发起支付过程。

（5）用户完成支付后微信服务器下发通知到开发者提交的回调接口。

（6）开发者验证通知内容，根据业务需求进行功能实现，例如修改订单状态为已支付。

首先打开 WxPayConfig.class.php 进行基本的支付信息配置：

```
const APPID = 'wxe2044a157xxxxxxx';            // 微信公众号 APPID
const MCHID = '137xxxxxx';                     // 商家商户号
```

```
const KEY = '46c081fd7ffxxxxx';                          // 商家商户号密钥
const APPSECRET = '2bdxxxxxx';                            // 微信公众号 App SECERT
const SSLCERT_PATH = './cert/apiclient_cert.pem';        // API 证书地址
const SSLKEY_PATH = './cert/apiclient_key.pem';          // API 证书地址
```

在 Controller 目录下创建 PayController.class.php 控制器文件，在控制器初始化的时候引入 Lib/Wxpay 内的类库文件如下：

```php
// 初始化方法
protected function _initialize(){
    parent::_initialize();
    $this->importWxLibs();          //引入微信支付类文件
}


private function importWxLibs()
{
    // JS 支付处理类
    import('@.Lib.WxPay.WxPayJsApi');
    // 通知处理类
    import('@.Lib.WxPay.WxPayNotify');
    // 接口处理类
    import('@.Lib.WxPay.WxApi');
}
```

随后定义 index() 方法并在内创建订单信息：

```php
public function index()
{
    $this->checkUserWxLogin();                          // 检测用户是否授权登录并获取用户
OpenId
    $tools = new \WxPayJsApi();                          // JS API 所需参数处理类
    $openid = session('openid');                        // 获取 openid
    $input = new \WxPayUnifiedOrder();                   // 实例化订单创建对象
    $input->SetBody("test");                            // 设置商品信息
    $input->SetAttach("test");
    $input->SetOut_trade_no(\WxPayConfig::MCHID.date("YmdHis"));//设置订单号
    $input->SetTotal_fee("1");                          // 设置支付金额，单位为分
    $input->SetTime_start(date("YmdHis"));
    $input->SetTime_expire(date("YmdHis", time() + 600));
    $input->SetGoods_tag("test");
    // 设置通知回调接口
$input->SetNotify_url("http://域名/wxpay/index.php/Wechat/Pay/wxnotify");
    $input->SetTrade_type("JSAPI");                      // 设置微信支付类型
    $input->SetOpenid($openid);                          // 设置用户 openid
    $order = \WxPayApi::unifiedOrder($input);            // 使用微信接口处理类创建订单信息
    $this->assign('order' , $order);
    echo "<pre>";
    print_r($order);                                    // 打印订单信息
    $jsApiParameters = $tools->GetJsApiParameters($order);//根据订单信息生成 JS API 发起
支付所需参数
    $this->assign('jsApiParameters' , $jsApiParameters);
    print_r($jsApiParameters);                          // 打印 JS API 支付所需参数
    $this->display();
}
```

以上代码中，首先用到了"统一下单"接口。其中必须的请求参数如表 10.2 所示。

表 10.2　　　　　　　　　　统一下单接口请求参数（必须）说明

字段名	变量名	必填	类型	示例值	描述
公众账号 ID	appid	是	String(32)	wxd678efh567hg6787	微信分配的公众账号 ID（企业号 corpid 即为此 appId）
商户号	mch_id	是	String(32)	1230000109	微信支付分配的商户号
随机字符串	nonce_str	是	String(32)	5K8264ILTKCH16CQ2502SI8ZNMTM67VS	随机字符串，不长于 32 位
签名	sign	是	String(32)	C380BEC2BFD727A4B6845133519F3AD6	签名
商品描述	body	是	String(128)	腾讯充值中心-QQ 会员充值	商品简单描述，该字段须严格按照规范传递
商户订单号	out_trade_no	是	String(32)	20150806125346	商户系统内部的订单号,32 个字符内、可包含字母
总金额	total_fee	是	Int	888	订单总金额，单位为分
终端 IP	spbill_create_ip	是	String(16)	123.12.12.123	App 和网页支付提交用户端 IP，Native 支付填调用微信支付 API 的机器 IP
通知地址	notify_url	是	String(256)	http://www.weixin.qq.com/wxpay/pay.php	接收微信支付异步通知回调地址，通知 URL 必须为直接可访问的 URL，不能携带参数
交易类型	trade_type	是	String(1)	JSAPI	取值如下：JSAPI、NATIVE、App

完成在微信公众平台内访问 index()方法，如图 10.33 所示。

订单信息：
```
Array
(
    [appid] => wxe2█████████
    [mch_id] => █████████
    [nonce_str] => ZYIcUogoYEk3pC1Z
    [prepay_id] => wx2016091515381683c5df60960910243
    [result_code] => SUCCESS
    [return_code] => SUCCESS
    [return_msg] => OK
    [sign] => 10AD34589B50161F98A1562761370820
    [trade_type] => JSAPI
)
```

JS API发起支付参数信息：
```
Array
(
    [appId] => wxe2█████████
    [nonceStr] => 0iz7yjqcmefkgodq7codsihip54edazs
    [package] => prepay_id=wx2016091515381683c5df60
    [signType] => MD5
    [timeStamp] => 1473925096
    [paySign] => 7CDF8EE670AD1674A37434A8739BE8CE
)
```

图 10.33　查看订单信息和 JS-API 支付参数信息

在开发调试前请在公众号内配置好支付授权目录或测试目录。

10.4.5　调用 JS-API 发起微信支付

在上一小节中已经可以成功地创建订单信息和 JS-API 支付参数信息，继续开发则需要使用微信 JS-API 中的 WeixinJSBridge 对象发起支付。网页端接口参数列表说明见表 10.3。

表 10.3　　　　　　　　　　　微信网页 JS-API 发起支付参数列表

名称	变量名	必填	类型	示例值	描述
公众号 ID	appId	是	String(16)	wx8888888888888888	商户注册具有支付权限的公众号成功后即可获得
时间戳	timeStamp	是	String(32)	1414561699	当前的时间
随机字符串	nonceStr	是	String(32)	5K8264ILTKCH16CQ2502SI8ZNMTM67VS	随机字符串，不长于 32 位
订单详情扩展字符串	package	是	String(128)	prepay_id=123456789	统一下单接口返回的 prepay_id 参数值，提交格式如：prepay_id=***
签名方式	signType	是	String(32)	MD5	签名算法，暂支持 MD5
签名	paySign	是	String(64)	C380BEC2BFD727A4B6845133519F3AD6	签名

列表中参数名区分大小，大小写错误签名验证会失败。

网页内支付接口 err_msg 返回结果值说明见表 10.4。

表 10.4　　　　　　　　　　　　接口返回值说明

返回值	描述
get_brand_wcpay_request: ok	支付成功
get_brand_wcpay_request: cancel	支付过程中用户取消
get_brand_wcpay_request: fail	支付失败

在 View 模板目录下新增 Pay 目录，随后新增 index.html 文件，代码如下：

```
<!DOCTYPE html>
<html>
<head>
<meta charset="UTF-8">
<meta name="viewport" content="width=device-width,initial-scale=1,user-scalable=0">
<title>微信 JS 支付</title>
<link rel="stylesheet" href="__PUBLIC__/static/weui.min.css"/>
<script src="__PUBLIC__/static/jquery-2.0.3.min.js"></script>
<script src="http://res.wx.qq.com/open/js/jweixin-1.0.0.js"></script>

<script type="text/javascript">
    //调用微信 JS API 支付
    function jsApiCall()
    {
        WeixinJSBridge.invoke(
```

```
                'getBrandWCPayRequest',                 // 获取微信支付返回请求
                {$jsApiParameters},                     // 传入 PHP 生成的支付参数
                function(res){
                    WeixinJSBridge.log(res.err_msg);        // 弹出返回信息
                    alert(res.err_code+res.err_desc+res.err_msg);
                    alert('wxpay success!');                // 提示支付成功
                }
            );
        }
        // 获取微信支付全局对象并发起支付
        function callpay()
        {
            if (typeof WeixinJSBridge == "undefined"){
                if( document.addEventListener ){
                    document.addEventListener('WeixinJSBridgeReady', jsApiCall, false);
                }else if (document.attachEvent){
                    document.attachEvent('WeixinJSBridgeReady', jsApiCall);
                    document.attachEvent('onWeixinJSBridgeReady', jsApiCall);
                }
            }else{
                jsApiCall();                                // 发起支付
            }
        }
    </script>
</head>
<body style="padding:10px;">
    <a href="javascript:;" class="weui_btn weui_btn_primary wxpay">点击支付</a>
    <script>
    $(function(){
        // 给按钮绑定点击事件
        $('.wxpay').click(function(){
            callpay();
        })
    })
    </script>
</body>
</html>
```

JS-API 的返回结果 get_brand_wcpay_request：ok 仅在用户成功完成支付时返回。由于前端交互复杂，所以若返回结果为"get_brand_wcpay_request：cancel"或者"get_brand_wcpay_request：fail"可以统一处理为用户遇到错误或者主动放弃，不必细化区分。

在微信公众平台网页中，用户单击"确认支付"按钮，可以发起微信支付，如图 10.34 所示。

图 10.34　成功发起微信支付并完成付款

10.4.6　获取通知完成支付

支付完成后，微信会把相关支付结果和用户信息发送给商户，商户需要接收处理，并返回应答。

对后台通知交互时，如果微信收到商户的应答不是成功或超时，微信认为通知失败，微信会通过一定的策略定期重新发起通知，尽可能提高通知的成功率，但微信不保证通知最终能成功（通知频率为 15/15/30/180/1800/1800/1800/1800/3600，单位为秒）。

同样的通知可能会多次发送给商户系统。商户系统必须能够正确处理重复的通知。

推荐的做法是，当收到通知进行处理时，首先检查对应业务数据的状态，判断该通知是否已经处理过，如果没有处理过再进行处理，如果处理过则直接返回结果成功。在对业务数据进行状态检查和处理之前，要采用数据锁进行并发控制，以避免函数重入造成的数据混乱。特别提醒：商户系统对于支付结果通知的内容一定要做签名验证，防止数据泄漏导致出现"假通知"，造成资金损失。

用户在微信客户端完成支付后（提示已经成功付费），微信会发送给第三方服务器 XML 格式的数据通知包，格式一般如下：

```xml
<xml>
<Appid><![CDATA[wx2421b1c4370ec43b]]></Appid>
<attach><![CDATA[支付测试]]></attach>
<bank_type><![CDATA[CFT]]></bank_type>
<fee_type><![CDATA[CNY]]></fee_type>
<is_subscribe><![CDATA[Y]]></is_subscribe>
<mch_id><![CDATA[10000100]]></mch_id>
<nonce_str><![CDATA[5d2b6c2a8db53831f7eda20af46e531c]]></nonce_str>
<openid><![CDATA[oUpF8uMEb4qRXf22hE3X68TekukE]]></openid>
<out_trade_no><![CDATA[1409811653]]></out_trade_no>
<result_code><![CDATA[SUCCESS]]></result_code>
<return_code><![CDATA[SUCCESS]]></return_code>
<sign><![CDATA[B552ED6B279343CB493C5DD0D78AB241]]></sign>
```

```
<sub_mch_id><![CDATA[10000100]]></sub_mch_id>
<time_end><![CDATA[20140903131540]]></time_end>
<total_fee>1</total_fee>
<trade_type><![CDATA[JSAPI]]></trade_type>
<transaction_id><![CDATA[1004400740201409030005092168]]></transaction_id>
</xml>
```

在返回的参数中可以看到,用户发送的数据会原样返回,如订单号(out_rade_no)等,用户可以根据此参数值定位到自己系统里面的订单进行处理。同时,也返回了微信交易订单号(transaction_id),可以通过它进行数据正确性的核对。

在 index()方法的统一下单接口中设置的 notify_url 为:

```
http://域名/wxpay/index.php/Wechat/Pay/wxnotify
```

新增 wxnotify()方法,增加以下代码:

```php
// 通知处理
public function wxnotify()
{
    $xml = $GLOBALS['HTTP_RAW_POST_DATA'];
    if($xml)
    {
        // 转换 ml 数据为数组
        $result = \WxPayResults::Init($xml);
        // 写入 log 日志
        $data['content'] = 'setup1:'.json_encode($result);
        M('logs')->add($data);
        // 订单数据验证
        $input = new \WxPayOrderQuery();
        $input->SetTransaction_id($result['transaction_id']);
        $result = \WxPayApi::orderQuery($input);
        // 写入 log 日志
        $data['content'] = 'setup2:'.json_encode($result);
        M('logs')->add($data);

        // 验证是否通过订单验证
        if(array_key_exists("return_code", $result)
        && array_key_exists("result_code", $result)
        && $result["return_code"] == "SUCCESS"
        && $result["result_code"] == "SUCCESS")
        {
            $data['content'] = 'setup3:'.json_encode(array('info'=>'修改订单状态!'));
            M('logs')->add($data);

            // 构建回复参数
            $return_notify['return_code'] = "SUCCESS";
            $return_notify['Appid'] = $result['Appid'];
            $return_notify['nonce_str'] = $result['nonce_str'];
            $return_notify['prepay_id'] = $result['prepay_id'];
            $return_notify['result_code'] = "SUCCESS";
            $return_notify['sign'] = $result['sign'];

            // 回复通知
            $data = new \WxPayResults();
```

```
                $data->FromArray($return_notify);
                exit($data->ToXml());
            }
        }
        else
        {
            exit('FAIL');
        }
    }
```

在数据库中新增 db_logs 表，数据表仅有 id（int4）主键和 content（text）两个字段，方便记录接收到的请求信息。

在方法中，首先，获取微信下发的数据信息（XML 格式，POST 类型）：

```
$xml = $GLOBALS['HTTP_RAW_POST_DATA'];
```

其次，把 XML 格式的数据转换为数组类型，并记录到数据库 logs 表中：

```
// 转换 XML 数据为数组
$result = \WxPayResults::Init($xml);
// 写入 log 日志
$data['content'] = 'setup1:'.json_encode($result);
M('logs')->add($data);
```

然后，对接收到的数据进行验证：

```
// 订单数据验证
$input = new \WxPayOrderQuery();
$input->SetTransaction_id($result['transaction_id']);
$result = \WxPayApi::orderQuery($input);
// 写入 log 日志
$data['content'] = 'setup2:'.json_encode($result);
M('logs')->add($data);
```

接着，对验证结果进行匹配对比：

```
// 验证是否通过订单验证
if(array_key_exists("return_code", $result)
&& array_key_exists("result_code", $result)
&& $result["return_code"] == "SUCCESS"
&& $result["result_code"] == "SUCCESS")
{
    $data['content'] = 'setup3:'.json_encode(array('info'=>'修改订单状态！'));
    M('logs')->add($data);
}
```

最后，构建响应参数并发送给微信通知接口：

```
// 构建回复参数
$return_notify['return_code'] = "SUCCESS";
$return_notify['Appid'] = $result['Appid'];
$return_notify['nonce_str'] = $result['nonce_str'];
$return_notify['prepay_id'] = $result['prepay_id'];
$return_notify['result_code'] = "SUCCESS";
$return_notify['sign'] = $result['sign'];

// 回复通知
$data = new \WxPayResults();
$data->FromArray($return_notify);
exit($data->ToXml());
```

完成一次支付后查看数据库 logs 表记录，若有 3 条记录则说明通知接收处理成功，如图 10.35 所示。

徐	37	setup1:{"appid":"wxexxxxxx","attach":"test","bank_...
徐	38	setup2:{"appid":"wxxxxxxxxxx","attach":"test","ban...
徐	39	setup3:{"info":"\u4fee\u6539\u8ba2\u5355\u72b6\u60...

图 10.35　对通知进行处理和记录

在实际的订单系统里，数据验证成功后需要对订单进行数据更新，如更改订单状态为已支付等。

10.5　思考与练习

本章学习了微信支付的相关内容，学习完后请思考与练习以下内容。

思考：微信客户端在多少版本号之后才支持微信支付操作？如何判断微信客户端版本号？

练习：尝试根据微信官方开发手册实现微信扫码支付。

第 3 部分
微信公众平台高级接口

第 11 章
基于 LBS 位置服务的微信应用

LBS 被称为基于位置的服务，它是通过设备网络通信或外部位置定位方式（如 GPS）获取移动终端用户的位置信息（地理坐标，或大地坐标），在地理信息系统平台的支持下，为用户提供相应服务的一种增值业务。本章将会以 LBS 应用为核心，讲解其在微信公众平台中的使用方法。

本章主要涉及的知识点有：

❑ 常见的 LBS 应用简介：介绍常见的 LBS 应用，如微信查找附近的人、团购软件中查找附近的商家等。

❑ GeoHash 技术：讲解经纬度转换技术。

❑ 查找附近充电桩应用：讲解如何实现通过获取用户的位置信息，实现自动查找其附近的充电桩信息的应用。

11.1 基于 LBS 位置服务的常见应用

本节选取了几个常见的 LBS 应用，用户可以快速了解其所在的应用场景。

11.1.1 生活类 LBS 应用

在 LBS 最常使用的应用中，当属生活类应用最多。常见的生活类应用如下：

❑ 地图应用：通过获取当前用户所在位置，可以方便地查看当前区域的卫星云图、全景地图信息等。

❑ 商家定位查询：如团购、电商等应用中根据用户当前位置进行附近商家的筛选等。

❑ 用户交流：如查微信客户端中的"附近的人"功能，可以查看当前用户位置信息附近的其他用户，实现类似"找人"的功能。

❑ 交通服务：如查找附近的运营车辆，以就近原则进行预约和沟通。

其中，国内比较有名的地图应用提供商有百度、高德等。如图 11.1 所示。

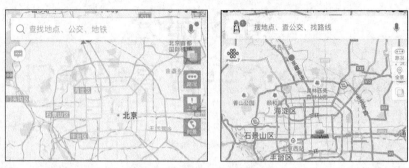

图 11.1　常见的地图类应用

通过当前的位置也可以很方便地检索到附近的商家信息，例如，在美团或者大众点评中的商家列表，如图 11.2 所示。

图 11.2　搜索附近商家的常见应用

微信客户端内置的"附近的人"则可以方便地看到谁在你周围，如图 11.3 所示。

图 11.3　查看离你最近的用户

近几年兴起的约车软件，其核心也是基于 LBS 位置应用。常见的应用效果如图 11.4 所示。

图 11.4　基于位置的约车应用服务

11.1.2　娱乐类 LBS 应用

娱乐类的 LBS 应用，首当其冲的就是游戏，目前国内外的很多游戏都或多或少地集成了 LSB 功能。比较有代表性的游戏有：

《Ingress》是一款将虚拟环境与现实世界结合到一起的手机游戏，即适地性游戏（Local based game）。游戏运用了虚拟环境与真实地图相结合的技术，需要配合手机中的地图软件使用，玩家行走到某个特定地点之后，就可以打开游戏程序发现传送门、神秘能量 XM 或是其他物品，然后再利用搜集到的 XM 能量靠近散布在地图上的传送门进行部署、入侵等动作。

图 11.5　娱乐类 LBS 应用软件

《精灵宝可梦 Go》是一款对现实世界中出现的宝可梦进行探索、捕捉、战斗以及交换的游戏。

玩家可以通过智能手机在现实世界里发现精灵，进行抓捕和战斗。玩家作为精灵训练师，抓到的精灵越多会变得越强大，从而有机会抓到更强大更稀有的精灵。截至 2016 年 9 月，该游戏已经有 5 亿下载量了，玩家在这个游戏中已经走了 46 亿公里的路程。

基于 LBS 服务的游戏，结合虚拟现实技术，可以增强玩家的代入感，极大地提高了游戏的可玩度。如图 11.5 所示。

基于 LBS 位置服务的应用可以说是无处不在的，本小节仅仅列举了最常见的几种类型。

11.2　GeoHash 经纬度转换算法

本节主要讲解 GeoHash 经纬度转换算法的原理，以及该算法在 PHP 中的使用和实现。

11.2.1　开发 LBS 应用基本原理

根据上一节的讲解我们了解到，开发基于 LBS 的应用，首先要满足两点基本条件：

（1）获取用户所在的地理位置信息（经纬度）。

（2）获取其他用户所在的地理位置信息（经纬度）。

而以上两者的信息都可能会随时更新，比如以下情况：

❑　用户本身的位置在不断变化：例如，使用地图导航的时候，用户本身的地理位置信息在其移动的同时不停的变化。

❑　其他用户的位置在不断变化：例如，在使用约车软件的时候，用户在等待车辆时，车辆的位置信息不停地进行变化。

❑　用户双方的位置信息不断变化：例如，在游戏中，若基于真实的地理位置完成任务，目标任务点可能处于不停的变化中。

根据以上介绍，LBS 应用最基本的方式就是根据当前用户所在的位置坐标，在已经存在的一组位置坐标中，找出一个或者多个满足条件的位置坐标及相应的其他信息。在程序设计中，以已经注册的地理位置信息列表中，找到距离当前位置 n 米内的信息为例，最简单的实现方法如下：

（1）每一条 MySQL 数据库表记录都要记录经度和维度两个字段。

（2）根据当前位置的经纬度信息和表记录中的每条经纬度进行距离计算。

（3）获得符合条件的结果集合。

通过以上方式实现，不仅程序要对每一条记录进行对比计算，而且要用到至少两个字段来进行查询，所以需要更高效率的方式来实现这一个效果，这里就要引入 GeoHash 经纬度转换算法。

11.2.2　GeoHash 经纬度转换算法简介

简单来说，GeoHash 算法可以把二维的经纬度信息转换为一维的字符串，以实现更高的存储（索引）和查询效率。图 11.6 展示了一个常见的 GeoHash 字符串位置地图示例。

在图中可以看出，每个字符串都代表一块矩形的区域，而此区域内的所有经纬度都会使用此唯一的字符串代表。这样可以提高查询速度，范围被缩小到了 9 个不同的字符串所代表的坐标体系内，而不是大量的完全不重复的经纬度信息。

　　与经纬度信息拥有精度单位一样，GeoHash 转换出的字符串是根据长度来确定精度的。这样就可以通过不同长度的字符串来确定不同的位置范围信息。所以在大部分情况下，字符串前缀匹配越多的距离越近。例如，要匹配附近的商家，只需要获得当前位置固定长度的前缀，和附近的商家信息进行匹配即可。不同长度的字符串所代表的不同范围的说明如图 11.7 所示。

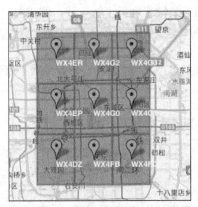

图 11.6　使用 GeoHash 进行经纬度信息的转换和存储

图 11.7　不同长度的字符串代表不同大小的区域

　　其中，5 位长度的字符串所代表的区域明显要比 6 位长度字符串所代表的要多很多。不同长度可以精确到的单位说明如图 11.8 所示。

geohash length	lat bits	lng bits	lat error	lng error	km error
1	2	3	±23	±23	±2500
2	5	5	± 2.8	± 5.6	±630
3	7	8	± 0.70	± 0.7	±78
4	10	10	± 0.087	± 0.18	±20
5	12	13	± 0.022	± 0.022	±2.4
6	15	15	± 0.0027	± 0.0055	±0.61
7	17	18	±0.00068	±0.00068	±0.076
8	20	20	±0.000085	±0.000017	±0.019

图 11.8　不同长度的字符串所代表的精度

从图 11.7 中可以看到，长度为 8 的字符串可以精确到 19 米左右，基本上可以满足距离查询的条件。

所以在引入 GeoHash 之后，结合 MySQL 数据库本身提供的 SQL 查询语句，就可以直接检索出需要的条件，流程如下：

（1）记录用户的位置信息，以 GeoHash 字符串的形式存储在表记录中。

（2）使用 SQL 语句中的 like 关键字进行模糊查询。例如：

```
select userinfo from address where geohash like 'wxege%'        //精度在几公里内
```

（3）获得结果集。

相比之前需要对每条信息进行计算，使用 GeoHash 方式不仅减少了工作量，也提高了查询的速度。

11.2.3　在 PHP 中使用 GeoHash

在 PHP 中使用 GeoHash 转换算法可以在 GitHub 上下载开源的类库，地址为"https://github.com/CloudSide/geohash"。下载完成后解压文件到本地，可以看到类文件非常简洁，只有 geohash.class.php 一个文件。新建 test.php 文件并填写以下代码进行测试：

```php
require_once('geohash.class.php');
$geohash = new Geohash;
//得到这点的 hash 值
$hash = $geohash->encode(39.98123848, 116.30683690);
//取前缀，前缀约长范围越小
$prefix = substr($hash, 0, 6);
//取出相邻 8 个区域
$neighbors = $geohash->neighbors($prefix);
array_push($neighbors, $prefix);
print_r($neighbors);
```

运行效果如图 11.9 所示。

```
Array
(
    [top] => wx4eqx
    [bottom] => wx4eqt
    [right] => wx4eqy
    [left] => wx4eqq
    [topleft] => wx4eqr
    [topright] => wx4eqz
    [bottomright] => wx4eqv
    [bottomleft] => wx4eqm
    [0] => wx4eqw
)
```

图 11.9　获取当前坐标点及附近 8 个坐标区域字符串

若需要进行 MySQL 数据查询，则执行以下 SQL 语句即可：

```sql
SELECT * FROM xy WHERE geohash LIKE 'wx4eqw%';
SELECT * FROM xy WHERE geohash LIKE 'wx4eqx%';
SELECT * FROM xy WHERE geohash LIKE 'wx4eqt%';
SELECT * FROM xy WHERE geohash LIKE 'wx4eqy%';
SELECT * FROM xy WHERE geohash LIKE 'wx4eqq%';
SELECT * FROM xy WHERE geohash LIKE 'wx4eqr%';
```

```
SELECT * FROM xy WHERE geohash LIKE 'wx4eqz%';
SELECT * FROM xy WHERE geohash LIKE 'wx4eqv%';
SELECT * FROM xy WHERE geohash LIKE 'wx4eqm%';
```

例子只提供了一个基本的使用模型，详细的应用实现将会在下一章中详细说明。

11.3　设计查找附近充电桩应用

本节结合微信公众平台网页获取地理位置接口和 GeoHash 经纬度转换算法，实现用户快速查找附近充电桩信息的应用设计。

11.3.1　程序设计

为了方便演示，在模型设计中分为两种角色：普通用户和充电桩所有者。充电桩用户可以在应用中注册个人的充电桩信息，至少包含经纬度和地址信息。普通用户则可以根据自己当前的位置，快速查询到离自己最近的充电桩信息列表。搜索充电桩应用流程如图 11.10 所示。

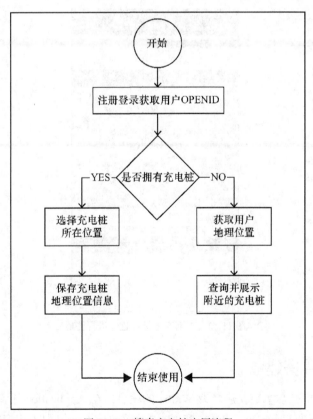

图 11.10　搜索充电桩应用流程

根据程序流程，应用的首页需要提供不同的用户角色的入口。普通用户可以通过快速查找功能迅速定位自己附近的充电桩信息。程序最终的实现效果如图 11.11 所示。

图 11.11　快速查询附近的充电桩信息

而检索的数据则来源于充电桩用户注册的信息，充电桩用户可以通过首页"充电桩注册"进入到信息注册页面，实现信息的录入功能，如图 11.12 所示。

图 11.12　查询充电桩位置并进行注册

11.3.2　项目搭建

使用 OneThink 框架在本地新建名为 Wxlbs 的项目，在 Application 下新增 Wechat 模块。在 Wechat 目录下分别新增 Controller、View 和 Lib 3 个文件夹，分别引入相应的文件。Wechat 项目核心结构目录如图 11.13 所示。

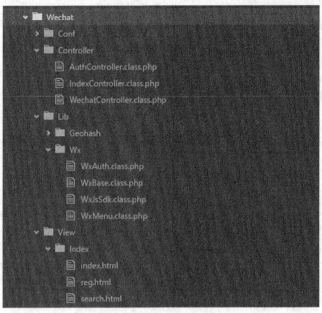

图 11.13　wechat 项目核心结构目录

其中，AuthController.class.php 用来通过 OpenID 实现用户登录注册流程。WxAuth、WxBase、WxJsSdk 和 WxMenu 类文件提供了对应微信公众平台各个接口的操作支持。

下面几个小节会讲解 Lib 下的 GeoHash 类文件使用说明。

11.3.3　数据库结构设计

除了 OneThink 框架自带的数据结构外，开发者还需修改和新增数据表来记录以下信息：

☐　微信用户信息：如 OpenID、微信昵称和头像等信息。
☐　充电桩地理位置信息：存储用户所注册的充电桩的基本信息，至少要包含地址详情和位置信息（可以是经纬度或者 GeoHash 字符串信息）。

首先，修改 db_member 表，新增表 11.1 所示的字段。

表 11.1　　　　　　　　　　　　　　会员表新增字段说明

字段名	类型	说明
openid	varchar(100)	微信用户唯一标识
language	varchar(20)	获取信息语言类型
city	varchar(50)	城市
province	varchar(50)	省份
country	varchar(60)	国别
headimgurl	varchar(255)	微信头像地址

其次，增加 db_address 表，存储用户提交的充电桩地理位置信息，结构见表 11.2。

表 11.2 地理位置信息表结构字段说明

字段名	类型	说明
id	int(4)	主键自增长
openid	int(10)	外键与 member 表 openid 字段关联
address	text	地址信息
lat	varchar(100)	纬度
lng	varchar(100)	经度
geohash	varchar(50)	GeoHash 转换后的地址字符串
status	tinyint(4)	记录状态。1：正常；禁用；—1：删除
create_time	int(10)	创建时间，时间戳
update_time	int(10)	更新时间，时间戳

需要注意的是，地理位置信息表中设计的 openid 字段可以更换为 uid，目的是记录提交用户的信息。lat 和 lng 经纬度字段虽然不直接参与位置的检索，但可以方便计算与当前位置的距离。geohash 字段则存储转换后的字符串。

11.4 开发查找附近充电桩应用

本节结合微信公众平台网页获取地理位置接口和 GeoHash 经纬度转换算法，实现用户快速查找附近充电桩信息的应用开发。

11.4.1 首页

应用首页提供两个功能的入口：

❑ 用户登录判断：根据 OpenID 判断用户是否已经注册或登录。

❑ 模块入口：提供检索和注册两个模块的入口。

首先在 IndexController.class.php 控制器文件中新增 index()方法，核心代码如下：

```
//首页
public function index()
{
    // 检测用户是否登录注册
    $this->checkUserWxLogin();
    $this->display();
}

// 检查是否已经授权并引导授权方法
private function checkUserWxLogin()
{
    if(!session('openid'))                              // 判断是否已经成功授权
    {
        import("@.Lib.Wx.WxAuth");                      // 引入 WxAuth 类库
        $wx = new \WxAuth(APP_ID ,APP_SECRET);          // 实例化对象
```

```
            $wx->setReturnUrl(U('Auth/getUserInfo'));    //设置回调地址
            redirect($wx->createWxAuthUrl(0));            //构建静默授权地址并跳转
        }
    }
```

其中，checkUserWxLogin()方法根据 session 中的 OpenID 来判断是否要进行相应的用户登录操作。

在 View/Index 目录下新增 index.html 模板文件，新增核心代码如下：

```html
<!DOCTYPE html>
<html>
<head>
<meta charset="UTF-8">
<meta name="viewport" content="width=device-width,initial-scale=1,user-scalable=0">
<title>WeUI</title>
<link rel="stylesheet" href="__PUBLIC__/static/weui.min.css"/>
<script src="__PUBLIC__/static/jquery-2.0.3.min.js"></script>
<!--WeUI-->
<script src="http://res.wx.qq.com/open/js/jweixin-1.0.0.js"></script>
<style>
    .btn_base{min-height:  200px;line-height:  200px;font-size:  30px;background:
#fff;};
</style>
</head>
<body style="padding:10px;background:#eee;">
    <div>
        <h2>快速查看附近的充电桩：</h2>
    </div>
    <div>
            <a href="{:U('search')}" class="weui_btn weui_btn_plain_primary btn_base
search_find">快速查找</a>
            <a href="{:U('reg')}" class="weui_btn weui_btn_plain_default btn_base
reg_info">充电桩注册</a>
    </div>
    <div>
        <h4>说明：</h4>
        <p>1、若需要查找附近的充电桩，请单击"快速查找"按钮。</p>
        <p>2、若您的车位拥有充电桩，请单击"充电桩注册"按钮。</p>
    </div>
</body>
</html>
```

除了引入 WeUI 等开发框架外，两个入口分别使用 a 标签进行定义：

```html
<a href="{:U('search')}" class="weui_btn weui_btn_plain_primary btn_base search_
find">快速查找</a>
<a href="{:U('reg')}" class="weui_btn weui_btn_plain_default btn_base reg_info">充电
桩注册</a>
```

在模板中使用 U()方法设置跳转链接。单击"快速查找"按钮可以访问 search()方法（用户检索页），而单击"充电桩注册"则可以访问 reg()（用户注册页）方法。

11.4.2　地理位置信息注册页

完成首页后，首先开发用户地理信息注册的页面模块。需要注意的是，在实际应用场景中，用户提交注册时的充电桩所在位置一般不是用户所在的当前位置，需要用户直接录入，所以这里就要提供地理位置检索服务，这样就可以非常方便地把用户输入的地理位置转换为通用的经纬度信息，随后再转换为对数据库检索更加友好的 GeoHash 字符串编码方式。信息注册流程如图 11.14 所示。

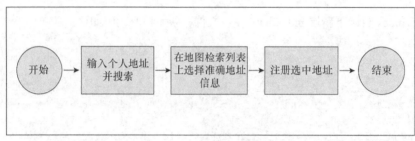

图 11.14　信息注册流程

为了实现用户信息的准确检索和经纬度的转化，这里引入腾讯地图 JS-API。使用其提供的接口可以十分方便地实现以下功能：

❑　接收用户提供的地址信息。

❑　在地图上展示符合用户输入地址信息的地理位置。

❑　获取地理位置的详细信息，如经纬度等。

在 View/Index 模板目录下创建 reg.html 页面，增加页面基本结构后引入地图 JS-API 文件如下：

```
<!--引入腾讯地图 JS-API-->
<script charset="utf-8" src="http://map.qq.com/api/js?v=2.exp"></script>
```

增加搜索输入框、搜索按钮和地图展示区域等，核心代码如下：

```
<div class="show_title">
    <h2>请输入充电桩的位置：</h2>
</div>
<div>
    <div class="weui_cell">
        <div class="weui_cell_hd"><label class="weui_label">地址：</label></div>
        <div class="weui_cell_bd weui_cell_primary">
            <input class="weui_input" id="keyword" type="text" placeholder="请输入充
电桩所在位置">
        </div>
    </div>
    <div class="search_btn">
        <a class="weui_btn weui_btn_primary" onclick="searchKeyword()">搜索</a>
    </div>
</div>
<!--显示地图位置-->
<div style="width:100%;height:300px" id="container"></div>
<!--提示信息展示区域-->
<div style='width: 100%; height: 180px' class="div_base" id="infoDiv">
    <h4>说明：地址查询后请在地图上点击选择坐标点并保存！</h4>
</div>
```

增加结构后，引入腾讯地图 JS-API 的使用代码：

```
<body onload="init()">                          <!--页面加载的时候调用 init()方法-->
<script>
```

```
var searchService, markers = [];
var show_address;                          // 全局地址信息
var lat ;                                  // 全局维度信息
var lng ;                                  // 全局经度信息
var init = function() {                    // 定义初始化方法
    var center = new qq.maps.LatLng(39.916527, 116.397128);
    var map = new qq.maps.Map(document.getElementById('container'), {
        center: center,
        zoom: 13
    });

    var latlngBounds = new qq.maps.LatLngBounds();
    //设置 Poi 检索服务，用于本地检索、周边检索
    searchService = new qq.maps.SearchService({
        //设置搜索范围为北京
        location: "北京",
        //设置搜索页码为 1
        pageIndex: 1,
        //设置每页的结果数为 5
        pageCapacity: 5,
        //设置展现查询结构到 infoDIV 上
        panel: null,
        //设置动扩大检索区域。默认值 true，会自动检索指定城市以外区域
        autoExtend: true,
        //检索成功的回调函数
        complete: function(results) {
            //设置回调函数参数
            var pois = results.detail.pois;
            var infoWin = new qq.maps.InfoWindow({
                map: map
            });
            for (var i = 0, l = pois.length; i < l; i++) {
                var poi = pois[i];
                //扩展边界范围，用来包含搜索到的 Poi 点
                latlngBounds.extend(poi.latLng);
                (function(n) {
                    var marker = new qq.maps.Marker({
                        map: map
                        });
                    marker.setPosition(pois[n].latLng);
                    marker.setTitle(i + 1);
                    markers.push(marker);
                    // 给地图上的检索结果图钉点添加点击事件
                    qq.maps.event.addListener(marker, 'click', function() {
                        infoWin.open();
                        show_address = pois[n].address;
                        lat = pois[n].latLng.lat;        // 获取当前位置的纬度
                        lng = pois[n].latLng.lng;        // 获取当前位置的经度
                        if(pois[n].address == undefined)
                        {
                            show_address = $('#keyword').val();
                        }
```

```
                              // 以弹窗的方式展示当前选中的位置信息
                              infoWin.setContent(
                                  '<div style="width:280px;min-height:20px;">选中地址：
'+show_address+'</div>'
                              );
                              infoWin.setPosition(pois[n].latLng);
                              $('#infoDiv').html("<div class='div_base'>所选地址: <p>"+
show_address+"</p></div><div  class='div_base'><a  href='javascript:;'  class='weui_btn
weui_btn_primary' onclick='post_data()'>确定注册此位置</a></div>");
                          });
                      })(i);
                  }
                  //调整地图视野
                  map.fitBounds(latlngBounds);
              },
              //若服务请求失败，则运行以下函数
              error: function() {
                  alert("出错了。");
              }
          });
      }
```

初始化地图完成后，就可以给搜索按钮添加搜索功能了，定义方法如下：

```
//清除地图上的marker
function clearOverlays(overlays) {
    var overlay;
    while (overlay = overlays.pop()) {
        overlay.setMap(null);
    }
}
//设置搜索的范围和关键字等属性
function searchKeyword() {
    var keyword = document.getElementById("keyword").value;
    clearOverlays(markers);
    //根据输入的城市设置搜索范围
    // searchService.setLocation("北京");
    //根据输入的关键字在搜索范围内检索
    searchService.search(keyword);
}
```

完成后即可实现基于用户输入地址的地图地理位置检索功能，如图 11.15 所示。

图 11.15　实现基础地图信息检索服务

注意

腾讯地图 JS-API 的更详细的使用方法可以参考腾讯开放平台的官方手册。地址如下：http://lbs.qq.com/javascript_v2/doc/index.html。

11.4.3　获取地理位置信息并存储

在检索出用户地理位置信息后，需要实现位置信息的存储。其中获取经纬度的代码如下：

```
qq.maps.event.addListener(marker, 'click', function() {
    infoWin.open();
    show_address = pois[n].address;
    lat = pois[n].latLng.lat;        // 获取当前位置的经度
    lng = pois[n].latLng.lng;        // 获取当前位置的纬度
    if(pois[n].address == undefined)
    {
        show_address = $('#keyword').val();
    }
    // 以弹窗的方式展示当前选中的位置信息
    infoWin.setContent(
        '<div style="width:280px;min-height:20px;">选中地址: '+show_address+'</div>'
    );
    infoWin.setPosition(pois[n].latLng);
    $('#infoDiv').html("<div class='div_base'>所选地址: <p>"+
show_address+"</p></div><div  class='div_base'><a  href='javascript:;'  class='weui_btn
weui_btn_primary' onclick='post_data()'>确定注册此位置</a></div>");
});
```

使用 Ajax 的方式提交数据到 PHP 的 saveAddress()地理位置保存方法，需要在 reg()页面上定义方法如下：

```
// 保存地址数据
function post_data()
{
    $.post("{:U('saveAddress')}" , {
            time:new Date().getTime() ,          // 时间戳
            lat:lat,                             // 纬度
            lng:lng,                             // 经度
            address:show_address                 // 地址信息
        },
        function(msg){                           // 回调函数
            if(msg.status == 1)                  // 返回值状态判断
            {
                $('#toast').show();              // 提示保存成功
            }
            setTimeout(function(){               // 定时器, 页面跳转
                window.location.href = "{U('Index/index')}";
            },1000);
        }
    );
}
```

在 IndexController.class.php 控制器中新增 saveAddress()方法，实现如下：

```
// 保存充电桩地址
public function saveAddress()
```

```
{
    if(IS_POST)
    {
        $lat = I('lat');                                    // 获取纬度
        $lng = I('lng');                                    // 获取经度
        $address = I('address');                            // 获取地址信息
        if(!$lat || !$lng || !$address)                     // 参数验证
        {
            $this->ajaxReturn(array('status' => 0));
        }

        import("@.Lib.Geohash.Geohash");                    // 引入 GeoHash 类库
        $geohash = new \Geohash();                          // 实例化 GeoHash 类库
        $hash = $geohash->encode($lat, $lng);               // 把经纬度转换为一维字符串
        if($hash)
        {                                                   // 构建数据
            $data['lat'] = $lat;
            $data['openid'] = session('openid')?session('openid'):0;
            $data['lng'] = $lng;
            $data['geohash'] = $hash;
            $data['address'] = $address;
            $data['status'] = 1;
            $data['create_time'] = time();
            M('address')->add($data);                       // 在数据库中新增记录
        }
        $this->ajaxReturn(array('status'=>1,'data'=>$str));// 返回 JSON 数据
    }
}
```

在 saveAddress()方法中，首先使用 ThinkPHP 框架自带的 I()方法接收 POST 请求来的经纬度等信息，然后使用 GeoHash 类库转换经纬度信息为字符串：

```
import("@.Lib.Geohash.Geohash");                    // 引入 GeoHash 类库
$geohash = new \Geohash();                          // 实例化 GeoHash 类库
$hash = $geohash->encode($lat, $lng);               // 把经纬度转换为一维字符串
```

随后构建数据并存储到 address 表中：

```
M('address')->add($data);                           // 在数据库中新增记录
```

最后把 JSON 格式数据返回给页面，使用框架自带的 ajaxReturn()方法，此方法可以定义返回数据的类型和格式：

```
$this->ajaxReturn(array('status'=>1,'data'=>$str)); // 返回 JSON 数据
```

数据存储成功后，使用 phpMyAdmin 数据库管理应用查看，如图 11.16 所示。

id	openid	address	lat	lng	geohash	status	create_time	update_time
1	0	北京市朝阳区吉祥里112号	39.92539	116.43798	wx4g1s5w384	1	1474117597	0
2	0	北京市海淀区车道沟地铁D口嘉豪国际中心A座商业A02-1-1号	39.94725	116.29193	wx4eq21jw75	1	1474118882	0
3	0	北京市海淀区彰化路	39.94099	116.28725	wx4enpjc1k4	1	1474118968	0
4	0	北京市海淀区蓝靛厂南路25号牛顿办公区B1068室	39.94563	116.2929	wx4enrcuhv	1	1474127792	0
5	0	北京市海淀区西二旗地铁站配套区域自南向北第一家	40.04873	116.30962	wx4eydwhf86	1	1474282481	0

图 11.16　查看在 MySQL 中存储的地址记录

完成整个注册流程后，实现了应用最基本的信息录入功能，但这只是实现了最基本的应用模型，还需要注意以下事项：

❑ 数据校验：应该对用户输入的信息做更多维度的验证，如输入的文本类型、长度和内容限定。

❑ 数据去重：同一个位置或者相近经纬度的记录不应该被重复插入，所以此处应该编写相应的逻辑。

　　　　　　模块默认以用户已经登录为基本条件。

11.4.4　充电桩信息检索页

用户进入此页面后，就可以根据当前位置检索附近的充电桩信息了。首先，需要获取用户的地理位置信息，在 IndexController.class.php 文件中新增 search()方法，引入微信 JS-SDK 并进行配置参数的初始化：

```
// 查找周围的充电桩
public function search()
{
    import('@.Lib.Wx.WxJsSdk');
    $jssdk = new \WxJsSdk(APP_ID, APP_SECRET);          // 实例化对象
    $signPackage = $jssdk->GetSignPackage();            // 获取 wx 验证参数
    $this->assign('signPackage' , $signPackage);        // 变量置换
    $this->display();
}
```

其次，在 Index/View 下新增 search.html 模板，增加基本的页面结构并引入相应的依赖文件后，新增展示列表的 div 定义如下：

```
<h2>附近的充电桩</h2>
<div class="show_list">
    正在检索中...
</div>
```

接着，调用 getLocation 接口获取经纬度，并使用 Ajax 发送到 PHP 脚本进行处理：

```
wx.ready(function () {
    // 在这里调用 API
    wx.getLocation({
    type: 'wgs84', // 默认为 wgs84 的 GPS 坐标，如果要返回直接给 openLocation 用的火星坐标，可传入'gcj02'
    success: function (res) {
        var latitude = res.latitude;                // 纬度，浮点数，范围为-90~-90
        var longitude = res.longitude;              // 经度，浮点数，范围为-180~-180
        $.post("{:U('getAddressList')}" ,           // 发送请求进行查找操作
            {
                time:new Date().getTime(),
                lat:latitude ,                      // 纬度
                lng : longitude                     // 经度
            },
            function(msg){
                $('.show_list').html(msg.data);     // 展示查询结果集
            })
        }
    });
```

```
    });
```

然后，在 IndexController.class.php 文件中新增 getAddressList()方法，核心代码如下：

```php
// 获取附近的充电桩地址列表
public function getAddressList()
{
    if(IS_POST)
    {
        $lat = I('lat');                                         // 获取纬度信息
        $lng = I('lng');                                         // 获取经度信息
        if(!$lat || !$lng )                                      // 参数验证
        {
            $this->ajaxReturn(array('status' => 0));
        }
        import("@.Lib.Geohash.Geohash");                         // 引入 GeoHash 类
        $geohash = new \Geohash();                               // 实例化 GeoHash 类
        $hash = $geohash->encode($lat, $lng);                    // 转换当前经纬度信息
        $prefix = substr($hash, 0, 5);
        $neighbors = $geohash->neighbors($prefix);               // 取出相邻 8 个区域
        array_push($neighbors, $prefix);                         // 构建区域地址数组
        $str = "";
        foreach ($neighbors as $key => $value)                   // 遍历区域地址数据
        {
            $map['geohash'] = array('like' , $value."%");        // 使用模糊匹配查询
            $map['status'] = array('gt' , 0);
            $find_list = M('address')->where($map)->select();    // 查询数据
            foreach ($find_list as $k => $v) {                   // 构建页面 HTML 数据
                $str .=
                "<div class='address_list'>
                <p class='address_content'>所在位置: ".$v['address']."</p>
                <p class='address_distance'>距离".$this->getDistance($lat , $lng , $v['lat'] , $v['lng'])."
                </p></div>";
            }
        }
        $this->ajaxReturn(array('msg'=>1 , 'data'=>$str));       // 返回 JSON 数据
    }
}
```

随后，实现查询的核心代码，通过当前的经纬度信息获取附近区域的地理位置信息：

```php
$neighbors = $geohash->neighbors($prefix);                       // 取出相邻 8 个区域
```

最后，使用 MySQL 中的 like 语句进行模糊查询，注意 like 查询的规则：

```php
$map['geohash'] = array('like' , $value."%");                    // 使用模糊匹配查询
$map['status'] = array('gt' , 0);
$find_list = M('address')->where($map)->select();                // 查询数据
```

查询效果如图 11.17 所示。

图 11.17　查看数据检索结果

这里用到的计算两个经纬度之间直线距离的方法 getDistance()定义如下：

```php
// 获取两个经纬度之间的距离，单位为米
public function getDistance($lat1, $lng1, $lat2, $lng2)
{
    $earthRadius = 6367000;
    $lat1 = ($lat1 * pi() ) / 180;
    $lng1 = ($lng1 * pi() ) / 180;
    $lat2 = ($lat2 * pi() ) / 180;
    $lng2 = ($lng2 * pi() ) / 180;
    $calcLongitude = $lng2 - $lng1;
    $calcLatitude = $lat2 - $lat1;
    $stepOne = pow(sin($calcLatitude / 2), 2) + cos($lat1) * cos($lat2) * pow(sin
($calcLongitude / 2), 2);
    $stepTwo = 2 * asin(min(1, sqrt($stepOne)));
    $calculatedDistance = $earthRadius * $stepTwo;
    $num = round($calculatedDistance);
    if($num < 1000)
    {
        $num = $num . '米';
    }
    else
    {
        $num = ($num / 1000).'公里';
    }
    return $num;
}
```

11.5　思考与总结

本章学习了基于 LBS 地理位置定位的有关知识，学习完成后请思考与练习以下内容。

思考：除了本章提到的 LBS 常见类型应用，在哪些地方还可以见到 LBS 的踪影？

练习：尝试修改用户查询页，使之默认显示所有的注册信息，单击"搜索"按钮可以实现基于当前用户位置的检索和结果集列表展示。

第12章
可伸缩式布局——rem

通过这几年的快速发展，移动设备的屏幕尺寸和分辨率种类越来越多，仅以 iPhone 手机为例，就有多达四五种常用屏幕尺寸和分辨率。前端工程师为了实现同样设计效果的适配工作越做越多。本章将重点讲解页面开发中的基于 rem 的可伸缩式布局方式。

本章主要涉及的知识点有：

❑ 移动网页布局：介绍目前主流网站使用的布局方式和特点，以及为何要使用 rem 布局。

❑ rem 布局原理：掌握 rem 布局的多种实现方式。

❑ rem 布局应用：通过 rem 布局的方式实现 Web APP 的页面应用。

12.1　移动网页布局概述

本节介绍 Web APP 常见的布局方式、使用案例和优缺点。

12.1.1　常见的移动网页布局方式

为了解决不同屏幕下设计效果不一致的情况，常见的布局方式有以下 3 种：

❑ 流式布局：通过定义宽度百分比、高度固定的方式实现网页布局。

❑ 固定宽度：通过定义宽度固定、屏幕超出留白的方式实现网页布局。

❑ 响应式布局：一个网页可以适应多个终端，通过获取设备的屏幕尺寸和分辨率进行判断和布局调整。

流式布局使用宽度百分比的方式，虽然可以解决不同宽度下的显示问题，但是高度固定导致了不同设备屏幕下的显示不统一，最佳效果只能在一个或几个宽度的分辨率下呈现。图 12.1 所示为一个典型的流式布局的例子。

图 12.1　在两种不同宽度下的页面展示效果

在上图中，可以看到图片的布局位置在宽度较大的情况下被拉长，显示效果与普通宽度显示效果不同。

固定宽度的网页布局方式，虽然在不同设备上用户看到的设计效果一致，但是也存在大尺寸屏幕下出现大量留白、字体过小的情况，现在使用这样布局的网站越来越少。

而响应式布局是 Ethan Marcotte 在 2010 年 5 月提出的一个概念，简而言之，就是一个网站能够兼容多个终端——而不是为每个终端做一个特定的版本。这个概念是为了解决移动互联网浏览而诞生的。

响应式也存在优缺点，只适合一部分应用场景，其中优点如下：

❑ 面对不同分辨率设备灵活性强。

❑ 能够快捷解决多设备显示适应问题。

缺点如下：

❑ 兼容各种设备，工作量大，效率低下。

❑ 代码累赘，会出现隐藏无用的元素，加载时间较长。

❑ 其实这是一种折衷性质的设计解决方案，受多方面因素影响而达不到最佳效果。

❑ 一定程度上改变了网站原有的布局结构，会出现用户混淆的情况。

响应式布局是为了在特定应用场景下减少开发者的工作量，所以响应式布局适合页面元素较为简单的企业网站、个人博客等，不适用于规模稍大或对多尺寸设计效果要求一致性高的网站应用。

常见的响应式布局如图 12.2 所示。

图 12.2 常见的响应式布局

12.1.2 rem 布局简介

通过上一小节的介绍，发现现有的布局方式并不能满足我们的需求，也就是实现多端展示相同的设计方案，所以这里就引入了全新的布局方案：rem。

作为在 CSS3 中新出现的单位，rem（font size of the root element）是指相对于根元素的字体大小的单位。简单地说，它就是一个相对单位。看到 rem，开发者一定会想起 em（font size of the element），它是指相对于父元素的字体大小的单位。rem 和 em 其实很相似，只不过一个计算的规则是依赖根元素，而另一个是依赖父元素。

使用 rem 单位布局解决的最大的问题就是可以实现等比例适配所有的屏幕,解决了流式布局等常见布局不能解决的问题。越来越多的 Web APP 使用了 rem 布局方式,图 12.3 所示为不同尺寸下的移动版淘宝首页效果图。

图 12.3　不同设备上的相同设计展示

基于 rem 布局的方式下,预先设计的元素都会等比缩小或者放大,不会破坏原有的设计模式。

移动端的淘宝首页并不完全使用 rem 一种布局方案,同时也使用了其他的布局方案进行辅助。这也是使用 rem 布局的灵活之处。

12.2　rem 布局原理与实现

本节通过实例讲解 rem 布局的原理和实现技巧。

12.2.1　rem 与字体大小

在 rem 的简介中我们提到,rem 是基于网页根元素字体大小的相对单位,也就是通过 html 中全局 font-size 字体大小属性就可以控制 rem 的大小。在讲解其原理之前,首先通过一个实例来了解一下 rem 单位与字体大小的关系。

在本地新建 wxrem 的本地项目,在项目目录下新增 css、js 和 images 3 个目录存储静态文件,随后新增 img.html 文件,增加代码如下:

```
<html lang="en">
<head>
    <meta charset="UTF-8">
    <meta    content="width=device-width,    initial-scale=1.0,    maximum-scale=1.0,
user-scalable=0" name="viewport">
    <style>
        *{padding:0px;margin:0px;}
```

```
        html{
            font-size:20px;
        }
        img{
            display: block;
            margin:2rem auto;
            width:15rem;
        }
    </style>
</head>
<body>
    <img src="./images/img1.jpg">
</body>
</html>
```

在浏览器中运行的效果如图 12.4 所示。

图 12.4　使用 rem 布局展示页面图片

实例中定义了全局 font-size 为 20px，所以 1rem 就等于 20px。所以定义的样式为：

```
img{
    display: block;
    margin:2rem auto;
    width:15rem;
}
```

而定义 img 的图片宽度 15rem，也就就等于 300px。再次修改 font-size 属性，由 20px 减半为 10px：

```
html{
    font-size:10px;
}
```

在浏览器中运行的效果如图 12.5 所示。

图 12.5　rem 与字体大小的关系

只修改了字体大小,而使用 rem 为单位的样式并没有修改,图片就缩小了一半的宽度。从这个实例可以了解 rem 单位和字体单位的关系。

12.2.2 伸缩式布局

在了解了 rem 单位与字体大小的关系后,还是先用一个实例来实现伸缩式布局的效果。新建 index.html 文件,新增代码如下:

```
<html lang="en">
<head>
    <meta charset="UTF-8">
    <meta   content="width=device-width,   initial-scale=1.0,   maximum-scale=1.0,
user-scalable=0" name="viewport">
    <style>
        *{padding:0px;margin:0px;}
        html{width:100%;height:100%;}
        header,footer{width: 100%;line-height: 1.5rem;font-size: 0.8rem;
color:#fff;text-align: center;background: #999;}
        img{display: block;width:14rem;margin: 1.2rem auto;}
    </style>
</head>
<body>
    <header>Header</header>
    <div class="img_box">
        <img src="./images/img1.jpg" >
        <img src="./images/img2.jpg" >
    </div>
    <footer>Footer</footer>
    <script>
        (function (doc, win) {
          var docEl = doc.documentElement,
            resizeEvt = 'orientationchange' in window ? 'orientationchange' :
'resize',
            recalc = function () {
              var clientWidth = docEl.clientWidth;
              if (!clientWidth) return;
              docEl.style.fontSize = 20 * (clientWidth / 320) + 'px';
            };

            if (!doc.addEventListener) return;
            win.addEventListener(resizeEvt, recalc, false);
            doc.addEventListener('DOMContentLoaded', recalc, false);
        })(document, window);
    </script>
</body>
```

因为 rem 单位所实际代表的宽度会根据页面跟元素的字体大小改变,所以只需要通过 JavaScript 动态地获取页面宽度,再根据设计的切图宽度(如代码中为 320px)进行计算,就可以得出字体的实际大小。这里的核心代码如下:

```
var clientWidth = docEl.clientWidth;
if (!clientWidth) return;
docEl.style.fontSize = 20 * (clientWidth / 320) + 'px';
```

以几个主流的设备宽度为例，若设计以 320 标准为宽度，根元素字体默认为 20px。则当设备宽度提升到 640 宽度的时候，计算字体大小的公式如下：

```
20 * (640 / 320)
```

以上计算得出的值为 40，也就是在 640 宽度设备下，默认字体大小会放大两倍。而同样 img 元素的宽度定义为 14rem 时，在 320 宽度下实际宽度为 280px，而 640 宽度下就会自动变为 560px。实现等比缩放的效果的同时，只需要编写一套 rem 单位的布局样式表文件。

在浏览器中运行 index.html 文件，发现不同设备下网页的布局并没有失调，从而实现了可伸缩式的布局。展示效果如图 12.6 所示。

图 12.6　伸缩式布局在不同设备上的展示效果

除了使用 JavaScript 动态计算，还可以使用 media query 在样式表中预先设置字体列表，从而实现自动适配：

```
    html {
    font-size : 20px;
}
@media only screen and (min-width: 401px){
    html {
        font-size: 25px !important;
    }
}
@media only screen and (min-width: 428px){
    html {
        font-size: 26.75px !important;
    }
}
@media only screen and (min-width: 481px){
    html {
        font-size: 30px !important;
    }
}
@media only screen and (min-width: 569px){
```

```
    html {
        font-size: 35px !important;
    }
}
@media only screen and (min-width: 641px){
    html {
        font-size: 40px !important;
    }
}
```

使用 media query 的方式只能适配部分屏幕尺寸，是否选择可以根据实际需求来定。

12.3 淘购物入口页

本节使用 rem 布局编写一个常见的移动电商的入口首页，通过实例更深入地了解可伸缩式布局的核心用法。

12.3.1 页面设计

以常见移动购物网站首页为例，一般都会给用户提供以下功能入口：

❑ 搜索入口：提供可以快速检索信息的入口。

❑ 导航入口：如商品分类、用户注册和登录的入口等。

❑ 推荐信息：大型购物网站都有自己的推荐系统，无论是商业广告、商品推荐，还是基于用户行为分析的推荐结果，一般都会提供这类信息的展示。

所以，入口页在设计上大同小异。常见的购物网站移动首页如图 12.7 所示。

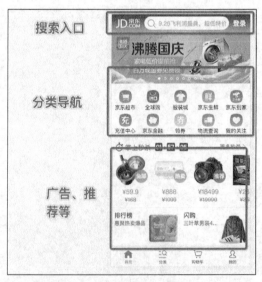

图 12.7　常见的购物网站移动首页

综合以上的分析，本节就以 rem 布局方式实现一个带有搜索、分类和各类信息的移动淘购物首页。完成效果如图 12.8 所示。

图 12.8　移动淘购物首页完成效果图

12.3.2　基础结构

首先新增 tao.html 文件，在页面中定义基本的 HTML 格式文件，引入以下两部分基本依赖文件：

❑　全局格式化样式文件：清除或者格式化网页自带的样式，如自带的内外边距、a 标签样式和 ul 列表样式等。

❑　rem 单位值动态计算 JavaScript 代码：根据屏幕宽度和设计切图宽度计算出当前字体大小的脚本方法。

其中，样式文件定义在 css 目录下的 base.css 中，核心代码如下：

```
/* reset */
body,div,dl,dt,dd,ul,ol,li,h1,h2,h3,h4,h5,h6,pre,code,form,fieldset,legend,textarea
,p,blockquote,th,td,input,select,textarea,button {margin:0;padding:0} /* 初始化标签在所有
浏览器中的 margin、padding 值 */
    fieldset,img {border:0 none}                    /* 重置 fieldset（表单分组）、图片的边框为
0*/
    dl,ul,ol,menu,li {list-style:none}              /* 重置类表前导符号为 onne,menu 在
HTML5 中有效 */
    blockquote, q {quotes: none}                    /* 重置嵌套引用的引号类型 */
    blockquote:before, blockquote:after,q:before, q:after {content:'';content:none} /* 重
置嵌套引用*/
    input,select,textarea,button {vertical-align:middle; outline:medium;}/* 重置表单控件垂
直居中*/
    button {border:0 none;background-color:transparent;cursor:pointer}/* 重置表单 button
按钮效果 */
    body {background:#fff}                           /* 重置 body 页面背景为白色 */
    body,th,td,input,select,textarea,button {font-family:"微软雅黑","黑体","宋体
";color:#666}/* 重置页面文字属性 */
    a {color:#666;text-decoration:none}             /* 重置链接 a 标签 */
```

```
a:active, a:hover {text-decoration:none}                    /* 重置链接a标签的鼠标滑动效果 */
address,caption,cite,code,dfn,em,var {font-style:normal;font-weight:normal}/* 重置样
式标签的样式 */
caption {display:none;}                              /* 重置表格标题为隐藏 */
table {width:100%;border-collapse:collapse;border-spacing:0;table-layout:fixed;}/*
重置table属性 */
img{vertical-align:top}                              /* 图片在当前行内的垂直位置 */
a {outline: none;}
a:active {star:expression(this.onFocus=this.blur());}
.clear_all{clear: all;}                              /* 清除浮动效果*/
```

页面结构如下：

```
<html lang="en">
<head>
    <meta charset="UTF-8">
    <meta                                                    name="viewport"
content="width=device-width,initial-scale=1.0,minimum-scale=1.0,maximum-scale=1.0,user-
scalable=no" />
    <link rel="stylesheet" href="./css/base.css" />        <!--基本样式文件-->
    <link rel="stylesheet" href="./css/index.css" />            <!--首页样式文件-->
</head>
<body>
    <script>
        (function (doc, win) {
          var docEl = doc.documentElement,
            resizeEvt = 'orientationchange' in window ? 'orientationchange' :
'resize',
            recalc = function () {
              var clientWidth = docEl.clientWidth;
              if (!clientWidth) return;
              docEl.style.fontSize = 20 * (clientWidth / 320) + 'px';
            };

          if (!doc.addEventListener) return;
          win.addEventListener(resizeEvt, recalc, false);
          doc.addEventListener('DOMContentLoaded', recalc, false);
        })(document, window);
    </script>
</body>
</html>
```

需要注意的是，为了提供更好的用户体验，在开发移动网页的时候，通常会见到在 head 内使用 meta 标签定义了以下内容：

```
width=device-width,initial-scale=1.0,minimum-scale=1.0,maximum-scale=1.0,user-scala
ble=no
```

其各自的含义如下：

❑ width=device-width：网页宽度为设备屏幕宽度，可以自定义。

❑ initial-scale=1.0：设置缩放比例为 1.0。

❑ minimum-scale=1.0：最小缩放比例为 1.0。

❑ maximum-scale=1.0：最大缩放比例为 1.0。

❑ user-scalable=no：禁止用户自由缩放，默认值为 yes。通常禁用了此参数，minimum 和

maximum 参数就可以省略定义。

页面默认模拟 320px 为设计切图宽度，字体大小默认为 20px。

 可以借助 meta 标签为页面增加更多的特性，比如禁止自动识别电话号码、定义导航栏颜色等。

12.3.3　搜索和轮播图

首先定义搜索和轮播图的结构布局，代码如下：

```html
<!--搜索区域开始-->
<div class="head_search">
    <!--网页 LOGO 区域-->
    <div class="search_logo">
        淘
    </div>
    <!--搜索文本框-->
    <div class="search_bar">
        <input type="text" placeholder="要搜索什么商品"/>
    </div>
    <!--搜索执行按钮-->
    <div class="search_btn">
        <a href="#">搜索</a>
    </div>
    <div class="clear_all"></div>
</div>
<!--搜索区域结束-->
<!--轮播图开始-->
<div class="head_imgs">
    <!--图片列表容器 UL-->
    <ul>
        <li><a href="#"><img src="./images/img4.jpg" /></a></li>
    </ul>
</div>
<!--轮播图结束-->
```

然后在 index.css 文件中新增以下样式定义：

```css
/*搜索框 start*/
.head_search{width:100%;height:2rem;background: red;float: left;}
.head_search .search_logo{width:1.7rem;float: left;text-align: center;line-height: 2rem;color: #fff;}
.head_search .search_bar{width:12rem;float: left;}
.head_search .search_btn{width:2.3rem;float: left;line-height: 2rem;}
.head_search .search_btn a{font-size: 0.8rem;color:#fff;}
.head_search input{background: #B52600;border:0px;width:11.3rem;line-height: 1.6rem;margin-top: 0.2rem;margin-left: 0rem;margin-bottom: 0.2rem;padding-left: 0.5rem;color:#fff;font-size:0.7rem;
    border-radius: 0.8rem;}
/*搜索框 end*/
/*轮播图 start*/
.head_imgs{width:100%;height:7.6rem;background: #fff;}
.head_imgs img{width:100%;display: block;}
```

```
    /*轮播图 end*/
```

除了使用 rem 为单位进行布局外,搜索的 3 个部分使用左浮动的方式实现 3 个 div 的同行展示。

页面的设计宽度为 320px,字体大小为 20px,通过计算,定义和屏幕宽度一致的容器则需要样式属性 width 宽度为 16rem。所以搜索 Logo、搜索文本框和搜索按钮 3 个部分的宽度定义分别为 1.7rem、12rem 和 2.3rem,加起来正与 16rem 相符。详细的计算可以尽量避免布局上的偏差。

本实例中使用宽度 100%的单位样式定义 div,与定义宽度为 16rem 的效果一致。

12.3.4 商品分类导航

和轮播图容器使用了 ul 列表一样,商品分类导航也使用 ul 类进行布局定位:

```
<div class="nav">
    <ul class="nav_icon">
        <li>
            <a href="#">
                <img src="imgpath" />
                <span>天猫国际</span>
            </a>
        </li>
        <li>
            <a href="#">
                <img src="imgpath" />
                <span>天猫国际</span>
            </a>
        </li>
        ……
        </ul>
    <div class="clear_all"></div>
</div>
```

增加样式如下:

```
/*商品分类导航 start*/
.nav{width:100%;height:6.5rem;background: #fff;margin-top: 0rem;margin-bottom: 0rem;}
.nav ul{width:100%;display: block;float: left;}
.nav ul li{float: left;width:3.2rem;height:3.2rem;background: #fff;}
.nav ul li span{font-size: 0.5rem;text-align: center;display: block;margin:0 auto;}
.nav img{width:2.2rem;display: block;margin:.2rem auto;}
/*商品分类导航 end*/
```

12.3.5 动态与商品推荐

动态显示新闻的头条标题,商品推荐展示 3 幅商品图片,定义结构如下:

```
<!--商品新闻动态开始-->
<div class="news_title">
    <span class="news_logo">最新头条</span>
    <span class="news_content">[news!]新款手机频繁出现爆炸事故! </span>
</div>
<!--商品新闻动态结束-->
<!--商品推荐开始-->
```

```
<div class="goods_top">
    <div class="goods_top_nav">今日爆款</div>
    <div class="big_img">
        <img src="./images/img2.jpg" />
    </div>
    <div class="small_img_list">
        <img src="./images/img2.jpg">
        <img src="./images/img2.jpg">
    </div>
    <div class="clear_all"></div>
</div>
<!--商品推荐结束-->
```

增加样式如下：

```
/*新闻头条 start*/
.news_title{width:100%;border-top: 1px solid #ddd;font-size: 0.7rem;line-height:
1.5rem;background: #fff;}
.news_logo{border-right:1px solid #ddd;padding-left: 0.5rem;padding-right: 0.5rem;}
/*新闻头条 end*/


/*商品推荐 start*/
.goods_top{width:100%;height:8rem;}
.goods_top .big_img img{width:7rem;float: left;height:8rem;}
.goods_top .small_img_list img{display: block;width:9rem;height: 4rem;float: left;}
.goods_top_nav{width:100%;text-align: center;line-height: 1rem;font-size: 0.7rem;
background: #fff;margin-top:0.2rem;margin-bottom: 0.2rem;}
/*商品推荐 end*/
```

在定义边框实线的时候使用了以下样式：

```
border-right:1px solid #ddd;
```

这里以 px 为单位进行布局，因为一般来说单实线不需要进行等比缩放。

12.3.6　商品列表

因为首页各种元素很多，所以商品列表要尽量突出简洁的特色，只包含商品图片、名称和价格 3 个最基本的属性即可。布局代码如下：

```
<div class="goods_list">
    <div class="goods_nav">猜你喜欢</div>
    <div class="goods_content">
        <div class="goods">
            <img src="./images/img1.jpg" />
            <div class="goods_desc">[为你推荐]如何才能购买大大我的</div>
            <div class="goods_price">￥100.0</div>
        </div>
        <div class="goods">
            <img src="./images/img1.jpg" />
            <div class="goods_desc">[为你推荐]如何才能购买啊大大我的</div>
            <div class="goods_price">￥100.0</div>
        </div>
        ……
    </div>
</div>
```

增加样式如下:

```
/*商品列表 start*/
.goods_content{width:100%;height:9.5rem;margin-top: 0.5rem;margin-bottom: 0.2rem;}
.goods_content .goods{width:8rem;float:left;background: #fff;padding-top: 0.1rem;}
.goods img{width:7.7rem;height: 6.5rem;display:block;margin: 0 auto;}
.goods .goods_desc{font-size: 0.5rem;padding:0.2rem;line-height:0.8rem;}
.goods .goods_price{font-size: 0.7rem;padding:0.2rem;color:red;font-weight: bold;}
.goods_nav{width:100%;text-align: center;line-height: 1rem;font-size: 0.7rem;
background: #fff;margin-top:1.5rem;margin-bottom: 0.2rem;}
/*商品列表 end*/
```

这样就完成了一个最基本的基于 rem 布局的购物首页,在不同屏幕大小下查看效果如图 12.9
所示。

图 12.9　不同设备下查看首页效果

12.4　思考与练习

本章主要介绍了可伸缩式布局 rem 的原理和实现,学习完成后请思考与练习以下内容:

思考:rem 布局有什么缺点?

练习:仿照淘宝移动网站编写一个搜索结果列表页面。

第13章
微信公众平台使用开发技巧

微信公众平台在不停的发展中，会不停地推出各式各样的新功能新模块，对已经存在的模块也会进行升级和优化，以实现修复已有问题、提升用户使用体验和配合新版微信新功能等。本章主要介绍微信公众平台的新版客服功能以及模板消息功能。

本章主要涉及的知识点有：

❑　新版客服功能：掌握在开通客服功能后，如何有效地增加客服和使用客服相关的功能。

❑　模板消息功能：掌握模板消息的应用场景，了解如何开通模板消息模块。

❑　在开发者模式下发送模板消息：结合实际案例讲解如何在开发者模式下成功地向用户推送模板消息。

13.1　客服功能

本节讲解老版本多客服用户如何升级成新版客服功能、新用户如何开通客服功能，以及新增客服和实现客服沟通等操作。

13.1.1　升级与开通客服功能

在多客服功能的基础上，微信公众平台在近期升级了客服功能，新版客服功能采用网页版的形式，提供了首发消息和客服数据等功能，并且支持客服人员进行微信扫码登录。若微信公众平台账号为全新账号，只需要在管理后台的菜单"功能"模块下找到"添加功能插件"按钮，单击进入即可找到"客服功能"模块进行添加，如图 13.1 所示。

图 13.1　找到并添加"客服功能"模块

若此前就已经添加旧版多客服功能的用户，也可以方便地将之升级为新版客服功能。升级时，需要在管理后台的菜单"功能"模块下找到"多客服"按钮，单击进入后开启升级流程。需要把该账号下所有客服人员逐一绑定对应的客服人员微信号，所有客服账号绑定完成后方可升级成功。

如图 13.2 所示。

图 13.2　升级客服功能

开通客服功能账号需要满足通过微信认证的条件。

13.1.2　添加客服人员账号

开通或者升级客服功能后，需要为客服功能添加客服人员账号，并绑定客服人员的微信账号。进入客服功能页面后，可通过单击"添加客服"按钮进入增加页面，如图 13.3 所示。

图 13.3　添加客服入口

随后填写客服昵称并上传客服的头像，客服昵称会显示在微信公众账号的简介中，头像则会在聊天会话中展示。增加信息页面如图 13.4 所示。

图 13.4　录入客服基本信息

单击"下一步"进行客服人员微信账号的绑定操作，如图 13.5 所示。

图 13.5　发送邀请绑定信息

单击"邀请绑定"按钮后，被邀请的微信账号会收到邀请通知，如图 13.6 所示。

图 13.6　收到绑定客服账号的邀请通知

用户单击"接收邀请"即可完成客服账号的添加操作。

被邀请的微信用户必须先关注当前的微信公众平台账号，才可以绑定成为客服人员。

13.1.3　客服沟通

新版的客服功能提供了网页版，绑定用户只需要进行微信扫码就可以登录到网页版的客服系统中去。访问地址"https://mpkf.weixin.qq.com"后，可以进行扫码登录，如图 13.7 所示。

图 13.7　客服网页版登录入口

微信扫码登录后，使用界面如图 13.8 所示。

图 13.8　客服功能网页版使用界面

在微信公众平台关闭了开发者模式后，发送客服昵称给公众号即可收到客服系统的自动回复消息，如图 13.9 所示。

图 13.9　模拟进行客服沟通操作

在客服功能的网页版，客服人员可以进行相应的回复，如图 13.10 所示。

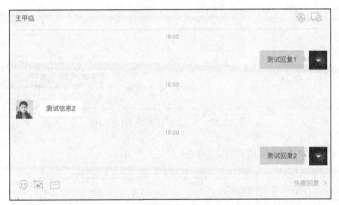

图 13.10　使用客服网页版与用户进行交流

当添加了多个客服用户后，消息会被转发给当前没有会话的客服用户。

13.2　模板消息

本节主要介绍何为模板消息，以及如何开通和如何使用模板消息等实际操作。

13.2.1　模板消息的概念

模板消息指的是：在某一个应用场景下，可以在微信公众平台内给用户推送规定格式的内容消息。其特点如下：

□ 模板消息接口让公众号可以向用户发送预设的
模板消息。

□ 模板消息仅用于公众号向用户发送业务通知。
如信用卡刷卡通知、商品购买成功通知等。

□ 模板消息只对认证的服务号开放。

模板消息展示效果如图 13.11 所示。

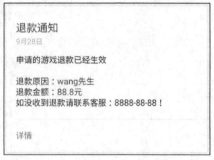

图 13.11　常见模板消息示例

13.2.2　申请开通

首先登录到微信公众平台管理后台，找到左侧"功能"模块下的"添加功能插件"按钮并单击，在打开界面中单击"模板消息"后进入申请界面，如图 13.12 所示。

图 13.12　开始申请模板消息功能

随后选择行业信息并填写申请理由，如图 13.13 所示。

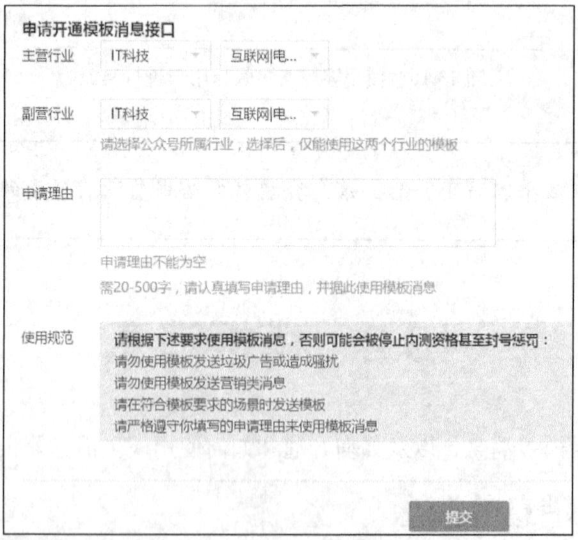

图 13.13　选择行业信息并填写申请理由

填写完成后，单击"提交"按钮即可进入审核流程，一般 2~3 个工作日即可得到审核的反馈结果。

13.2.3　在正式账号中添加模板

模板消息申请通过审核后，在使用前需要先增加模板。微信公众平台提供了模板库，其中包含了常见的各种通知类模板，如支付类通知、生活类通知等，基本上涵盖了应用开发的使用需求。在模板消息模块中，可以浏览和检索已经存在的通知模板。

例如，我们搜索关键字"退款"，结果如图 13.14 所示。

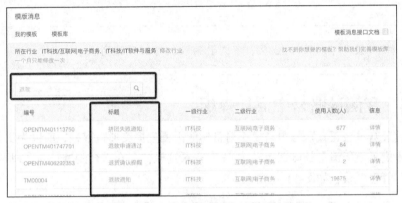

图 13.14　检索关键字"退款"的结果

列表上不仅提供了编号、标题等信息，还提供了使用人数。单击"详情"按钮可进入模板的详情页面，如图 13.15 所示。

编号	TM00004
标题	退款通知
行业	IT科技 · 互联网|电子商务
使用人数	19676
最后修改时间	2015-01-15 16:44:57
详细内容	{{first.DATA}} 退款原因：{{reason.DATA}} 退款金额：{{refund.DATA}} {{remark.DATA}}
内容示例	您好，您对微信影城影票的抢购未成功，已退款。 退款原因：未抢购成功 退款金额：70元 备注：如有疑问，请致电13912345678联系我们，或回复M来了解详情。

添加

图 13.15　查看模板消息详情

在消息模板中，除了固定的提示文本外，动态的内容使用{{}}标签来定义。其中字段格式为：

```
{{字段名.DATA}}
```

挑选到合适的模板后，单击"添加"按钮即可完成添加模板操作。

在"我的模板"下可以看到已经添加成功的模板，其中包含模板 ID、标题等信息。如图 13.16 所示。

序号	模板ID	标题	一级行业	二级行业	操作
1	QO7rEtKsbduX9EFBOFYKM3b56iCgEh lt4TT2n8SJfvc	商品已发出通知	IT科技	互联网|电子商务	详情 删除
2	WqusZ8w7Q3RzkbLoy1oddEY0HmNg 3lMsFueV-GD6Ync	退款通知	IT科技	互联网|电子商务	详情 删除
3	rWrKCehSjqFs5giO2WxKP2CSTULCaG XSuA9WjuTlfN0	订单支付成功	IT科技	互联网|电子商务	详情 删除

图 13.16　添加成功的模板

 注意　模板最多可以添加 25 条，不需要的模板可以及时删除。

13.2.4　在测试账号中添加模板

因为微信公众平台正式账号申请模板消息功能需要先提交通过审核，所以为了方便开发者，微信测试号提供了模板消息的测试途径。首先，登录到微信公众平台测试号的管理界面，找到"模板消息接口"管理模块，如图 13.17 所示。

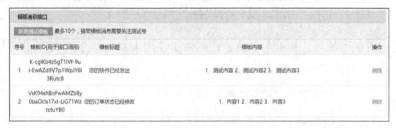

图 13.17　找到"模板消息接口"模块

和微信公众平台中的正式账号不同（必须从模板库中选择），为了简化开发测试步骤，在测试号中可以直接添加自己需要的类型模板。用户只需单击"新增测试模板"，输入模板标题和模板内容就可以进行添加操作，而这两者的内容都可以自定义，如图 13.18 所示。

图 13.18　在测试号中新增消息模板

输入需要的信息后，单击"提交"按钮即可保存模板。在列表中也可以看到模板 ID，随后即可进行相应的测试开发工作。

 　　与微信公众平台正式账号一样，测试号也有模板个数限制，最多可以同时存在 10 条消息模板。

13.3　发送模板消息

本节结合实例，实现通过高级接口向某个微信用户发送模板消息，并实现及时的应用内提醒的效果，方便开发者实现实际业务逻辑。

13.3.1　接口调用流程简介

在设置完成需要的消息模板后，将其集成到项目中需要调用的消息发送接口才可以进行消息发送。首先来看一下发送模板消息的流程：

（1）获取模板 ID。通过在模板消息功能的模板库中使用需要的模板，可以获得模板 ID。模板 ID 为随机的字符串。

（2）获取用户 OpenID。通过微信网页授权接口，获取关注用户的唯一标识。

（3）请求接口。向接口传入 OpenID、模板 ID 和模板内容等参数，进行消息的发送。

其中 POST 请求的地址如下：

```
https://api.weixin.qq.com/cgi-bin/message/template/send?access_token=ACCESS_TOKEN
```

发送的数据为 JSON 格式：

```
{
    "touser":"OPENID",
    "template_id":"ngqIpbwh8bUfcSsECmogfXcV14J0tQlEpBO27izEYtY",
    "url":"http://weixin.qq.com/download",
    "topcolor":"#FF0000",
    "data":{
        "User": {
            "value":"黄先生",
            "color":"#173177"
        },
        "Date":{
            "value":"06 月 07 日 19 时 24 分",
            "color":"#173177"
        },
        "CardNumber":{
            "value":"0426",
            "color":"#173177"
        },
        "Type":{
            "value":"消费",
            "color":"#173177"
        },
        "Money":{
```

```
            "value":"人民币 260.00元",
            "color":"#173177"
        },
        "DeadTime":{
            "value":"06 月 07 日 19 时 24 分",
            "color":"#173177"
        },
        "Left":{
            "value":"6504.09",
            "color":"#173177"
        }
    }
}
```

其中，url 参数为用户单击模板消息后的页面跳转地址，若此参数不定义，iOS 会跳转到一个空白页，Android 则不进行跳转操作。data 下的参数列表，分别对应当前模板消息的各个字段值。

发送成功后，会返回 JSON 格式数据包，格式示例如下：

```
{
"errcode":0,
"errmsg":"ok",
"msgid":200228332
}
```

接收到消息的页面如图 13.19 所示。

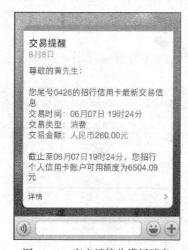

图 13.19　客户端接收模板消息

13.3.2　项目搭建

首先使用 OneThink 框架创建 wxtools 项目，然后在 Application 目录下创建 Wechat 模块，最后新增 Controller、Lib 和 View 等核心目录。因为需要获取 OpenID 等信息，所以在 Lib 下创建 Wx 目录并至少引入 WxAuth 网页授权处理类库。在 Controller 下需要创建 AuthController.class.php 网页授权回调控制器。

数据库结构上，至少需要在 db_member 表中新增 openid 字段，以配合整个的微信网页授权流程。如果有其他需要，可以继续对其进行结构扩展。

项目的基本结构如图 13.20 所示。

图 13.20　项目基本结构

Lib/Wx 下的 WxTpl 类库为模板消息接口处理类。

13.3.3　接口处理类

首先在 Lib/Wx 下新增 WxTpl.class.php 接口消息处理类。获取 access_token 的代码定义如下：

```
class WxTpl
{
    private $access_token = null;

    // 推送接口地址
    private                              $url                              =
"https://api.weixin.qq.com/cgi-bin/message/template/send?access_token=";

    public function __construct($appid , $appsecret)
    {
        if(!$appid || !$appsecret)
        {
            exit('Param Error!');
        }
        // 获取 access_token
        $this->getAccessTokenByAppInfo($appid ,$appsecret );
    }
    // 获取 access_token 方法
    private function getAccessTokenByAppInfo($appid ,$appsecret)
    {
        $url                                                             =
'https://api.weixin.qq.com/cgi-bin/token?grant_type=client_credential&appid='.$appid.'&
secret='.$appsecret;
        $return = file_get_contents($url);
        $access_token_arr = json_decode($return , true);
        $this->access_token = $access_token_arr['access_token'];
    }
```

```
    }
```

然后，新增 sendData()方法，使用 PHP CURL 进行 POST 数据发送：

```
private function sendData($data)
{
    $ch = curl_init();
    curl_setopt($ch, CURLOPT_URL, $this->url.$this->access_token);
    curl_setopt($ch, CURLOPT_CUSTOMREQUEST, "POST");
    curl_setopt($ch, CURLOPT_SSL_VERIFYPEER, FALSE);
    curl_setopt($ch, CURLOPT_SSL_VERIFYHOST, FALSE);
    curl_setopt($ch, CURLOPT_USERAGENT, 'Mozilla/5.0 (compatible; MSIE 5.01; Windows
NT 5.0)');
    curl_setopt($ch, CURLOPT_FOLLOWLOCATION, 1);
    curl_setopt($ch, CURLOPT_AUTOREFERER, 1);
    curl_setopt($ch, CURLOPT_POSTFIELDS, $data);
    curl_setopt($ch, CURLOPT_RETURNTRANSFER, true);
    $return = curl_exec($ch);
    if (curl_errno($ch)) {
        return curl_error($ch);
    }
    curl_close($ch);
    return $return;
}
```

其中请求的地址 URL 拼接如下：

```
curl_setopt($ch, CURLOPT_URL, $this->url.$this->access_token);
```

最后定义模板消息发送方法 pushTpl()，完成处理类库的编写。定义代码如下：

```
// 创建菜单
public function pushTpl($open_id , $tpl_id , $url = '', $data = array())
{
    if(!$open_id || !$tpl_id)
    {
        return false;
    }

    $push_data['touser'] = $open_id;                    // 消息接受者 OpenID
    $push_data['template_id'] = $tpl_id;                // 模板消息 ID
    $push_data['url'] = $url;                           // 模板消息单击跳转地址
    $push_data['topcolor'] = "#FF0000";                // 字体颜色
    $push_data['data'] = $data;                         // 模板字段数据列表

    return $this->sendData(json_encode($push_data));// 通过接口发送模板消息
}
```

注意　　获取 access_token 的方法没有进行缓存操作，开发者可以选择使用文件或者数据进行缓存，此处直接获取仅为了方便演示，请勿使用到实际项目中。

13.3.4　获取 OpenID

使用微信网页授权接口可以获取用户的 OpenID。在 IndexController.class.php 控制器中新增 checkUserWxLogin()方法，并在 index()方法中调用，代码如下：

```php
//首页
public function index()
{
    // 检测用户是否登录注册
    $this->checkUserWxLogin();
    $this->display();
}


// 检查是否已经授权并引导授权方法
private function checkUserWxLogin()
{
    if(!session('openid'))                         // 判断是否已经成功授权
    {
        import("@.Lib.Wx.WxAuth");                 // 引入 WxAuth 类库
        $wx = new \WxAuth(APP_ID ,APP_SECRET);     // 实例化对象
        $wx->setReturnUrl(U('Auth/getUserInfo'));  // 设置回调地址
        redirect($wx->createWxAuthUrl(0));         // 构建静默授权地址并跳转
    }
}
```

在 AuthController.class.php 中的 getUserInfo()方法用于用户数据的获取和注册,核心代码如下:

```php
// 微信回调地址
public function getUserInfo()
{
    header('Content-type:text/html;charset=utf-8');
    // 第一步：获取微信回调的 code 值
    $code = I('code');
    if($code)
    {
        import("@.Lib.Wx.WxAuth");
        $wx = new \WxAuth(APP_ID ,APP_SECRET);
        // 第二步：根据 code 获取 access_token;
        $this->access_data = $wx->getAccessTokenByCode($code);
        // 第三步：拉取用户信息
        $this->userinfo = $wx->getUserInfoByOpenID();
        // 第四步：缓存 OpenID 到 session 中去
        $this->cacheOpenID();
        // 第五步：新增/更新用户信息
        if($this->saveUserInfo())
        {
            // 第六步：页面重定向到指定地址
            redirect(U('Index/index'));
        }
    }
    else
    {
        $this->error('获取 Code 失败!,请稍后再试! ');
    }
}
```

在微信公众平台服务号中访问首页,数据库 db_member 表中就会自动注册用户,即可获得用户 OpenID。

也可以在微信客户端中通过打印 SESSION 中的数据来获取 OpenID。

13.3.5 执行发送消息操作

在 IndexController.class.php 控制器文件中新增消息发送方法 pushTpl()，核心代码如下：

```php
//执行发送模板操作
public function pushTpl()
{
    import('@.Lib.Wx.WxTpl');                          // 引入消息处理类
    $wx = new \WxTpl(APP_ID , APP_SECRET);             // 实例化处理类

    $openid = 'o62gFwX4Up4vIhTNhn0pvJ2zfTrY';          // 模拟获取 OpenID
    $tpl_id = 'WqusZ8w7Q3RzkbLoy1oddEY0HmNg3lMsFueV-GD6Ync';
    $url = 'http://www.baidu.com';                     // 模拟定义跳转地址
    $data = array(                                     // 数据构建
        'first' => array('value'=>'申请的游戏退款已经生效'),
        'reason'=>array('value'=>'wang 先生','color'=>'#173177'),
        'refund'=>array('value'=>'88.8 元','color'=>'#173177'),
        'remark'=> array('value'=>'如没收到退款请联系客服：8888-88-88! ')
    );
    // 发送消息并打印结果
    dump(json_decode($wx->pushTpl($openid , $tpl_id , $url , $data),true));
}
```

在浏览器中访问 pushTpl()方法即可发送模板消息，执行结果如图 13.21 所示。

```
array(3) {
  ["errcode"] => int(0)
  ["errmsg"] => string(2) "ok"
  ["msgid"] => int(449958584)
}
```

图 13.21　成功推送模板消息

在客户端收到的消息如图 13.22 所示。

图 13.22　客户端接到的模板消息通知

若需要更换模板和模板消息的内容，只需要修改相应的参数即可。

13.4　思考与练习

本章介绍了微信公众平台在开发与使用时候的一些技巧，学习完成后请思考与练习以下内容。

思考：模板消息的字段内容最大可以允许多少字符？

练习：实现在网页自动授权，第一次注册用户信息时给用户推送模板消息提示注册成功。

第14章
微信公众平台海淘购物应用

本章将讲解一个完整的海淘购物应用的开发与实现过程，其中不仅包含程序的需求分析、数据库结构设计和程序开发讲解，还包含了对常见问题的分析与解答，同时项目也使用了前面曾讲解过的技术，如微信支付、微信网页授权和伸缩式布局等。通过此项目的练习可以让开发者更熟练地开发微信公众平台的应用。

本章主要涉及的知识点有：

❑ 项目概述：掌握购物类网站的基本架构。

❑ 数据库设计：掌握如何根据实际需求设计合适的数据库表。

❑ 程序实现：了解集成伸缩式布局、网页自动授权和微信支付等技术的购物网站的实现过程。

14.1 程序设计

本节帮助开发者熟悉常见的移动购物网站结构，并设计出一个符合实际需求的海淘购物应用程序架构。

14.1.1 购物网站架构

近几年，在线购物网站的发展已经从 PC 端逐渐转移到移动端，用户甚至不用打开计算机，使用移动设备就可以实现完整的购物体验。除此之外，在线购物的类型也更加丰富，除了全品类的网站，还出现了很多细分类型的专业购物网站。本章要实现的海淘类购物网站就是其中一类。

一个最基本的在线购物流程如图 14.1 所示。

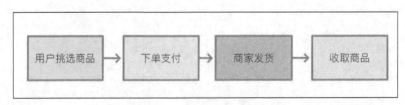

图 14.1 基本的在线购物流程

常见的几个跨地区的海外购物网站首页如图 14.2 所示。

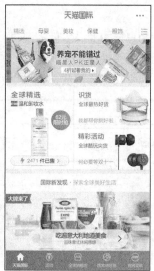

图 14.2　常见的购物网站首页

　　在很多购物网站的购买流程中，用户在挑选了商品后，可以先加入购物车再进行结算，这样可以避免在挑选了多个商品后，需要多次执行支付流程。常见的个人中心和购物车效果如图 14.3 和图 14.4 所示。

图 14.3　常见购物网站的个人中心　　　　　　图 14.4　购物车模块

14.1.2　程序设计——购物应用

　　根据对移动购物网站的应用需求分析，向普通用户展示商品的购物网站首页至少需要以下几个功能模块：

- ❑　用户模块：用户在注册和登录后，可以进行个人信息管理（如收货地址）、商品购物车管理和订单管理。
- ❑　商品模块：除了提供购买的功能外，用户还可以围绕商品进行很多相关的操作，如收藏、评论等。

❑ 订单模块：用户选中商品后就需要进行下单支付操作。用户可以对订单进行取消、编辑和确认收货等相关操作。

系统在拥有以上几个功能模块后，就可以实现一个完整的购物流程。用户购物基本流程如图14.5 所示。

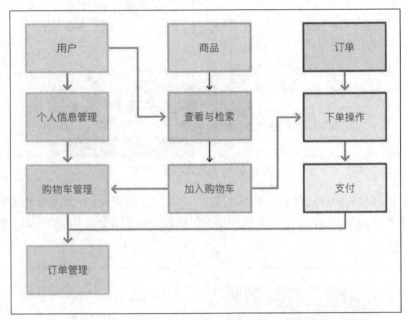

图 14.5　用户购物基本流程

 在最基本的购物流程中，购物车模块可以省略，用户可以直接通过商品进行下单、支付和收货等操作。

14.1.3　程序设计——内容管理

除了在微信公众平台展示的购物应用，购物网站还需要一个内容管理后台来对用户、商品和订单进行相应的管理。

其中 3 个管理模块的功能如下：

❑ 商品管理：管理商品分类和具体商品的 CURD 操作。

❑ 用户管理：用户信息管理，可以查看用户的注册时间、昵称等信息，也可以对用户进行 CURD 操作。

❑ 订单管理：查看订单的支付状态，可以对完成支付的订单进行发货操作。

管理后台的程序设计流程如图 14.6 所示。

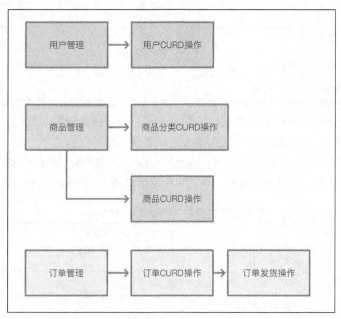

图 14.6　管理后台的程序设计流程

CURD 指的是 create、update、read 和 delete 这 4 种数据库操作简写。

14.2　数据库结构设计

本节在 OneThink 开发框架自带数据结构的基础上，根据程序需求设计满足实际情况的数据库结构。

14.2.1　用户表

购物网站的用户系统基于微信公众平台的网页授权体系，也就是以 OpenID 为用户的唯一标识和本地数据表的 uid 进行绑定。为了方便存储授权后获取的微信用户信息，修改 member 用户表并新增字段见表 14.1。

表 14.1　　　　　　　　　　　　　用户表（新增修改字段）

字段	类型	说明
openid	varchar(100)	用户在当前微信公众平台内的唯一标识
nickname	varchar(50)	用户微信昵称
sex	int(4)	性别。0：未知，1：男，2：女
province	varchar(50)	省份
city	varchar(50)	城市

字段	类型	说明
country	varchar(50)	国家
headimgurl	varchar(255)	微信头像

在用户表的设计中，可以根据自己的实际需求进行表字段的增加和删除，但至少需要增加一个 openid，这样才可以把本地用户信息和微信公众平台进行绑定和关联。

除了用户的基本信息，用户在购买在线商品（非虚拟）的时候，商家平台需要通过快递或者物流寄送商品到用户手中，这时候就需要一个用户收货信息表（member_address），如表 14.2 所示。

表 14.2　　　　　　　　　　用户收货信息表（member_address）

字段	类型	说明
id	int(4)	主键，自增长
uid	int(10)	用户 uid，关联 member 表 uid
name	varchar(100)	收货人姓名
mobile	varchar(20)	收货人手机号
address	text	收货人地址
status	tinyint(4)	记录状态。1：正常，0：禁用，-1：删除
create_time	int(10)	记录创建时间，UNIX 时间戳
update_time	int(10)	记录更新时间，UNIX 时间戳

用户收货信息表独立于用户表（member）之外也是为了满足一个用户可能会有多个收货地址，例如办公地址和家庭地址。

14.2.2　商品表

在购物网站中，只出售一类产品的情况比较少，因为即便是同类的产品，也会有很多细分的分类子项。例如，PC 还可以向下分为笔记本电脑、台式机和平板电脑等。提供详细的分类可以帮助用户快速找到自己需要的商品，为此设计了商品分类表（goods_cates），见表 14.3。

表 14.3　　　　　　　　　　商品分类表（goods_cates）

字段	类型	说明
id	int(4)	主键，自增长
img_id	int(10)	商品分类图片 id。关联 picture 表 id 字段
name	varchar(100)	商品分类名称
content	text	商品分类简介
status	tinyint(4)	记录状态。1：正常，0：禁用，-1：删除
create_time	int(10)	记录创建时间，UNIX 时间戳
update_time	int(10)	记录更新时间，UNIX 时间戳

其中 img_id 字段关联了 OneThink 框架中文件系统的 picture 表，此表用来存储文件的实际存储地址（path 字段）。

status、create_time 和 update_time 3 个字段参考了框架现有的数据结构设计，方便对数据进行状态操作和记录时间信息的获取。

完成分类表的设计后，就可以继续设计商品表了。根据已有的购物经验，一个商品需要有以下 5 个属性才可以完成正常的购买流程：

- ❑　商品名称：具有唯一性的名称。
- ❑　商品图片：至少需要有一张图片来展示商品的实际信息。
- ❑　商品价格：精确到分的价格，固定的货币单位。
- ❑　商品库存：影响用户可以购买的商品个数。
- ❑　商品详情：帮助用户更详细地了解商品信息。

基于以上需求，商品表（goods）的设计见表 14.4。

表 14.4　　　　　　　　　　　　　　　商品表（goods）

字段	类型	说明
id	int(4)	主键，自增长
goods_cates_id	int(10)	商品分类 id。关联 goods_cates 表 id 字段
img_id	int(10)	商品图片 id。关联 picture 表 id 字段
name	varchar(100)	商品名称
price	double(20,2)	商品价格，单位精确到分
content	text	商品简介
production_place	text	商品产地
repertory	int(10)	商品剩余库存
is_top	tinyint(4)	是否置顶（首页轮播图用）
sort	int(10)	置顶排序（首页轮播图用）
status	tinyint(4)	记录状态。1：正常，0：禁用，−1：删除
create_time	int(10)	记录创建时间，UNIX 时间戳
update_time	int(10)	记录更新时间，UNIX 时间戳

商品表的设计基于最基本的购买需求设计，若需要可以继续进行扩展。例如，可以增加字段 is_order 来判断是否是抢购商品等。

14.2.3　购物车表

购物车的实现可以使用多种方式，主流的有以下 3 种：

- ❑　存储在用户浏览器中：如使用 cookie 记录，也可以使用 HTML5 的本地存储等。
- ❑　存储在服务器中：存储在用户会话（session）中，用户在关闭浏览器后存储信息会被销毁。
- ❑　存储在数据库中：可以存储在 MySQL、Redis 等数据库中。

本项目使用 MySQL 存储用户的购物车信息，这样用户无论何时都可以看到自己的购物车历史记录。购物车表（goods_shopcar）设计见表 14.5。

表 14.5　　　　　　　　　　用户商品购物车表（goods_shopcar）

字段	类型	说明
id	int(4)	主键，自增长
uid	int(10)	用户 uid，关联 member 表 uid
goods_id	int(10)	商品 id，关联 goods 表 id
num	int(10)	商品数量
status	tinyint(4)	记录状态。1：正常，0：禁用，−1：删除
create_time	int(10)	记录创建时间，UNIX 时间戳
update_time	int(10)	记录更新时间，UNIX 时间戳

表设计中关键字段为 uid 和 goods_id，可以记录哪个用户加入了哪个商品。num 则记录了某个商品的加入的数量。

14.2.4　订单表

在学习微信公众平台支付时就已经了解到，发起支付的时候需要发送一个唯一的订单号给微信服务器，这样在通知的时候才可以了解该修改哪条订单记录。另外订单的核心就是记录哪个用户买了哪些商品，并提供支付等相关的状态管理。订单表（db_order）设计见表 14.6。

表 14.6　　　　　　　　　　订单表（order）

字段	类型	说明
id	int(4)	主键，自增长
order_number	varchar(50)	订单号，如 20161010121211111
uid	int(10)	用户 uid，关联 member 表 uid
pay_price	double(20,2)	实际支付价格
is_pay	tinyint(4)	是否已经支付。0：未支付，1：完成支付
pay_time	int(10)	支付时间，UNIX 时间戳
is_ship	tinyint(4)	是否已经发货。0：未发货，1：已发货
ship_time	int(10)	发货时间，UNIX 时间戳
is_receipt	tinyint(4)	是否已经收货。0：未收货，1：已收货
receipt_time	int(10)	收货时间
ship_number	varchar(100)	快递单号
status	tinyint(4)	记录状态。1：正常，0：禁用，−1：删除
create_time	int(10)	记录创建时间，UNIX 时间戳
update_time	int(10)	记录更新时间，UNIX 时间戳

因为用户可以一次性购买多个商品，所以用户订单与商品是一对多的关系。设计的订单商品

表（order_goods）见表 14.7。

表 14.7　　　　　　　　　　　订单商品表（order_goods）

字段	类型	说明
id	int(4)	主键，自增长
order_id	int(10)	订单 id，关联 order 表 id 字段
goods_id	int(10)	商品 id，关联 goods 表 id 字段
goods_num	int(10)	商品购买数量
goods_price	double(20,2)	单个商品价格
status	tinyint(4)	记录状态。1：正常，0：禁用，−1：删除
create_time	int(10)	记录创建时间，UNIX 时间戳
update_time	int(10)	记录更新时间，UNIX 时间戳

订单表（order）只是记录了商品的总支付金额（pay_price），所以在订单商品表（order_goods）中设计记录了每个商品的购买价格（goods_price），这么做是因为商品的价格会动态调整，而订单需要保存历史价格信息。

14.3　商品、订单内容管理

本节讲解如何借助 OneThink 开发框架自带的内容管理模块，来扩展开发出商品、订单相关的管理。

14.3.1　商品分类管理

在后台添加商品的时候，商品所属分类为必选项，所以首先开发商品分类管理模块。在本地新增 wxshop 项目目录并安装部署 OneThink 框架。在 Application/Admin/Model 自定义模型控制器下新增 GoodsCatesModel.class.php 文件，实现对商品分类数据的自动验证、自动完成等操作定义，核心代码如下：

```
/**
* 商品分类模型
*/
class GoodsCatesModel extends Model
{
    // 自动验证
    protected $_validate = array(
        array('name', 'require', '分类名称不能为空', self::EXISTS_VALIDATE, 'regex',
self::MODEL_BOTH),                          // 商品分类名称非空验证
        array('name', '', '分类名称已经存在', self::VALUE_VALIDATE, 'unique',
self::MODEL_BOTH),                          // 商品分类名称唯一性验证
        array('img_id', 'require', '请上传系列图片', self::EXISTS_VALIDATE, 'regex',
self::MODEL_BOTH),                          // 商品分类图片非空验证
    );
    // 自动完成
```

```
    protected $_auto = array(
        array('create_time', NOW_TIME, self::MODEL_INSERT),
        array('update_time', NOW_TIME, self::MODEL_BOTH),
        array('status', '1', self::MODEL_BOTH),
    );
}
```

在 Application/Admin/Controller 控制器目录下新增 GoodsController.class.php 文件，此文件用来进行商品分类等和商品相关的操作。其中，商品分类的列表页、编辑保存页和修改状态方法的核心代码如下：

```
class GoodsController extends AdminController
{
    // 商品分类列表
    public function index()
    {
        $map['status'] = array('gt' , -1);                //查看除删除状态外的分类列表
        $list = $this->lists(M('goods_cates'),$map , 'create_time desc');
        $this->assign('_list' , $list);                   // 变量置换到模板
        $this->meta_title = "商品分类列表";
        $this->display();
    }

    // 商品分类编辑页面
    public function edit()
    {
        $id = I('id');
        if($id)                                           // 判断是新增还是编辑
        {
            $map['id'] = $id;                             // 查询分类信息
            $info = M('goods_cates')->where($map)->find();
            $this->assign('info' , $info);                // 变量置换到模板
        }
        $this->meta_title = "编辑商品分类";
        $this->display();
    }

    // 保存新增/编辑分类数据
    public function update()
    {
        $id = I('id');
        $model = D('GoodsCates');                         // 实例化自定义模型
        $data = $model->create();                         // 自定义模型自动创建
        if(!$data)                                        // 表单参数验证
        {
            $this->error($model->getError());
        }
        if($id)                                           // 判断数据新增或者编辑
        {
            $map['id'] = $id;
            $model->where($map)->save();                  // 编辑
        }
        else
```

```
                {
                    $model->add();                              // 新增
                }
                $this->success('保存成功!', U('Goods/Index'));
            }


            // 修改商品分类状态
            public function setStatus()
            {
                return parent::setStatus('goods_cates');
            }
    }
```

其中，使用自定义模型的代码如下：

```
$model = D('GoodsCates');                       // 实例化自定义模型
$data = $model->create();                       // 自定义模型自动创建
if(!$data)                                       // 表单参数验证
{
    $this->error($model->getError());
}
```

在 Application/Admin/View/Goods/模板目录中，新增 index.html 文件，核心数据列表展示代码
如下：

```
<!-- 数据表格 -->
<div class="data-table">
    <table class="">
<thead>
    <tr>
    <th class="row-selected row-selected"><input class="check-all" type=
"checkbox"/></th>
        <th class="">ID</th>
        <th class="">商品分类名称</th>
        <th class="">商品分类缩略图</th>
        <th class="">商品分类简介</th>
        <th class="">商品创建时间</th>
        <th class="">状态</th>
        <th class="">操作</th>
        </tr>
</thead>
<tbody>
    <volist name="_list" id="vo">
    <tr>
        <td><input class="ids" type="checkbox" name="ids[]" value="{$vo.id}" /></td>
        <td>{$vo.id}</td>
        <td>{$vo.name}</td>
        <td><img width="200px" src="__ROOT__{$vo.img_id|get_cover='path'}"></td>
        <td>{$vo.content|msubstr='0,20'}</td>
        <td><span>{$vo.create_time|time_format}</span></td>
        <td>{$vo.status|get_status_title}</td>
        <td><a href="{:U('Goods/edit?&id='.$vo['id'])}">编辑</a>
            <a href="{:U('Goods/setStatus?ids='.
$vo['id'].'&status='.abs(1-$vo['status']))}"class="ajax-get">{$vo.status|show_status_op
}</a>
```

```
                <a href="{:U('Goods/setStatus?status=-1&ids='.$vo['id'])}" class=
"confirm ajax-get">删除</a>
            </td>
        </tr>
        </volist>
    </tbody>
    </table>
    </div>
    <!-- 分页 -->
    <div class="page">
        {$_page}
    </div>
```

新增 edit.html 商品编辑页模板文件，核心代码如下：

```
    <extend name="Public/base"/>
    <block name="body">
        <script type="text/javascript" src=
"__STATIC__/uploadify/jquery.uploadify.min.js"></script>
        <div class="main-title">
            <h2>{$meta_title}</h2>
        </div>
        <form action="{:U('update')}" method="post" class="form-horizontal">
            <input type="hidden" name="id" value="{$info.id}">
            <div class="form-item">
                <label class="item-label">商品分类名称<span
class="check-tips"></span></label>
                <div class="controls">
                    <input    type="text"    class="text    input-large"    name="name"
value="{$info.name}">
                </div>
            </div>
            <div class="form-item">
                <label class="item-label">商品分类简介<span
class="check-tips"></span></label>
                <div class="controls">
                    <textarea class="textarea" name="content" cols="80" rows=
"5">{$info.content}</textarea>
                </div>
            </div>
            <div class="form-item">
                <label class="item-label">分类图片<span
class="check-tips"></span></label>
                <div class="controls">
                    <input type="file" id="upload_picture_img_id">
                    <input type="hidden" name="img_id" id="cover_id_img_id" value=
"{$info.img_id}"/>
                    <div class="upload-img-box">
                    <notempty name="info">
                        <div class="upload-pre-item"><img src=
"__ROOT__{$info.img_id|get_cover='path'}"/></div>
                    </notempty>
                    </div>
```

```html
        </div>
        <script type="text/javascript">
        //上传图片
        /* 初始化上传插件 */
        $("#upload_picture_img_id").uploadify({
            "height"        : 30,
            "swf"           : "__STATIC__/uploadify/uploadify.swf",
            "fileObjName"   : "download",
            "buttonText"    : "上传图片",
            "uploader"      :
"{:U('File/uploadPicture',array('session_id'=>session_id()))}",          // 图片上传 PHP 地址
            "width"         : 120,
            'removeTimeout' : 1,
            'fileTypeExts'  : '*.jpg; *.png; *.gif;',// 图片格式
            "onUploadSuccess" : uploadPictureimg_id,          // 回调方法名
            'onFallback' : function() {
                alert('未检测到兼容版本的 Flash.');
            }
        });
        // 图片上传回调方法
        function uploadPictureimg_id(file, data){
            var data = $.parseJSON(data);          // JSON 格式化
            var src = '';          // 初始化图片地址
            if(data.status){          // 判断是否成功上传
                $("#cover_id_img_id").val(data.id);          // 变量赋值
                src = data.url || '__ROOT__' + data.path
                $("#cover_id_img_id").parent().find('.upload-img-box').html(
                    '<div  class="upload-pre-item"><img  src="'  +  src  +
'"/></div>'
                );          // 显示图片
            } else {
                updateAlert(data.info);          // 提示信息
                setTimeout(function(){          // 定时清除标签
                    $('#top-alert').find('button').click();
                    $(that).removeClass('disabled').prop('disabled',false);
                },1500);
            }
        }
        </script>
    </case>
    </div>
    <div class="form-item">
        <button  class="btn  submit-btn  ajax-post"  id="submit"  type="submit"
target-form="form-horizontal">确 定</button>
        <button class="btn btn-return" onclick=
"javascript:history.back(-1);return false;">返 回</button>
    </div>
    </form>
</block>


<block name="script">
    <script type="text/javascript">
```

```
            //导航高亮
            highlight_subnav('{:U('Goods/index')}');
    </script>
</block>
```

在编辑商品分类信息的时候，图片上传使用了 OneThink 框架自带的图片上传方法，位置在 FileController.class.php 下的 uploadPicture()方法。此方法不仅支持多文件上传，还支持对已上传文件的校验，防止同一个文件重复上传。

商品分类管理列表页如图 14.7 所示。

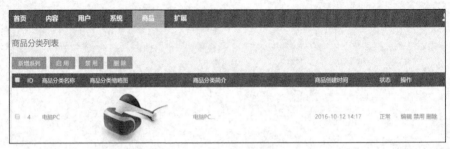

图 14.7　商品分类管理列表页

编辑详情页如图 14.8 所示。

图 14.8　商品分类编辑详情页

导航菜单需要在顶部导航"系统"下的"菜单管理"进行编辑管理操作。

14.3.2　商品管理

在 Application/Admin/Model 模板文件目录下新增 GoodsModel.class.php 商品自定义模型类，核心代码如下：

```
/**
* 商品模型
*/
```

```
class GoodsModel extends Model{

    // 自动验证
    protected $_validate = array(
        array('name', 'require', '商品名称不能为空', self::EXISTS_VALIDATE, 'regex',
self::MODEL_BOTH),                                    // 商品名称非空验证
        array('name', '', '商品名称已经存在', self::VALUE_VALIDATE, 'unique',
self::MODEL_BOTH),                                    // 商品名称唯一性验证
        array('img_id', 'require', '请上传商品图片', self::EXISTS_VALIDATE, 'regex',
self::MODEL_BOTH),                                    // 商品图片非空验证
        array('price','/^([1-9]+.[0-9]{1,2})|([1-9]+)$/','商品价格格式错误! ',self::
EXISTS_VALIDATE, 'regex', self::MODEL_BOTH),      // 商品价格格式验证
        array('sort','/^([0-9]+)$/','排序必须为数字!',self::EXISTS_VALIDATE, 'regex',
self::MODEL_BOTH),                                    // 排序字段格式验证
        array('repertory','/^([0-9]+)$/','库存必须为数字! ',self::EXISTS_VALIDATE,
'regex', self::MODEL_BOTH),                           // 库存字段格式验证
    );

    //自动完成
    protected $_auto = array(
        array('create_time', NOW_TIME, self::MODEL_INSERT),
        array('update_time', NOW_TIME, self::MODEL_BOTH},
        array('status', '1', self::MODEL_BOTH),
    );
}
```

这里对浮点型的商品价格和整数的排序、库存等字段进行了正则格式的验证，例如，价格格式验证如下：

```
array('price','/^([1-9]+.[0-9]{1,2})|([1-9]+)$/','商品价格格式错误! ',self::
EXISTS_VALIDATE, 'regex', self::MODEL_BOTH),
```

在 GoodsController.class.php 控制器文件中新增以下代码，实现对商品列表、详情信息和状态的管理：

```
// 更改商品的状态
public function setGoodsStatus()
{
    return parent::setStatus('goods');
}

// 商品分类列表
public function goods_list()
{
    $name = I('name');                                  // 获取商品搜索关键字名称
    if($name != '')
    {
        $map['name'] = array('like' , '%'.$name.'%');   // 模糊匹配查询
    }
    $map['status'] = array('gt' , -1);                  // 查询非删除状态的商品列表
    $list = $this->lists(M('goods'),$map , 'create_time desc');
    $this->assign('_list' , $list);                     // 变量信息置换到模板
    $this->meta_title = "商品列表";
    $this->display();
}
```

```
// 商品编辑页
public function goods_edit()
{
    $id = I('id');
    if($id)                                              // 判断是否是新增或编辑
    {
        $map['id'] = $id;                                // 根据 ID 查询商品的信息
        $info = M('goods')->where($map)->find();
        $this->assign('info' , $info);                   // 变量置换到模板
    }

    unset($map);                                         // 查询商品分类信息
    $map['status'] = array('gt' , 0);
    $goods_cates_list = M('goods_cates')->where($map)->select();
    $this->assign('goods_cates_list' , $goods_cates_list);
    $this->meta_title = "编辑商品详情";
    $this->display();
}

// 执行商品保存操作
public function goods_update()
{
    $id = I('id');
    $model = D('Goods');                                 // 实例化自定义模型
    $data = $model->create();                            // 自定义模型实例化
    if(!$data)                                           // 表单提交数据自动验证
    {
        $this->error($model->getError());
    }
    if($id)                                              // 判断是否新增或者编辑
    {
        $map['id'] = $id;
        $model->where($map)->save();                     // 更新商品数据
    }
    else
    {
        $model->add();                                   // 新增商品数据
    }

    $this->success('保存成功!', U('Goods/goods_list')); // 提示与页面重定向
}
```

在 Application/Admin/View/Goods/商品模板目录下新增 goods_list.html 文件，核心列表代码如下所示：

```
<tbody>
    <volist name="_list" id="vo">
    <tr>
        <td><input class="ids" type="checkbox" name="ids[]" value="{$vo.id}" /></td>
        <td>{$vo.id}</td>
        <td>{$vo.name}</td>
        <td><img width="200px" src="__ROOT__{$vo.img_id|get_cover='path'}"></td>
```

```
        <td>{$vo.goods_cates_id|getGoodsCatesName}</td>
        <td>¥{$vo.price}</td>
        <td>{$vo.repertory}</td>
        <td>{$vo.content|msubstr='0,20'}</td>
        <td><span>{$vo.create_time|time_format}</span></td>
        <td>{$vo.is_top|get_top_title}</td>
        <td>{$vo.status|get_status_title}</td>

        <td><a href="{:U('Goods/goods_edit?&id='.$vo['id'])}">编辑</a>
            <a
href="{:U('Goods/setGoodsStatus?ids='.$vo['id'].'&status='.abs(1-$vo['status']))}"
class="ajax-get">{$vo.status|show_status_op}</a>
            <a href="{:U('Goods/setGoodsStatus?status=-1&ids='.$vo['id'])}" class=
"confirm ajax-get">删除</a>
        </td>
    </tr>
    </volist>
</tbody>
</table>
</div>
<!-- 分页 -->
<div class="page">
    {$_page}
</div>
```

商品列表页除了有基本的列表的展示，还需要实现简单的检索功能，新增以下代码：

```
<!-- 高级搜索 -->
<div class="search-form fr cf">
    <div class="sleft">
        <input type="text" name="name" class="search-input" value="{:I('name')}"
placeholder="请输入商品名称">
        <a class="sch-btn" href="javascript:;" id="search" url="__SELF__"><i
class="btn-search"></i></a>
    </div>
</div>
```

增加 JavaScript 搜索处理代码，实现回车搜索和页面重定向：

```
//搜索功能
$("#search").click(function() {
    var url = $(this).attr('url');                          // 获取需重定向的地址
    var query = $('.search-form').find('input').serialize(); // 获取搜索信息
    query = query.replace(/(&|^)(\w*?\d*?\-*?_*?)*?=?((?=&)|(?=$))/g, '');
    query = query.replace(/^&/g, '');                       // 格式化数据
    if (url.indexOf('?') > 0) {                             // 组装数据
        url += '&' + query;
    } else {
        url += '?' + query;
    }
    window.location.href = url;                             // 页面重定向
});
```

在 Goods 模板目录下新增 goods_edit.html 商品详情编辑页，构建表单进行数据的提交和保存。
其中，商品分类选择核心代码如下：

```
<div class="form-item">
    <label class="item-label">商品所属分类<span class="check-tips"></span></label>
    <div class="controls">
        <select name="goods_cates_id">
            <volist name="goods_cates_list" id="vo">
                <option value="{$vo.id}" <if condition="$info['goods_cates_id'] eq
$vo['id']">selected</if>>{$vo.name}</option>
            </volist>
        </select>
    </div>
</div>
```

因为新增数据和编辑数据用的是同一个表单，所以在数据编辑状态下，使用<if></if>标签来判断上一次用户选择的是哪一个商品分类并默认给选中状态：

```
<if condition="$info['goods_cates_id'] eq $vo['id']">selected</if>
```

商品管理列表页如图 14.9 所示。

图 14.9　商品管理列表页

商品管理编辑详情页如图 14.10 所示。

图 14.10　商品管理编辑详情页

14.3.3　订单列表管理

内容管理后台暂时没有新增订单的需求，所以目前订单的唯一来源就是用户在微信端的下单操作。在 Application/Admin/Controller 控制器目录下新增 OrderController.class.php 订单处理控制器文件，核心代码如下：

```
/**
* 订单控制器
*/
class OrderController extends AdminController
{
    // 订单列表
    public function index()
    {

        $map['status'] = array('gt' , -1);                        // 查询出所有未删除的订单
        $list = $this->lists(M('order'),$map , 'create_time desc');
        $this->assign('_list' , $list);                           //变量置换
        $this->meta_title = "订单列表";
        $this->display();
    }


    // 订单详情页
    public function detail()
    {
        $id = I('id');
        if($id)
        {
            $map['id'] = $id;
            $info = M('order')->where($map)->find();              //查询订单信息
            unset($map);
            $map['order_id'] = $id;                               // 查询订单所属的商品
            $goods_list = M('order_goods')->where($map)->select();
            foreach ($goods_list as $key => $value)
            {
                // 查询订单的商品信息
                $goods_list[$key]['name']                         =
M('goods')->where('id='.$value['goods_id'])->getField('name');
                $goods_list[$key]['all_price'] = $value['goods_num'] *
$value['goods_price'];
            }
            // 查询用户的发货信息
            $uinfo = M('member_address')->where('uid='.$info['uid'])->find();
            $this->assign('uinfo' , $uinfo);                      // 变量置换用户收货信息
            $this->assign('goods_list' , $goods_list);            // 变量置换订单商品信息
            $this->assign('info' , $info);                        // 变量置换订单信息
        }
        $this->meta_title = "订单详情";
        $this->display();
    }


    // 执行发货操作
    public function update()
    {
        if(IS_POST)
        {
```

```
                    $id = I('id');// 获取订单 ID
                    $ship_number = I('ship_number');            // 获取发货物流单号
                    $is_ship = I('is_ship');                    // 获取是否发货状态
                    if($is_ship && $ship_number == '')
                    {
                         $this->error('请输入快递物流单号！');
                    }
                    $map['id'] = $id;                           // 构建更新条件
                    $data['is_ship'] = $is_ship;                // 构建更新数据
                    $data['ship_number'] = $ship_number;
                    M('order')->where($map)->save($data);       // 更新订单数据

                    $this->success('保存成功！',U('Order/index'));
              }
       }

       // 更新订单记录状态
       public function setStatus()
       {
              return parent::setStatus('order');               // 更新订单记录状态
       }
    }
```

在 Application/Admin/View/目录下新增 Order 模板目录，新增 index.html 文件。实现列表输出的核心代码如下：

```
<!-- 数据表格 -->
<div class="data-table">
     <table class="">
<thead>
     <tr>
     <th class="row-selected row-selected"><input class="check-all"
type="checkbox"/></th>
     <th class="">ID</th>
     <th class="">订单号</th>
     <th class="">支付价格</th>
     <th class="">订单状态</th>
     <th class="">创建时间</th>
     <th class="">状态</th>
     <th class="">操作</th>
     </tr>
</thead>
<tbody>
     <volist name="_list" id="vo">
     <tr>
         <td><input class="ids" type="checkbox" name="ids[]" value="{$vo.id}" /></td>
         <td>{$vo.id}</td>
         <td>{$vo.order_number}</td>
         <td>￥{$vo.pay_price}</td>
         <td>{$vo.id|get_order_status}</td>
         <td><span>{$vo.create_time|time_format}</span></td>
         <td>{$vo.status|get_status_title}</td>
         <td><a href="{:U('Order/detail?&id='.$vo['id'])}">编辑</a>
```

```
                <a href="{:U('Order/setStatus?ids='. $vo['id'].
'&status='.abs(1-$vo['status']))}" class="ajax-get">{$vo.status|show_status_op}</a>
                <a href="{:U('Order/setStatus?status=-1&ids='.$vo['id'])}" class=
"confirm ajax-get">删除</a>
            </td>
        </tr>
        </volist>
    </tbody>
    </table>
</div>
<!-- 分页 -->
<div class="page">
    {$_page}
</div>
```

为了正确展示订单的状态，修改项目下的 Application/Common/Common/function.php 文件，新增 get_order_status()方法，根据判断订单状态来展示相对应的文本，代码如下：

```php
// 获取订单状态
function get_order_status($order_id)
{
    $map['id'] = $order_id;                      // 查询订单数据
    $order_info = M('order')->where($map)->find();
    if($order_info['is_pay'] == 0)               // 判断订单是否已经付款
    {
        return '未付款';
    }
    else
    {
        if($order_info['is_ship'] == 0)          // 判断订单是否已经发货
        {
            return '待发货';
        }
        else
        {
            if($order_info['is_receipt'] == 0)   // 判断用户是否已经收货
            {
                return '待收货';
            }
            else
            {
                return '已收货';
            }
        }
    }
}
```

在模板中的使用情况如下：

```
<td>{$vo.id|get_order_status}</td>
```

订单管理列表展示效果如图 14.11 所示。

图 14.11　订单管理列表展示效果

14.3.4　订单详情管理

订单详情的数据分别来自以下 3 个表：

❑　订单表：记录订单的基本信息，如是否支付和实际支付价格。

❑　订单商品表：记录订单中实际支付的商品信息，商品可能是一个或者多个。

❑　用户收货信息表：记录用户的收货信息，商家订单发货用。

在 Order 模板目录下新增 detail.html 展示订单数据，核心代码如下：

```html
<h3>订单信息:</h3>
<table class="my_table">
    <tr>
        <th>字段</th>
        <th>值</th>
    </tr>
    <tr>
        <td>订单 ID</td>
        <td>{$info.id}</td>
    </tr>
    <tr>
        <td>订单号</td>
        <td>{$info.order_number}</td>
    </tr>
    <tr>
        <td>订单支付金额</td>
        <td>{$info.pay_price}</td>
    </tr>
    <tr>
        <td>下单用户</td>
        <td>{$info.uid}</td>
    </tr>
    <tr>
        <td>订单状态</td>
        <td>{$info.id|get_order_status}</td>
    </tr>
</table>

<h3>商品信息:</h3>
<table class="my_table">
    <tr>
        <th>商品名称</th>
```

```
        <th>单价</th>
        <th>购买数量</th>
        <th>当前总价</th>
    </tr>
    <volist name="goods_list" id="vo">
        <tr>
            <td><a
href="{:U('Goods/edit',array('id'=>$vo['goods_id']))}">{$vo.name}</a></td>
            <td>￥{$vo.goods_price}</td>
            <td>{$vo.goods_num}</td>
            <td>￥{$vo.all_price}</td>
        </tr>
    </volist>
</table>

<h3>用户收货信息:</h3>
<table class="my_table">
    <tr>
        <th>字段</th>
        <th>值</th>
    </tr>
    <tr>
        <td>收货人</td>
        <td>{$uinfo.name}</td>
    </tr>
    <tr>
        <td>联系方式</td>
        <td>{$uinfo.mobile}</td>
    </tr>
    <tr>
        <td>收货地址</td>
        <td>{$uinfo.address}</td>
    </tr>
</table>
```

其中,模板中置换的变量 info、uinfo 和 goods_list 来自 OrderController.class.php 控制器的 detail() 方法。订单的详细信息展示如图 14.12 所示。

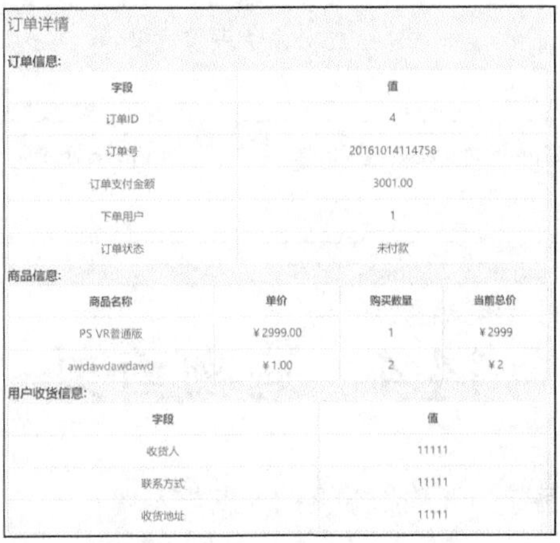

图 14.12　展示订单的详细信息

同时在 detail.html 页面添加表单代码，实现商家发货的功能，代码如下：

```
<h3>订单发货：</h3>
<form action="{:U('update')}" method="post" class="form-horizontal">
    <input type="hidden" name="id" value="{$info.id}">
    <div class="form-item">
        <label class="item-label">物流信息：<span class="check-tips"></span></label>
        <div class="controls">
            <input type="text" class="text input-large" name="ship_number" value=
"{$info.ship_number}">
        </div>
    </div>
    <div class="form-item">
        <label class="item-label">发货状态：<span class="check-tips"></span></label>
        <div class="controls">
            是：<input type="radio" name="is_ship" value="1" <if condition=
"$info['is_ship'] eq 1">checked</if>>
            否：<input type="radio" name="is_ship" value="0" <if condition=
"$info['is_ship'] eq 0">checked</if>>
        </div>
    </div>

    <div class="form-item">
        <button class="btn submit-btn ajax-post" id="submit" type="submit" target-form=
"form-horizontal">确 定</button>
        <button class="btn btn-return" onclick="javascript:history.back(-1);return
false;">返 回</button>
    </div>
</form>
```

发货表单效果如图 14.13 所示。

图 14.13　发货表单效果

　　　订单发货的模块也可以独立创建一个页面进行处理，增加各个模块的独立性和易用性。

14.4　购物首页

本节重点讲解微信端项目接口及购物首页的开发与实现。

14.4.1　微信端架构设计

在 wxshop 项目 Application 应用目录下新增 Wechat 目录，随后新增 Controller、Lib 和 View 等基础目录，并引入在前几章所学的微信网页授权类、JS-SDK 操作类和适配 OneThink 的微信支付类库 Wxpay。

在 Controller 控制器目录中新增 WechatController.class.php 父控制器文件、IndexController.class.php 首页控制器文件和 AuthController.class.php 微信网页授权用户注册控制器文件。其中，在 WechatController.class.php 类文件中新增 checkUserWxLogin()方法，方便对是否已经网页授权登录进行判断，代码如下：

```php
// 检查是否已经授权并引导授权方法
protected function checkUserWxLogin()
{
    if(!session('openid'))                                    // 判断是否已经成功授权
    {
        import("@.Lib.Wx.WxAuth");                            // 引入 WxAuth 类库
        $wx = new \WxAuth(APP_ID ,APP_SECRET);                // 实例化对象
        $wx->setReturnUrl(U('Auth/getUserInfo'));             // 设置回调地址
        redirect($wx->createWxAuthUrl(0));                    // 构建静默授权地址并跳转
    }
}
```

另外，在类初始化方法中根据 OpenID 进行数据的检索，代码如下：

```php
// 初始化方法
protected function _initialize(){
    // 根据 openid 获取用户基础信息
    if(session('openid'))
    {
        $map['openid'] = session('openid');                    // 条件检索
        $user_info = M('member')->where($map)->find();         // 用户信息查询
        $this->assign('user_info' , $user_info);               // 全局模板变量置换
        $this->uid = $user_info['uid'];                        // 全局用户属性定义
    }
}
```

AuthController.class.php 文件中 getUserInfo()方法的核心授权注册逻辑如下：

```php
import("@.Lib.Wx.WxAuth");
$wx = new \WxAuth(APP_ID ,APP_SECRET);
// 第二步：根据 code 获取 access_token;
$this->access_data = $wx->getAccessTokenByCode($code);
// 第三步：拉取用户信息
$this->userinfo = $wx->getUserInfoByOpenID();
// 第四步：缓存 openid 到 session 中去
$this->cacheOpenID();
// 第五步：新增/更新用户信息
if($this->saveUserInfo())
{
    // 第六步：页面重定向到指定地址
    redirect(U('Index/index'));
}
```

项目目录结构如图 14.14 所示。

图 14.14　微信端项目目录结构

14.4.2　购物首页数据查询

购物首页的完成效果如图 14.15 所示。

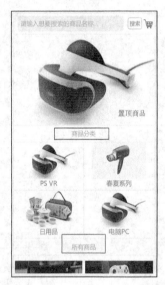

图 14.15　购物首页的完成效果

由图 14.15 可以看出，首页包含了 4 个模块：

❑　顶部搜索和购物车入口。

❑　商品置顶大图展示（暂时设计显示 1 张）。

❑　商品所有分类展示。

❑　所有商品展示（Ajax 分页）。

在 IndexController.class.php 控制器文件中新增 index()首页数据处理方法，实现代码如下：

```php
//首页
public function index()
{
    // 检测用户是否登录注册
    $this->checkUserWxLogin();
    // 检索置顶商品
    $map['status'] = array('gt' , 0);
    $map['is_top'] = 1;
    $top_goods_info = M('goods')->where($map)->find();
```

```
// 检索所有商品分类
unset($map);
$map['status'] = array('gt' , 0);
$goods_cates_list = M('goods_cates')->where($map)->select();

// 基于分页的商品查询
unset($map);
$map['status'] = array('gt' , 0);
$row = 4;
$page_count = M('goods')->where($map)->count();
$total_page =ceil( $page_count / $row );
$goods_list = M('goods')->where($map)->limit(' 0 , '.$row)->order('create_time
desc')->select();

// 商品数据组装
$new_goods_list = array();
for($i = 0 ; $i <count($goods_list) ; $i += 2)
{
    $goods_info[0] = $goods_list[$i]?$goods_list[$i]:array();
    $goods_info[1] = $goods_list[$i+1]?$goods_list[$i+1]:array();
    $new_goods_list[] = $goods_info;
    unset($goods_info);
}

// 模板变量置换
$this->assign('goods_list' , $new_goods_list);
$this->assign('goods_cates_list' , $goods_cates_list);
$this->assign('top_goods_info' , $top_goods_info);
$this->assign('total_page' , $total_page);
$this->meta_title = "首页";
$this->display();
}
```

商品列表在页面 HTML 实现的时候每行展示两条商品数据,所以需要进行数据的组装和二次处理。

14.4.3 购物首页结构与样式

在 View 下新增 Index 目录,随后新增 index.html 文件。其中,顶部导航搜索和购物车按钮的 HTML 代码如下:

```
<div class="top_search" style="position: fixed; top: 0px; z-index: 100;">
    <div class="top_bar">
        <div class="top_input">
            <input type="text" name="search" value="" placeholder="请输入想要搜索的商
品名称">
        </div>
        <div class="top_btn">
            <a href="javascript:;" class="top_btn_search">搜索</a>
            <a href="{:U('Index/shopcar')}" class="top_btn_car"><img src=
"__PUBLIC__/Wechat/images/car.png"></a>
```

```
                <div style="clear:all;"></div>
        </div>
        <div style="clear:all;"></div>
    </div>
</div>
```

实现搜索框一直在顶部浮动，使用了如下样式：

```
<div class="top_search" style="position: fixed; top: 0px; z-index: 100;">
```

商品置顶图、商品分类和商品列表的 HTML 结构代码如下：

```
<div class="top_imgs">
    <ul>
            <li>
                <a href="{:U('Goods/detail',array('id'=>$top_goods_info['id']))}">
                    <img   src="__ROOT__{$top_goods_info.img_id|get_cover=###  ,
'path'}">
                </a>
            </li>
    </ul>
</div>
<div class="goods_cates">
    <div class="goods_cates_title">商品分类</div>
    <div class="goods_cates_list">
        <volist name="goods_cates_list" id="vo">
            <a href="{:U('Goods/index' , array('id'=>$vo['id']))}">
            <div class="cates">
                <div class="cates_img"><img src="__ROOT__{$vo.img_id|get_cover=### ,
'path'}"></div>
                    <div class="cates_name">{$vo.name}</div>
            </div>
            </a>
        </volist>
        <div style="clear:all;"></div>
    </div>
</div>


<div class="goods_list">
    <div class="goods_list_title">所有商品</div>
    <volist name="goods_list" id="vo">
    <div class="goods_content">
        <if condition="$vo[0]">
            <a href="{:U('Goods/detail' , array('id'=>$vo[0]['id']))}">
            <div class="goods">
                <img src="__ROOT__{$vo.0.img_id|get_cover=### , 'path'}" />
                <div class="goods_desc">{$vo.0.name}</div>
                <div class="goods_price">￥{$vo.0.price}</div>
            </div>
            </a>
        </if>
        <if condition="$vo[1]">
            <a href="{:U('Goods/detail' , array('id'=>$vo[1]['id']))}">
            <div class="goods">
                <img src="__ROOT__{$vo.1.img_id|get_cover=### , 'path'}" />
```

```
                    <div class="goods_desc">{$vo.1.name}</div>
                    <div class="goods_price">￥{$vo.1.price}</div>
                </div>
                </a>
            </if>
            <div style="clear:all;"></div>
        </div>
        </volist>
    </div>
```

首页页面设计宽度基于 320px，使用 rem 伸缩式布局。首页样式核心代码如下：

```
/*头部导航样式 start*/
.top_bar{width:16rem;line-height: 2.25rem;height: 2.25rem;text-align: center;
background-color: #fff;overflow: hidden;border-bottom: 1px solid #f0f0f0;}
.top_input{float:left;width: 13rem;}
.top_input input {border-radius: 0.2rem;
font-size:0.7rem;width:12rem;padding-left:0.25rem;margin:0.25rem auto;border:1px solid
#eee;line-height: 1.6rem;background: #ebebeb;}
.top_btn{width:4rem;height: 2.25rem;background: #fff;}
.top_btn_search{float:left;border-radius: 0.2rem;width:1.5rem;display: block;
font-size: 0.6rem;border:1px solid #999;height:1.2rem;line-height:
1.2rem;margin-top:0.45rem;}
.top_btn_car{float:left;display: block;margin-top: 0.45rem;}
.top_btn_car img{width:1.4rem;}
.top_btn{float:left;width:3rem}
/*头部导航样式 emd*/

/*置顶图片 start*/
.top_imgs{width:16rem;background: #eee;min-height:10rem;margin-top:2.25rem;}
.top_imgs img{width:16rem;}
/*置顶图片 start*/

/*商品分类 start*/
.goods_cates{width:16rem;}
.goods_cates_title{width: 16rem;line-height: 1.8rem;height:1.8rem;text-align: center;
color:#999;font-size: 0.7rem;}
.goods_cates_list{width:16rem;}
.cates{width:7.91rem;height:5.2rem;float: left;border:1px solid #eee;}
.cates_img{width:6rem;height:4rem;margin:0 auto;}
.cates_img img{width:6rem;height:4rem;}
.cates_name{width:6rem;margin:0 auto;text-align: center;font-size: 0.7rem;}
/*商品分类 end*/

/*商品列表 start*/
.goods_list_title{width: 16rem;line-height: 1.8rem;text-align: center;
center;color:#999;font-size: 0.7rem;border-bottom: 1px solid #eee;}
.goods_content{width:100%;height:9.5rem;margin-top: 0.5rem;margin-bottom: 0.2rem;}
.goods_content .goods{width:8rem;float:left;background: #fff;padding-top: 0.1rem;}
.goods img{width:7.7rem;height: 6.5rem;display:block;margin: 0 auto;}
.goods .goods_desc{font-size: 0.5rem;padding:0.2rem;line-height:0.8rem;}
.goods .goods_price{font-size: 0.7rem;padding:0.2rem;color:red;font-weight: bold;}
.goods_nav{width:100%;text-align: center;line-height: 1rem;font-size:0.7rem;
```

```
background: #fff;margin-top:1.5rem;margin-bottom: 0.2rem;}
    /*商品列表 end*/


    /*分页按钮 start*/
    .show_next{width:15rem;line-height: 1.7rem;margin:1rem auto;text-align: center;
font-size: 0.7rem;border:1px solid #ddd;}
    /*分页按钮 end*/
```

14.4.4 商品列表 Ajax 分页

在商品数量较多的情况下，需要进行分页加载。首先在页面上增加分页按钮代码：

```
<div class="show_next" style="display:none;" page=1>查看更多</div>
```

按钮默认为隐藏状态，并且拥有 page 属性，默认值为 1（代表当前是第一页）。以每页显示 4 个商品信息为例，当需要展示的商品总条数超过 4 条后，需要展示分页按钮。每次用户单击分页按钮，都需要对其 page 属性的值加 1。

```
// 判断是否要显示下一页按钮
var total_page = "{$total_page}";                              // 获取分页总条数
var now_page = $('.show_next').attr('page');                   // 获取当前分页
if(total_page > now_page)                                      // 判断是否显示分页按钮
{
    $('.show_next').show();                                    // 显示分页按钮
}

var is_click = true;                                           // 判断是否已经单击分页按钮
// 点击下一页
$('.show_next').click(function(){                              // 为分页按钮绑定单击事件
    if(!is_click)                                              // 判断是否可以重复单击
    {
        return false;
    }
    $(this).text('正在加载...');                               // 数据处理提示
    is_click = false;
    var _self = $(this);                                       // 定义当前对象到变量
    var next_page = Number(_self.attr('page')) + 1;            // 获取下一页的分页值
    _self.attr('page' , next_page);                           // 更新分页按钮page属性值

    // 使用 Ajax 获取下一页的数据并展示
    $.post("{:U('getPage')}" , {page:next_page,time:new Date().getTime()} ,
function(msg){
        if(msg != '')                                         // 判断是否有返回数据
        {
            $('.goods_list').append(msg);                     // 在商品列表上添加数据
            if(next_page == total_page)                       // 判断是否是最后一页
            {
                _self.hide();                                 // 隐藏分页按钮
            }
            _self.text('查看更多');                           // 恢复分页按钮值
        }
        else {
            _self.text('暂无新数据');                         // 数据提示
        }
```

```
                is_click = true;                            // 恢复可以单击的状态
        })
    })
```

在 IndexController.class.php 中新增 getPage()方法，根据分页的 page 值来获取商品列表数据：

```php
//分页获取数据
public function getPage()
{
    if(IS_POST)                                             // 判断是否是 POST 请求
    {
        $now_page = I('page');                              // 获取需要展示分页值
        $map['status'] = array('gt' , 0);
        $row = 4;                                           // 每页显示 4 条
        $offset = ($now_page - 1) * $row;                   // 计算分页的偏移量
        $goods_list = M('goods')->where($map)->limit($offset.',
'.$row)->order('create_time desc')->select();

        $new_goods_list = array();
        for($i = 0 ; $i <count($goods_list) ; $i += 2)      // 每次循环两条数据
        {
            $goods_info[0] = $goods_list[$i]?$goods_list[$i]:array();
            $goods_info[1] = $goods_list[$i+1]?$goods_list[$i+1]:array();
            $new_goods_list[] = $goods_info;
            unset($goods_info);
        }

        $this->assign('goods_list' , $new_goods_list);      // 变量置换
        $this->display('Index/get_page');                   // 数据展示
    }
    else
    {
        exit('');
    }
}
```

在 Index 模板目录下新增 get_page.html 文件，代码如下：

```html
<volist name="goods_list" id="vo">
<div class="goods_content">
    <if condition="$vo[0]">
        <a href="{:U('Goods/detail' , array('id'=>$vo[0]['id']))}">
        <div class="goods">
            <img src="__ROOT__{$vo.0.img_id|get_cover=### , 'path'}" />
            <div class="goods_desc">{$vo.0.name}</div>
            <div class="goods_price">￥{$vo.0.price}</div>
        </div>
        </a>
    </if>
    <if condition="$vo[1]">
        <a href="{:U('Goods/detail' , array('id'=>$vo[1]['id']))}">
        <div class="goods">
            <img src="__ROOT__{$vo.1.img_id|get_cover=### , 'path'}" />
            <div class="goods_desc">{$vo.1.name}</div>
            <div class="goods_price">￥{$vo.1.price}</div>
```

```
        </div>
      </a>
    </if>
    <div style="clear:all;"></div>
  </div>
</volist>
```

此处的 Ajax 分页实现逻辑可以套用到项目中的其他任意列表中去。

14.5　商品列表与详情页

本节讲解商品列表页和商品详情页的实现，为实现商品搜索、商品分页查看和购物支付提供基本条件。

14.5.1　商品列表页

用户在以下两种情况下可以进入商品的列表页面：

❑ 购物首页顶部搜索：当用户输入搜索关键字，单击"搜索"按钮后会进入搜索结果商品列表页。

❑ 购物首页分类按钮：用户单击任意商品分类按钮后，可以进入展示当前分类的搜索结果页面。

在 Application/Wechat/Controller 控制器目录下新增 GoodsController.class.php 商品控制器类文件。新增 index()方法如下：

```
// 商品列表首页
public function index()
{
    $cates_id = I('id');                              // 获取商品分类 ID
    $keys = I('keys');                                // 获取用户搜索关键词
    if(!$keys && !$cates_id)                          // 参数验证
    {
        $this->error('参数错误！');
    }

    if($cates_id)                                     // 判断是否是从商品分类入口进入
    {
        $map['id'] = $cates_id;                       // 查询商品分类信息
        $goods_cates_info = M('goods_cates')->where($map)->find();
    }

    //查询商品列表
    unset($map);
    if($cates_id)                                     // 构建分类查询条件
    {
        $map['goods_cates_id'] = $cates_id;
    }
```

```
    if($keys)                                        // 构建关键字查询条件
    {
        $map['name'] = array('like' , '%'.$keys.'%');    // 模糊匹配查询
    }
    $map['status'] = array('gt' , 0);
    $goods_list = M('goods')->where($map)->select();      // 查询商品列表

    // 处理商品数据
    $new_goods_list = array();
    for($i = 0 ; $i <count($goods_list) ; $i += 2)         // 每次循环两条数据
    {
        $goods_info[0] = $goods_list[$i]?$goods_list[$i]:array();
        $goods_info[1] = $goods_list[$i+1]?$goods_list[$i+1]:array();
        $new_goods_list[] = $goods_info;
        unset($goods_info);
    }

    $this->assign('goods_list' , $new_goods_list);         // 模板变量置换商品列表数据
    $this->assign('goods_cates_info' , $goods_cates_info);// 模板变量置换分类信息
    $this->assign('keys' , $keys);                          // 模板变量置换用户搜索关键字
    $this->meta_title = "商品列表";
    $this->display();
}
```

在 View 模板目录下新增 index.html 文件，结构如下：

```html
<div class="top_search" >
    <div class="top_bar">
        商品列表
    </div>
</div>

<div class="goods_list">
    <if condition="!empty($goods_cates_info)">
        <div class="goods_list_title">所属系列：{$goods_cates_info.name}</div>
    <else/>
        <div class="goods_list_title">搜索关键字：{$keys}</div>
    </if>
    <if condition="$goods_list">
    <volist name="goods_list" id="vo">
        <div class="goods_content">
            <if condition="$vo[0]">
                <a href="{:U('Goods/detail' , array('id'=>$vo[0]['id']))}">
                    <div class="goods">
                        <img src="__ROOT__{$vo.0.img_id|get_cover=### , 'path'}" />
                        <div class="goods_desc">{$vo.0.name}</div>
                        <div class="goods_price">￥{$vo.0.price}</div>
                    </div>
                </a>
            </if>
            <if condition="$vo[1]">
                <a href="{:U('Goods/detail' , array('id'=>$vo[1]['id']))}">
                    <div class="goods">
```

```
                         <img src="__ROOT__{$vo.1.img_id|get_cover=###,'path'}" />
                         <div class="goods_desc">{$vo.1.name}</div>
                         <div class="goods_price">￥{$vo.1.price}</div>
                    </div>
                </a>
            </if>
            <div style="clear:all;"></div>
        </div>
        </volist>
    <else/>
        <div class="empty_list">暂无商品</div>
    </if>
</div>
<div class="show_next" style="display:none;">查看更多</div>
```

其中，搜索结果和分类结果都在一个页面，可用以下代码来进行区别展示：

```
<if condition="!empty($goods_cates_info)">
    <div class="goods_list_title">所属系列：{$goods_cates_info.name}</div>
<else/>
    <div class="goods_list_title">搜索关键字：{$keys}</div>
</if>
```

页面定义样式如下：

```
/*商品列表 start*/
.goods_list_title{width: 16rem;line-height: 1.8rem;text-align:
center;center;color:#999;font-size: 0.7rem;border-bottom: 1px solid #eee;}
.goods_content{width:100%;height:9.5rem;margin-top: 0.5rem;margin-bottom: 0.2rem;}
.goods_content .goods{width:8rem;float:left;background: #fff;padding-top: 0.1rem;}
.goods img{width:7.7rem;height: 6.5rem;display:block;margin: 0 auto;}
.goods .goods_desc{font-size: 0.5rem;padding:0.2rem;line-height:0.8rem;}
.goods .goods_price{font-size: 0.7rem;padding:0.2rem;color:red;font-weight: bold;}
.goods_nav{width:100%;text-align: center;line-height: 1rem;font-size:
0.7rem;background: #fff;margin-top:1.5rem;margin-bottom: 0.2rem;}
/*商品列表 end*/
```

商品搜索和商品分类展示列表页效果如图 14.16 所示。

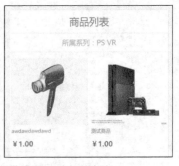

图 14.16　商品搜索和商品分类展示列表页效果

14.5.2　商品详情页

通过首页、商品列表页等可以进入商品的详情页。在 GoodsController.class.php 控制器类文件中新增 detail() 方法，实现代码如下：

```php
// 商品详情页
public function detail()
{
    $goods_id = I('id');                                    // 获取商品 ID
    if(!$goods_id)                                          // 参数验证
    {
        $this->error('参数错误！');
    }

    $map['id'] = $goods_id;                                 // 根据 ID 查询商品信息
    $goods_info = M('goods')->where($map)->find();

    $this->assign('goods_info' , $goods_info);              // 模板变量置换
    $this->meta_title = "商品列表";
    $this->display();
}
```

在 View/Goods 模板目录下新增 detail.html 文件，HTML 结构代码如下：

```html
<div class="top_search" >
    <div class="top_bar">
        商品详情
    </div>
</div>

<div class="goods_detail">
    <div class="goods_img">
        <img src="__ROOT__{$goods_info.img_id|get_cover=###,'path'}" />
    </div>
    <div class="goods_price">
        Ұ<span>{$goods_info.price}</span>
    </div>
    <div class="goods_title">
        {$goods_info.name}
    </div>

    <div class="goods_info">
        <div class="goods_line">
            <span>库存: </span>
            <span>{$goods_info.goods_cates_id|getGoodsCatesName}</span>
        </div>
        <div class="goods_line">
            <span>库存: </span>
            <span>{$goods_info.repertory}</span>
        </div>
        <div class="goods_line">
            <span>产地: </span>
            <span>{$goods_info.production_place}</span>
        </div>

    </div>

    <div class="goods_content">
```

```
                    {$goods_info.content}
            </div>
        </div>
        <div class="goods_buy_bar">
            <a href="javascript:;" class="goods_buy_btn buy_now">立即购买</a>
            <a href="{:U('Index/shopcar')}" class="goods_buy_btn buy_car">购物车</a>
            <div class="clear_all"></div>
        </div>
```

页面样式定义如下：

```
/* 底部购买和加入购物车按钮 start*/
    .goods_buy_bar{width:16rem;position: fixed;z-index: 999;bottom: 0;left: 0;width:
100%;height: 2rem;padding: 0 0.75rem;border-top: 1px solid #ccc;background: #fff;}
    .goods_buy_btn{display: block;border:1px solid red;line-height: 1.7rem;
height:1.7rem;text-align: center;font-size: 0.7rem;border-radius: 0.2rem;margin-top: 0.05rem;
float: left;}
    .buy_now{background: #fff;width:10rem;}
    .buy_car{width:4rem;margin-left: 0.3rem;color:white;background: red;}
    body{background: #eee;}
/* 底部购买和加入购物车按钮 end*/

/*商品详情 start*/
    .goods_detail{width:16rem;}
    .goods_detail .goods_img img{width:16rem;height:12rem;}
    .goods_detail .goods_price{border-bottom: 1px solid #eee;
line-height:1.5rem;padding:0.5rem;color: #999;font-size:0.8rem;background: #fff;}
    .goods_detail .goods_price span{ color :red;font-size: 1rem;}
    .goods_title{padding:0.5rem;display: block;font-size: 0.8rem;color:#000;font-weight:
blod;background: #fff;}
    .goods_info{padding:0.5rem;margin-top: 0.2rem;margin-bottom: 0.2rem;background: #fff;
color: #999;font-size: 0.7rem;}
    .goods_content{width: 16rem;margin-top: 0.2rem;background: #fff;font-size:0.7rem;}
    /*商品详情 end*/
```

除了商品基本信息的展示，页面底部还提供了"立即购买"和"购物车"按钮。用户单击"立即购买"按钮可以把当前的商品加入购物车，而单击"购物车"按钮则会进入购物车商品管理界面。

商品详情页完成效果如图 14.17 所示。

图 14.17　商品详情页完成效果

注意

　　在本实例的设计中，若需要购买某个商品则必须先加入购物车，下订单操作功能在购物车提供。

14.6　购物车

本节介绍如何添加商品到购物车、购物车商品管理和购物车下单支付操作。

14.6.1　添加商品到购物车

项目使用 MySQL 记录用户的购物车信息，实现此功能需要在数据库中同时记录以下 3 类信息：

❑　用户 ID：根据 OpenID 查询到用户的 UID。

❑　商品 ID：记录商品 ID 即可关联查询商品的单价等所有详细信息。

❑　商品购买数量：根据商品 ID 计算总价格。

购物车数据操作流程如图 14.18 所示。

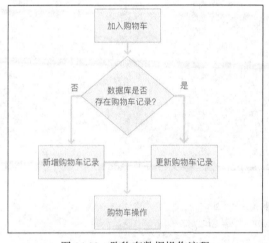

图 14.18　购物车数据操作流程

　　修改 Goods/detail.html 文件，为"立即购买"按钮绑定单击事件，以实现基于 Ajax 的商品添加购物车操作。JavaScript 实现代码如下：

```
$('.buy_now').click(function(){                          // 绑定单击事件
    var goods_id = "{$goods_info.id}";                   // 获取商品 ID
    var repertory = "{$goods_info.repertory}";           // 获取商品库存
    if(repertory < 1 )                                   // 判断商品是否已经售罄
    {
        alert('已售罄！');                                // 文本提示
        return false;
    }
    var uid = "{$user_info.uid}";                        // 获取用户 UID
    if(goods_id && uid)                                  // 请求参数验证
    {
        $.post("{:U('Goods/addShopCar')}",               // 发送 Ajax 请求
```

```
                {
                    goods_id:goods_id,                         // 商品 ID
                    uid:uid,                                   // 用户 UID
                    time:new Date().getTime()
                },
                function(msg){
                    if(msg.status == 1)                        // 判断是否添加成功
                    {
                        if(confirm('添加成功，是否继续购物！'))
                        {
                            return true;                       // 是否进入到购物车
                        }
                        else
                        {
                            window.location.href = "{:U('Index/shopcar')}";
                        }
                    }
                    else
                    {
                        alert(msg.msg);                        // 提示参数错误信息
                        return false;
                    }
                })
    }
    else
    {
        alert('参数错误！');
        return false;
    }
})
```

在 GoodsController.class.php 控制器文件新增 addShopCar() 方法来处埋商品加入购物车操作，
实现现代码如下：

```
//添加商品到用户的购物车
public function addShopCar()
{
    if(IS_POST)                                            // 判断是否是 POST 类型请求
    {
        $goods_id = I('goods_id');                        // 获取商品 ID
        $uid = I('uid');                                  // 获取用户 UID
        if(!$goods_id || !$uid)                           // 参数验证
        {
            $this->ajaxReturn(array('status'=>0 , 'msg'=>'参数错误！'),'JSON');
        }

        $map['uid'] = $uid;
        $map['goods_id'] = $goods_id;
        $info = M('goods_shopcar')->where($map)->find(); // 查询记录是否已经存在
        if($info === null)                                // 若不存在记录
        {
            $data = $map;
            $data['num'] = 1;                             // 默认商品购买数量为 1
```

```
        M('goods_shopcar')->add($data);                      // 新增商品
    }
    else
    {                                                         // 商品数量增加 1
        M('goods_shopcar')->where($map)->setInc('num' , 1);
    }

    $this->ajaxReturn(array('status'=>1 , 'msg'=>'添加成功! '),'JSON');
    }
}
```

当用户单击"立即购买"后观察数据库 goods_shopcar 表的数据记录，如图 14.19 所示。

id	goods_id	uid	num
5	2	1	3
6	1	1	3
7	5	1	4

图 14.19　查看添加到 MySQL 的购物车记录

　　　　用户购物车信息不仅可以存储在 MySQL 数据库，还可以存储在文件或者内容数据库中，甚至可以存储在 Cookie 中。

14.6.2　购物车样式定义与数据展示

修改 IndexController.class.php 首页控制器文件，新增 shopcar()方法，代码如下：

```
// 购车车页面
public function shopcar()
{
    $this->checkUserWxLogin();                           // 检测网页授权是否完成
    $map['uid'] = $this->uid ? $this->uid : 1;           // 获取用户 UID
    $list = M('goods_shopcar')->where($map)->select();   // 查询用户购物车信息
    if($list !== null)
    {
        $total_price = 0;                                // 初始化商品全部价格
        $total_num = 0;                                  // 初始化商品全部数量
        foreach ($list as $key => $value)                // 数据遍历处理
        {
            unset($map);
            $map['id'] = $value['goods_id'];             // 查询商品信息获取单价
            $goods_info = M('goods')->field
('name,price,img_id')->where($map)->find();
            $list[$key]['goods_info'] = $goods_info;
            $list[$key]['all_price'] = $goods_info['price'] * $value['num'];//计算
当前商品总价
            $total_price = $total_price + $list[$key]['all_price'];// 计算所有商品总价
            $total_num = $total_num + $value['num'];     // 计算商品购买数量
            unset($goods_info);
```

```
                }

                $this->assign('total_price' , $total_price);        //变量置换全部商品价格
                $this->assign('total_num' , $total_num);            //变量置换全部商品购买数量
                $this->assign('list' , $list);
            }

        $this->meta_title = "购物车";
        $this->display();
    }
```

在 View/Index 目录下新增 shopcar.html 文件，HTML 结构代码如下：

```
<div class="top_search" >
    <div class="top_bar">
        购物车
    </div>
</div>

<div class="shoppingcar_list">
    <div class="check_all">
        <input type="checkbox" name="check_all" id="check_all_box" />
        <label for="check_all_box">全选</label>
    </div>
    <div class="car_list">

        <ul>
            <volist name="list" id="vo">
            <li>
                <label class="car_check">
                    <input type="checkbox" all_price="{$vo.all_price}" num=
"{$vo.num}" name="goods_ids[]" car_id="{$vo.id}" value="{$vo.goods_id}" class="check_car"
/>
                </label>
                <div class="car_content">
                    <div class="car_content_img">
                        <img
src="__ROOT__{$vo.goods_info.img_id|get_cover=###,'path'}">
                    </div>
                    <div class="car_content_info">
                        <div class="name_desc">{$vo.goods_info.name}</div>
                        <div class="goods_nums">
                            <div class="goods_nums_del" goods_id="{$vo.goods_id}"
goods_price="{$vo.goods_info.price}">-</div>
                            <div class="goods_nums_input">
                                {$vo.num}
                            </div>
                            <div class="goods_nums_add" goods_id="{$vo.goods_id}"
goods_price="{$vo.goods_info.price}">+</div>
                            <div style="clear:all"></div>
                        </div>
                        <div style="clear:all"></div>
                    </div>
```

```
                    <div style="clear:all"></div>
                </div>
                <div class="car_action">
                    <div class="goods_price">
                        ¥<span>{$vo.all_price}</span>
                    </div>
                    <div class="goods_del"  goods_id="{$vo.goods_id}">
                        删除
                    </div>
                </div>
                <div style="clear:all"></div>
            </li>
            </volist>
        </ul>
    </div>
    <div class="all_goods_info">
        <div class="goods_all_price">商品总额:¥<span>0</span></div>
        <div class="goods_all_nums">商品总数:<span>0</span></div>
        <a href="javascript:;" class="submit_order">结算</a>
    </div>
</div>
```

页面样式定义如下:

```
/*全选按钮 start*/
.shoppingcar_list{width:16rem;}
.check_all{width:16rem;line-height:  1.5rem;line-height:  1.5rem;border-bottom:1px
solid #ddd;}
.check_all label{font-size:0.7rem;}
.check_all #check_all_box{width:1rem;}
/*全选按钮 end*/

/*购物车列表 start*/
.car_list ul li{display: block;width:16rem;float: left;}
.car_list ul li .car_check{width:2rem;background: #fff;float: left;
height:4.8rem;text-align: center;line-height: 4.8rem;border-bottom: 1px solid #ddd;}
.car_list ul li .car_check input{margin-top:2rem;}
.car_list ul li .car_content{width:10rem;background: #fff;float: left;
height:4.8rem;border-bottom: 1px solid #ddd;}
.car_list ul li .car_content .car_content_img{width:4rem;background: #fff;
float:left;}
.car_list ul li .car_content .car_content_img img{width:4rem;height:4rem;margin-top:
0.5rem;}
.car_list ul li .car_content .car_content_info{width:5rem;background: #fff;float:
left;margin-top: 0.5rem;}
.car_list ul li .car_action{width:4rem;background: #fff;float: left;
height:4.8rem;border-bottom: 1px solid #ddd;}
.car_list ul li .car_action .goods_price{text-align: center;font-size: 0.8rem;
color:red;margin-top:0.4rem;}
.goods_del{margin-top: 1.2rem;font-size:0.6rem;color:#ddd;text-align: center;}
.all_goods_info{width:16rem;}
.goods_all_price{text-align: right;padding-right: 1rem;font-size: 0.6rem;line-height:
1rem;}
```

```
    .goods_all_nums{text-align: right;padding-right: 1rem;font-size: 0.6rem;line-height:
1rem;}
    /*购物车列表 end*/

    /*显示与提交区域 start*/
    .name_desc{font-size: 0.7rem;}
    .goods_nums{width:5rem;background: #fff;height: 3rem;}
    .goods_nums_del{margin-top: 0.6rem;float: left;width: 1.5rem;height: 1.5rem;
text-align: center;line-height: 1.5rem;background: #fff;font-size: 1.2rem;border-top: 1px
solid #ddd;border-left:1px solid #ddd;border-bottom: 1px solid #ddd;}
    .goods_nums_input{margin-top:        0.6rem;float:        left;width:        1.5rem;height:
1.5rem;text-align: center;
        line-height: 1.5rem;border:1px solid #ddd;background: #fff;font-size: 0.8rem;}
    .goods_nums_add{margin-top: 0.6rem;float: left;width: 1.5rem;height: 1.5rem;
text-align: center;line-height: 1.5rem;background: #fff;font-size: 1.2rem;border-top: 1px
solid #ddd;border-right:1px solid #ddd;border-bottom: 1px solid #ddd;}
    .submit_order{width:4.5rem;line-height:1.8rem;height:        1.8rem;text-align:
center;display:block;font-size: 0.7rem;
        border-radius: 0.3rem;
    background: #c1c1c1;color:#fff;margin-left: 10.6rem;}
    /*显示与提交区域 end*/
```

完成后的购物车界面交互与样式如图 14.20 所示。

图 14.20　购物车界面交互与样式

14.6.3　购物车商品数量管理

用户在管理购物车商品数据的时候，可以进行以下操作：

❑　增加/减少商品数量。

❑　全选或者选择某一条商品记录。

❑　删除操作。

❑　对已经选中的商品记录进行结算操作。

首先来看增加/减少商品数量的实现，用户手动增减商品购买数量的时候，MySQL 数据库表记录也需要更新。为了提升用户体验，所有的操作都使用 Ajax 的方式异步操作。HTML 代码结构如下：

```
<div class="goods_nums">
    <div class="goods_nums_del" goods_id="{$vo.goods_id}" goods_price=
"{$vo.goods_info.price}">-</div>
    <div class="goods_nums_input">
        {$vo.num}
    </div>
    <div class="goods_nums_add" goods_id="{$vo.goods_id}" goods_price=
"{$vo.goods_info.price}">+</div>
    <div style="clear:all"></div>
</div>
```

在 "+" 和 "-" 按钮上分别定义 goods_id 和 goods_price 属性，可以方便地更新在数据库中的商品记录。同时也可以在页面上直接计算和展示出用户操作后最终的价格。

为 "+" 按钮绑定 click 事件，代码如下：

```
// 增加数量
$('.goods_nums_add').click(function(){
    var goods_price = Number($(this).attr('goods_price'));   // 获取当前商品价格

    var _li = $(this).parent().parent().parent().parent();   // 获取当前父级元素
    var all_price = _li.find('.goods_price span').text();     // 获取当前当前商品总价
    var new_all_price = Number(all_price) + goods_price;      // 计算出新的当前商品总价
    _li.find('.goods_price span').text(new_all_price);        // 显示当前商品新的价格

    var goods_num = Number(_li.find('.goods_nums_input').text());
    var goods_id = Number($(this).attr('goods_id'));          // 获取商品 ID
    var old_total_price = Number($('.goods_all_price').find('span').text());
    var old_total_num = Number($('.goods_all_nums').find('span').text());

    old_total_price += goods_price;                           // 计算所有的商品总价
    old_total_num += 1;                                       // 计算所有的商品数量

    var new_num = goods_num + 1;                              // 计算当前商品显示数量
    _li.find('.goods_nums_input').text(new_num);             // 展示新的当前商品数量

    _li.find('input[name="goods_ids[]"]').attr('all_price' , new_all_price );
    _li.find('input[name="goods_ids[]"]').attr('num' , new_num );

    if(_li.find('input[name="goods_ids[]"]').prop('checked')) // 判断是否有选中的商品信息
    {
        $('.goods_all_price').find('span').text(old_total_price);
        $('.goods_all_nums').find('span').text(old_total_num);
    }
    var uid = "{$user_info.uid|default=1}";                   // 获取用户 UID
    $.post("{:U('updateShoppcar')}" ,                         // 更新数据库购物车信息
    {
        time:new Date().getTime() ,
        num:new_num,                                          // 当前商品最新的购买数量
        goods_id:goods_id,                                    // 商品 ID
        uid:uid},                                             // 用户 UID
        function(msg){}
    )
```

```
})
```

为"–"按钮绑定 click 事件代码如下：

```
// 删除数量
$('.goods_nums_del').click(function(){
    var _li = $(this).parent().parent().parent().parent();    // 获取当前父级元素
    var goods_num = Number(_li.find('.goods_nums_input').text());
    if(goods_num <= 1)                                         // 商品最少数量为1
    {
        return true;
    }

    var goods_price = Number($(this).attr('goods_price'));     // 获取商品当前价格
    var all_price = _li.find('.goods_price span').text();      // 获取当前商品总价
    var new_all_price = Number(all_price) - goods_price;       // 计算新的当前商品总价
    _li.find('.goods_price span').text(new_all_price);         // 显示新的当前商品总价

    var goods_id = Number($(this).attr('goods_id'));           // 获取商品 ID
    var old_total_price = Number($('.goods_all_price').find('span').text());
    var old_total_num = Number($('.goods_all_nums').find('span').text());

    old_total_price -= goods_price;                            // 在所有商品总价中减少
    old_total_num -= 1;                                        // 在所有商品总数中减少

    var new_num = goods_num - 1;                               // 计算新的当前商品总数
    _li.find('.goods_nums_input').text(new_num);              // 展示新的当前商品总数

    _li.find('input[name="goods_ids[]"]').attr('all_price' , new_all_price );
    _li.find('input[name="goods_ids[]"]').attr('num' , new_num );

    if(_li.find('input[name="goods_ids[]"]').prop('checked')) // 判断商品是否已经选中
    {
        $('.goods_all_price').find('span').text(old_total_price);
        $('.goods_all_nums').find('span').text(old_total_num);
    }

    var uid = "{$user_info.uid|default=1}";                    // 获得用户 UID
    $.post("{:U('updateShoppcar')}" ,                         // 更新数据表记录
    {
        time:new Date().getTime() ,
        num:new_num,                                          // 新的商品购买数量
        goods_id:goods_id,                                    // 商品 ID
        uid:uid                                               // 商品 UID
    },
        function(msg){}
    )
})
```

由于在 JavaScript 中字符串拼接和加法计算都使用"+"号，为了避免类型导致的错误，所以使用了 Number()方法对字符串进行类型转换。

14.6.4　购物车商品选择操作

为了避免出现误操作，用户购物车的商品在未选中的情况下是不允许进行结算操作的。所以需要提供全选和单选的操作。全选按钮（checkbox）的 HTML 代码如下：

```html
<div class="check_all">
    <input type="checkbox" name="check_all" id="check_all_box" />
    <label for="check_all_box">全选</label>
</div>
```

使用 label 标签可以给用户提供更大的单击区域，提升用户在移动端使用的操作体验。

在 li 商品记录标签中的 HTML 代码如下：

```html
<label class="car_check">
    <input type="checkbox" all_price="{$vo.all_price}" num="{$vo.num}" name=
"goods_ids[]" car_id="{$vo.id}" value="{$vo.goods_id}" class="check_car" />
</label>
```

3 个属性的说明如下：

❑ all_price：当前记录的商品总价。如商品单价 2 元，选中数量为 5，则 all_price 的值为 10。

❑ num：当前商品选中的购买数量。

❑ car_id：当前购物车在数据库中记录的唯一标识。

全选操作的 JavaScript 代码如下：

```javascript
// 全选
$('#check_all_box').click(function(){
    $("input[name='goods_ids[]']").prop('checked' , this.checked);
                                                        // 对所有 box 全选操作
    if(this.checked)                                    // 判断是否是全选
    {
        var total_price = 0;                            // 初始化商品购买总价
        var total_num = 0;                              // 初始化商品购买总数
        $("input[name='goods_ids[]']").each(function(){
            if($(this).prop('checked'))                 // 判断是否选择商品
            {
                total_price += Number($(this).attr('all_price'));  // 计算商品总价
                total_num += Number($(this).attr('num'));   // 计算商品总数
            }
        })
        $('.goods_all_price').find('span').text(total_price);  // 展示商品总价
        $('.goods_all_nums').find('span').text(total_num);     // 展示商品总数
    }
    else
    {
        $('.goods_all_price').find('span').text('0');   // 全部取消初始化价格
        $('.goods_all_nums').find('span').text(0);      // 全部取消初始化数量
    }
})
```

在列表上单个选中的 JavaScript 代码如下：

```javascript
// 单选
$("input[name='goods_ids[]']").click(function(){
    var old_total_price = Number($('.goods_all_price').find('span').text());
```

```
        var old_total_num = Number($('.goods_all_nums').find('span').text());
        if(!this.checked)                                    // 判断是否选中
        {
            old_total_price -= Number($(this).attr('all_price'));   // 减少商品总价
            old_total_num -= Number($(this).attr('num'));            // 减少商品总数
        }
        else
        {
            old_total_price += Number($(this).attr('all_price'));   // 增加商品总价
            old_total_num += Number($(this).attr('num'));            // 增加商品总数
        }
        $('.goods_all_price').find('span').text(old_total_price);
        $('.goods_all_nums').find('span').text(old_total_num);
    })
```

在 IndexController.class.php 控制器新增 delCarGoodsInfo()和 updateShoppcar()方法处理数据库表记录：

```
// 更新数据库购物车信息
public function updateShoppcar()
{
    if(IS_POST)
    {
        $map['uid'] = I('uid');                           // 更新条件
        $map['goods_id'] = I('goods_id');
        $data['num'] = I('num');                          // 更新数量
        M('goods_shopcar')->where($map)->save($data);     // 更新操作
    }
}
```

用户操作选中前和选中后的效果如图 14.21 所示。

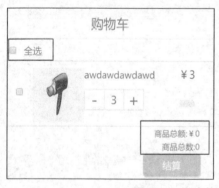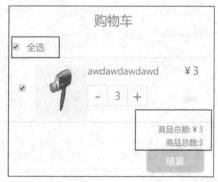

图 14.21　选中前后的商品记录效果

14.6.5　购物车删除操作

删除按钮的 HTML 代码如下：

```
<div class="goods_del"  goods_id="{$vo.goods_id}">
    删除
</div>
```

JavaScript 代码如下：

```
//单个删除
```

```
$('.goods_del').click(function(){

    if(confirm('确定删除此条商品信息？'))                        // 二次确认是否删除
    {
        var _li = $(this).parent().parent();                    // 获取父级元素标签
        var goods_num = Number(_li.find('.goods_nums_input').text());
        var goods_price = Number(_li.find('.goods_price span').text());
        var goods_id = Number($(this).attr('goods_id'));        // 获取商品 ID
        var old_total_price = Number($('.goods_all_price').find('span').text());
        var old_total_num = Number($('.goods_all_nums').find('span').text());
        if(old_total_price && old_total_num)                    // 参数验证
        {
            $('.goods_all_price').find('span').text(old_total_price - goods_price);
            $('.goods_all_nums').find('span').text(old_total_num - goods_num);
        }

        var uid = "{$user_info.uid|default=1}";                 // 获取用户 UID
        $.post("{:U('delCarGoodsInfo')}", {
            time : new Date().getTime(),
            uid : uid,                                          // 用户 UID
            goods_id : goods_id                                 // 商品 ID
        },function(msg){
        });
        _li.remove();                                           // 移除当前元素
    }
    else
    {
        return true;
    }
})
```

14.7　订单结算与支付

本节主要讲解如何在购物车中对商品进行结算与支付操作。

14.7.1　购物车结算下单

在购物车管理页面中，给"结算"按钮绑定 click 单击事件，判断是否选中商品后跳转到订单结算支付页面：

```
// 结算
$('.submit_order').click(function(){
    var car_ids = "";                                      // 初始化购物车 ID 参数
    $("input[name='goods_ids[]']").each(function(){
        if(this.checked)
        {
            car_ids += $(this).attr('car_id') + ",";       // 获取所有选中的购物车 ID
参数
        }
    })
```

```
        if(car_ids)                                          // 页面重定向到支付结算页面
        {
            window.location.href = "{:U('Order/index')}?ids="+car_ids;
        }
        else
        {                                                    // 提示用户先选择后结算
            alert('请选择要结算的商品！');
            return false;
        }
    })
```

在 Controller 目录下新增 OrderController.class.php 支付控制器文件，新增 index()方法如下：

```php
// 商品列表首页
public function index()
{
    //构建订单并初始化支付
    $this->checkUserWxLogin();                              // 微信网页授权验证
    //下订单
    $ids = I('ids');                                        // 获取购物车 ID 参数
    if(!$ids)                                               // 购物车参数 ID 验证
    {
        $this->error('参数错误！');
    }

    $ids_arr = explode(',' , $ids);                         // 转换为数组
    if(!empty($ids_arr))
    {
        // 获取实际支付价格
        $goods_info = $this->getPayGoodsInfo($ids_arr);
        if(!$goods_info['pay_price'])                       // 商品支付验证
        {
            $this->error('请勿重复下单！');
        }
        $this->assign('goods_info' , $goods_info);          // 商品信息变量置换

        $order_number = date('YmdHis').mt_rand(1000,999);   // 生成订单号
        $data['order_number'] = $order_number;
        $data['uid'] = $this->uid?$this->uid:1;
        $data['pay_price'] = $goods_info['pay_price'];
        $data['status'] = 1;
        $data['create_time'] = time();
        // 查询用户地址信息
        $info = M('member_address')->where('uid='.$data['uid'])->find();
        $this->assign('info' , $info);

        $order_id =M('order')->add($data);                  // 插入订单数据
        if($order_id !== false)
        {                                                    // 插入订单商品数据
            foreach ($goods_info['car_infos'] as $key => $value) {
                $order_data['goods_id'] = $value['goods_id'];
                $order_data['order_id'] = $order_id;
                $order_data['goods_num'] = $value['num'];
```

```php
                $order_data['goods_price'] = $value['goods_price'];
                $order_data['status'] = 1;
                $order_data['create_time'] = time();
                M('order_goods')->add($order_data);
                unset($order_data);
            }
        }
        unset($map);
        $ids = rtrim($ids , ',');
        $map['id'] = array('in' ,$ids );
        M('goods_shopcar')->where($map)->delete();
    }


    // 构建支付信息
    $tools = new \WxPayJsApi();                                  // JS API 所需参数处理类
    $openid = session('openid');                                 // 获取 OpenID
    $input = new \WxPayUnifiedOrder();                           // 实例化订单创建对象
    $input->SetBody("支付价格: ".$goods_info['pay_price']);      // 设置商品信息
    $input->SetAttach("购物车商品订单");
    $input->SetOut_trade_no($order_number);//设置订单号
    $input->SetTotal_fee("1");                                   // 设置实际支付金额
    $input->SetTime_start(date("YmdHis"));
    $input->SetTime_expire(date("YmdHis", time() + 600));
    $input->SetGoods_tag("购物车商品订单");
    // 设置通知回调接口
$input->SetNotify_url("http://wechat.hello-orange.com/wxshop/index.php/Wechat/Order
/wxnotify");
    $input->SetTrade_type("JSAPI");                              // 设置微信支付类型
    $input->SetOpenid($openid);                                  // 设置用户 OpenID
    $order = \WxPayApi::unifiedOrder($input);                    // 使用微信接口处理类创建
订单信息
    $this->assign('order' , $order);
    $jsApiParameters = $tools->GetJsApiParameters($order);       //根据订单信息生成 JS API
发起支付所需参数
    $this->assign('jsApiParameters' , $jsApiParameters);
    $this->meta_title = "订单支付";
    $this->display();
}


// 结算实际支付金额
private function getPayGoodsInfo($arr)
{
    if($arr)
    {
        $pay_price = 0;                                          // 初始化支付价格
        $car_infos = array();
        foreach ($arr as $key => $value)
        {
            if($value)
            {
                // 在购物车检索数据
                $map['id'] = $value;
```

```
                        $car_info = M('goods_shopcar')->where($map)->find();
                        unset($map);
                        // 检索商品数据
                        $map['id'] = $car_info['goods_id'];
                        $goods_info = M('goods')->where($map)->find();
                        $goods_price = $goods_info['price'];
                        $goods_num = $car_info['num'];
                        // 计算实际支付价格
                        $pay_price = $pay_price + ($goods_price * $goods_num);
                        $pay_num = $pay_num + $goods_num;

                        $car_info['goods_price'] = $goods_price;
                        $car_infos[] = $car_info;
                        unset($car_info);
                    }
                }
                //返回实际支付价格，商品数量和商品的 ID 合集
                return array('pay_price'=>$pay_price , 'pay_num'=>$pay_num , 'car_infos'
=>$car_infos);
            }
        return false;
    }
```

index()方法实际上完成如下 3 个重要的步骤：

（1）根据购物车信息查询商品信息。

（2）根据商品信息构建订单信息。

（3）根据订单信息构建微信支付参数。

14.7.2 订单结算页

随后在 View 下新增 Order 目录，新增 index.html 文件，HTML 结构代码如下：

```
<div class="top_search" >
    <div class="top_bar">
        订单支付
    </div>
</div>
<div class="goods_info">
    <div class="info_fl">支付价格: <span>￥{$goods_info.pay_price}元</span></div>
    <div class="info_fl">商品数量: <span>{$goods_info.pay_num}</span></div>
    <div class="info_fl">收货人: <span>{$info.name}</span></div>
    <div class="info_fl">手机号: <span>{$info.mobile}</span></div>
    <div class="info_fl">收货地址: <span>{$info.address}</span></div>
</div>
```

页面样式定义如下：

```
.goods_buy_bar{width:16rem;position: fixed;z-index: 999;bottom: 0;left: 0;width:
100%;height: 2rem;padding: 0 0.75rem;border-top: 1px solid #ccc;background: #fff;}
    /* 底部购买和加入购物车按钮*/
    .order_btn{display: block;border:1px solid red;line-height: 1.7rem;
height:1.7rem;text-align: center;font-size: 0.7rem;border-radius: 0.2rem;margin-top: 0.05rem;
float: left;background: #fff;width:10rem;}
    .goods_info{padding:0.5rem;font-size: 0.8rem;}
```

```
.info_fl{line-height: 1.5rem;}
.wxpay{display: block;width:15rem;line-height: 2rem;text-align: center;border: 1px
solid #999;margin: 0 auto;border-radius: 0.2rem;}
```

添加微信支付调用的代码：

```
<a href="javascript:;" class="wxpay" style="">微信支付</a>
<script>
$(function(){
    // 给按钮绑定点击事件
    $('.wxpay').click(function(){
        callpay();                                    // 发起支付
    })
})
</script>
```

微信支付调用及回调方法定义如下：

```
<script src="http://res.wx.qq.com/open/js/jweixin-1.0.0.js"></script>
<script type="text/javascript">
    //调用微信 JS api 支付
    function jsApiCall()
    {
        WeixinJSBridge.invoke(
            'getBrandWCPayRequest',                   // 获取微信支付返回请求
            {$jsApiParameters},                       //传入 PHP 生成的支付参数
            function(res){
                alert('支付成功！');
                window.location.href = "{:U('Order/order_list')}";
            }
        );
    }
    // 发起微信支付
    function callpay()
    {
        if (typeof WeixinJSBridge == "undefined"){
            if( document.addEventListener ){
                document.addEventListener('WeixinJSBridgeReady', jsApiCall, false);
            }else if (document.attachEvent){
                document.attachEvent('WeixinJSBridgeReady', jsApiCall);
                document.attachEvent('onWeixinJSBridgeReady', jsApiCall);
            }
        }else{
            jsApiCall();                               // 调用支付 API
        }
    }
</script>
```

订单支付界面如图 14.22 所示。

图 14.22　订单支付界面

用户单击"微信支付"按钮即可发起微信支付流程，支付完成后系统会自动跳转到用户订单列表页面。处理微信支付完成结果通知的方法如下：

```php
// 通知处理
public function wxnotify()
{
    $xml = $GLOBALS['HTTP_RAW_POST_DATA'];
    if($xml)
    {
        // 转换 ml 数据为数组
        $result = \WxPayResults::Init($xml);
        // 写入 log 日志
        $data['content'] = 'setup1:'.json_encode($result);
        M('logs')->add($data);
        // 订单数据验证
        $input = new \WxPayOrderQuery();
        $input->SetTransaction_id($result['transaction_id']);
        $result = \WxPayApi::orderQuery($input);
        // 写入 log 日志
        $data['content'] = 'setup2:'.json_encode($result);
        M('logs')->add($data);

        // 验证是否通过订单验证
        if(array_key_exists("return_code", $result)
        && array_key_exists("result_code", $result)
        && $result["return_code"] == "SUCCESS"
        && $result["result_code"] == "SUCCESS")
        {
            $data['content'] = 'setup3:'.json_encode(array('info'=>'修改订单状态！'));
            M('logs')->add($data);

            // 订单处理
            $map['order_number'] = $result['out_trade_no'];          // 获取订单号码
```

```
                $data['is_pay'] = 1;                          // 更新订单状态为支付
                $data['pay_time'] = time();                   // 记录支付完成时间
                M('order')->where($map)->save($data);         // 更新订单信息

                // 构建回复参数
                $return_notify['return_code'] = "SUCCESS";
                $return_notify['appid'] = $result['appid'];
                $return_notify['nonce_str'] = $result['nonce_str'];
                $return_notify['prepay_id'] = $result['prepay_id'];
                $return_notify['result_code'] = "SUCCESS";
                $return_notify['sign'] = $result['sign'];

                // 回复通知
                $data = new \WxPayResults();
                $data->FromArray($return_notify);
                exit($data->ToXml());
        }
    }
    else
    {
        exit('FAIL');
    }
}
```

14.7.3　订单列表

首先根据用户 UID 查询出此用户的所有的订单信息，在 OrderController.class.php 控制器文件中新增 order_list()方法，核心代码如下：

```
// 用户个人订单列表
public function order_list()
{
    $map['uid'] = $this->uid ? $this->uid : 1;                // 获取当前用户 UID
    $map['status'] = array('gt' , 0);                         // 查询用户所有订单
    $list = M('order')->where($map)->order('create_time desc')->select();
    $this->assign('_list' , $list);                           // 模板变量置换
    $this->mate_title = "我的订单";
    $this->display();
}
```

在 View/Order 模板页面下新增 order_list.html 文件，其中 HTML 结构代码如下：

```
<div class="top_search" >
    <div class="top_bar">
        我的订单
    </div>
</div>

<div class="order_list">
    <ul>
        <volist name="_list" id="vo">
            <li>
                <div class="order_info">订单号：{$vo.order_number}</div>
                <div class="order_info">快递单号：
```

```
{$vo.ship_number|default="--"}</div>
                        <div class="order_info">支付价格：￥{$vo.pay_price}  状态：
{$vo.id|get_order_status}</div>
                        <div class="order_btn">
                            <if condition="$vo['is_pay'] eq 1">
                                <if condition="$vo['is_ship'] eq 1">
                                    <if condition="$vo['is_receipt'] eq 1">
                                        已收货
                                        <else/>
                                        <a class="order_ok_btn" order_id="{$vo.id}" href=
"javascript:;">收货</a>
                                    </if>
                                <else/>
                                    待发货
                                </if>
                            <else/>
                                <a class="order_del_btn" order_id="{$vo.id}" href=
"javascript:;">删除</a>
                            </if>
                            <div class="clear_all"></div>
                        </div>
                    </li>
                </volist>
            </ul>
        </div>
```

订单列表提供以下 3 个功能：

❑ 查看订单信息：除了提供订单支付价格等基本信息展示外，在"未支付""已支付"和
"已发货"等不同状态下可以提供的操作不同。

❑ 删除订单："未支付"状态的订单可以被用户删除。

❑ 确认收货：已经被标记为"已发货"的订单，用户可以手动修改订单状态为"已收货"。

在 order_list.html 页面上，删除订单的脚本代码如下：

```
// 删除未支付订单
$('.order_del_btn').click(function(){
    var order_id = $(this).attr('order_id');                    // 获取需要删除的订单
    var _li = $(this).parent().parent();                        // 获取列表父级元素
    if(order_id)
    {
        if(confirm('是否要删除此订单？'))                       // 二次确认是否删除
        {
            $.post("{:U('delOrder')}",{order_id:order_id,time:new
Date().getTime()},function(msg){                                // 发送删除请求
                if(msg.status == 1)
                {
                    _li.remove();                               // 移除当前列表元素
                }
                else
                {
                    alert('删除失败，请稍后再试！');
                }
```

```
        });
    }
    else
    {
        return false;
    }
}
})
```

在 OrderController.class.php 控制器文件中新增 delOrder()方法，代码如下：

```php
// 删除用户订单信息
public function delOrder()
{
    if(IS_POST)                                              // 判断请求类型
    {
        $map['id'] = I('order_id');                          // 获取订单 ID
        $data['status'] = -1;                                // 修改记录状态
        $result = M('order')->where($map)->save($data);      // 更新记录
        if($result !== false)
        {
            $this->ajaxReturn(array('status'=>1),'JSON');
        }
        $this->ajaxReturn(array('status'=>0),'JSON');        // 返回数据
    }
}
```

在 order_list.html 页面上继续添加确认收货的脚本如下：

```javascript
// 确认收货
$('.order_ok_btn').click(function(){
    var order_id = $(this).attr('order_id');                 // 获取订单 ID
    var _self = $(this);                                     // 获取当前按钮对象
    if(order_id)
    {
        if(confirm('是否要确认收货？'))                         // 二次确认是否收货
        {
            $.post("{:U('confirmOrder')}",{order_id:order_id,time:new
Date().getTime()},function(msg){                             // 发送确认收货请求
                if(msg.status == 1)
                {
                    _self.parent().text('已收货');
                    _self.remove();                          // 移除确认收货按钮
                }
                else
                {
                    alert('确认收货失败，请稍后再试！');        // 错误信息提示
                }
            });
        }
        else
        {
            return false;
        }
    }
```

```
))
```

在 OrderController.class.php 控制器文件中新增 confirmOrder()方法，代码如下：

```
// 确认用户收货信息
public function confirmOrder()
{
    if(IS_POST)                                                // 判断请求类型
    {
        $map['id'] = I('order_id');                           // 获取订单 ID
        $data['is_receipt'] = 1;                              // 修改订单为收货
        $data['receipt'] = time();                            // 定义收货时间
        $result = M('order')->where($map)->save($data);       // 更新数据
        if($result !== false)
        {
            $this->ajaxReturn(array('status'=>1),'JSON');
        }
        $this->ajaxReturn(array('status'=>0),'JSON');         // 数据返回
    }
}
```

用户订单如图 14.23 所示。

图 14.23　用户订单

用户在后台订单发货后可以看到后台输入的快递单号。

14.8　用户中心

本节讲解如何实现用户个人导航页面和用户收货信息管理页面。

14.8.1　用户个人中心

在实际的应用中，用户个人中心一般会展示基本的用户信息如（头像昵称等），也会提供用户相关的导航。新增 UserController.class.php 用户控制器文件，新增 index()方法如下：

```
// 商品列表首页
public function index()
{
    $this->checkUserWxLogin();                              // 微信网页授权检测
    $this->assign('info' , session('userinfo'));            // 获取用户信息
    $this->meta_title = "个人中心";
    $this->display();
}
```

在 View 页面下新增 User 目录，随后新增 index.html 文件，代码如下：

```
<div class="top_search" >
    <div class="top_bar">
        个人中心
    </div>
</div>
<div class="user_info">
    <img src="{$info.headimgurl}" />
    <p>昵称：{$info.nickname}</p>
</div>
<div class="setting_list">
    <ul>
        <a href="{:U('Order/order_list')}"><li>我的订单<span></span></li></a>
        <a href="{:U('User/info')}"><li>收货地址<span></span></li></a>
    </ul>
</div>
```

页面样式定义如下：

```
.user_info{text-align: center;padding:1rem;border-bottom: 1px solid #eee;}
.user_info img{width:4rem;height:4rem;margin:0 auto;border:1px solid #eee;}
.user_info p{line-height: 1rem;font-size: 0.8rem;margin-top: 0.5rem;}

.setting_list ul li{padding:0.5rem;font-size: 0.8rem;border-bottom: 1px solid #ddd;}
.setting_list ul li span{font-weight: bold;float: right;}
```

用户个人中心展示效果如图 14.24 所示。

图 14.24　用户个人中心

这里提供了两个最基本的导航功能："我的订单"和"收货地址"。用户单击"我的订单"按

钮可以进入到订单页面，而单击"收货地址"按钮则可以进入个人收货信息的管理界面。

14.8.2 用户收货信息管理

在 UserController.class.php 控制器文件中新增 info()方法，核心代码如下：

```
// 用户收货信息编辑页
public function info()
{
    $this->checkUserWxLogin();                              // 微信网页授权检测
    $uid = $this->uid?$this->uid:1;                         // 获取用户 UID
    $map['uid'] = $uid;                                     // 构建查询条件
    $info = M('member_address')->where($map)->find();       // 查询用户地址信息
    $this->assign('info' , $info);                          // 变量置换
    $this->meta_title = "个人中心";
    $this->display();
}
```

在 View/User 模板目录下新增 info.html 文件，构建表单的 HTML 代码结构如下：

```
<div class="top_search" >
    <div class="top_bar">
        个人中心
    </div>
</div>
<div class="user_info">
        <ul>
            <li>
                <span>收货人：</span>
                <input type="text" name="name" value="{$info.name}" placeholder="
填写真实姓名">
            </li>
            <li>
                <span>手机号：</span>
                <input type="text" name="mobile" value="{$info.mobile}" placeholder=
"填写手机号">
            </li>
            <li>
                <div>收货地址：</div>
                <textarea name="address" class=
"address">{$info.address}</textarea>
            </li>
        </ul>

        <button class="save_btn">保存</button>
</div>
```

页面样式定义如下：

```
    .user_info ul li{border-bottom:1px solid #ddd;min-height: 2.2rem;line-height: 2.2rem;
padding:0.5rem;font-size: 0.8rem;}
    .user_info ul li input{width:11rem;line-height:1.5rem;font-size: 0.8rem;border:0px;}
    .address{width:100%;font-size: 0.8rem;padding:0.1rem;min-height: 9rem;border:1px solid
 #eee;border-radius: 0.1rem;}
    .save_btn{display: block;width:14rem;line-height: 2rem;height:2rem;text-align: center;
border:1px solid #999;border-radius: 0.2rem;margin:0.5rem auto;}
```

保存信息的脚本代码如下：

```javascript
// 保存个人信息
$('.save_btn').click(function(){
    var name = $('input[name="name"]').val();                    // 获取收货人姓名信息
    var mobile = $('input[name="mobile"]').val();                // 获取用户电话信息
    var address = $('textarea[name="address"]').val();           // 获取用户地址信息

    $.post("{:U('update')}" , {time:new Date().getTime(), name:
name,mobile:mobile,address:address} , function(msg){
        if(msg.status == 1)                                      // 发送请求
        {
            window.location.href = '{:U("User/index")}';         // 保存成功页面跳转
        }
        else
        {
            alert(msg.msg);                                      // 错误信息提示
        }
    });
})
```

在 UserController.class.php 控制器文件中新增 update()方法，方法实现代码如下：

```php
public function update()
{
    if(IS_POST)                                                  // 请求类型判断
    {
        $uid = $this->uid?$this->uid:1;                          // 获取用户 UID
        $name = I('name');                                       // 获取收货人名称
        $mobile = I('mobile');                                   // 获取收货人手机号
        $address = I('address');                                 // 获取收货人地址
        if(!$name || !$mobile || !$address)                      // 参数验证
        {
            $this->ajaxReturn(array('status' => 0 ,'msg'=>'参数错误！'),'JSON');
        }

        $map['uid'] = $uid;                                      // 构建查询数据
        $info = M('member_address')->where($map)->find();
        $data['name'] = $name;
        $data['mobile'] = $mobile;
        $data['address'] = $address;
        if($info !== null)                                       // 判断是新增还是更新
        {
            M('member_address')->where($map)->save($data);       // 更新数据
        }
        else
        {
            $data['uid'] = $uid;                                 // 构建数据
            $data['status'] = 1;
            $data['create_time'] = time();
            M('member_address')->add($data);                     // 新增数据
        }

        $this->ajaxReturn(array('status' => 1 ,'msg'=>'保存成功！'),'JSON');
```

```
        }
    }
```

用户收货地址管理效果如图 14.25 所示。

图 14.25　用户收货地址管理

14.9　思考与练习

本章讲解了如何搭建一个完整的微信公众平台的移动电商项目，学习完成后请思考与练习以下内容。

思考：本章购物项目只适用于微信公众平台，如何修改可以使其同时兼容普通网站的访问和用户注册登录？

练习：尝试修改购物车结算下单的流程，使库存不足的时候不能下单支付。